LE

SPECTACLE DE LA NATURE

———

LES ANIMAUX

LE
SPECTACLE DE LA NATURE

OU

ENTRETIENS SUR LES PARTICULARITÉS

DE L'HISTOIRE NATURELLE

QUI ONT PARU LES PLUS PROPRES

A PIQUER LA CURIOSITÉ DE LA JEUNESSE ET A LUI FORMER L'ESPRIT

PAR PLUCHE

—

NOUVELLE ÉDITION MISE AU COURANT DE LA SCIENCE

par M. l'abbé PICAUDÉ, Professeur d'histoire naturelle

———

LES ANIMAUX

BAR-LE-DUC. — TYPOGRAPHIE DES CÉLESTINS

ANCIENNE MAISON L. GUÉRIN, ÉDITEUR

—

1890

PRÉFACE

De tous les moyens qu'on peut employer avec succès pour ouvrir l'intelligence aux jeunes gens, il n'en est point dont les effets soient plus sûrs et plus durables que la curiosité. Le désir de savoir nous est aussi naturel que la raison. Il est vif et agissant à tout âge ; mais il ne l'est jamais plus que dans la jeunesse, où l'esprit vide de connaissances saisit avec avidité ce qu'on lui présente, se livre volontiers à l'attrait de la nouveauté, et contracte tout naturellement l'habitude de réfléchir.

On tirerait de cette heureuse disposition tout le bien qu'elle peut produire, si on l'exerçait sur des objets également propres à attacher l'esprit par le plaisir, et à le remplir de lumières et d'instructions. Or, ce double avantage se trouve d'un manière parfaite dans l'étude de la Nature, soit qu'on en considère l'assemblage et la disposition générale, soit qu'on en examine les beautés en détail. Tout y est capable de plaire et d'instruire, parce que tout y est plein de sagesse et d'harmonie. Tous les corps qui nous environnent, les petits comme les plus grands, nous apprennent quelques vérités : ils ont tous un langage qui s'adresse à nous, et même qui ne s'adresse qu'à nous. Leur structure particulière frappe notre intelligence ; leur tendance à une fin nous marque l'intention de l'Ouvrier ; leurs rapports entre eux et avec nous sont autant de voix distinctes qui nous appellent, qui nous offrent des services, et qui, par les avis qu'elles nous donnent, remplissent notre vie de commodités, notre esprit de vérités, notre cœur de reconnaissance. Enfin l'on peut dire que la Nature est le plus savant et le plus parfait de tous les livres propres à cultiver notre raison, puisqu'il renferme à la fois les objets de toutes les sciences, et qu'il les met à la portée de toutes les intelligences.

C'est de ce livre exposé à tous les yeux, et cependant assez peu lu, que nous entreprenons, pour ainsi dire, de donner un extrait, dans le dessein de faire connaître aux jeunes lecteurs des richesses qu'ils possédaient sans en jouir, et de rapprocher sous leurs yeux ce que l'éloignement, la petitesse, et l'inattention leur dérobait. Au lieu de passer méthodiquement des connaissances générales et des idées universelles aux particulières, nous avons cru devoir imiter ici l'ordre de la nature même, et débuter sans façon par les premiers objets qui se trouvent autour de nous, et qui sont à tout moment sous notre main : je veux dire les animaux. Nous avons commencé par les plus petits ; des insectes et des coquillages nous sommes venus aux oiseaux , aux animaux terrestres et aux poissons, en passant en revue les services qu'ils nous rendent. Si l'on n'a pas toujours suivi un ordre scrupuleux, c'est parce que, quand il s'agit de conduire les esprits à la vérité, il est quelquefois permis de quitter la route la plus droite, si elle se trouve trop rude, et de prendre la plus amusante ou la plus douce, pourvu qu'elle mène également au terme.

Mais, comme ce n'est pas assez de rendre l'esprit curieux en le promenant sur des choses agréables, et qu'il faut le rendre prudent, et retenu dans sa curiosité, nous avons fini cette première Partie par une courte considération des justes droits et des bornes nécessaires de la raison humaine, en montrant qu'elle doit s'exercer sur tout ce qu'elle peut atteindre, sans vouloir approfondir ce qui dépasse sa portée.

Nous avons réuni toutes ces matières, non sous le titre de *Physique des enfants*, qu'on nous avait conseillé d'abord, et qui serait très-convenable si nous n'avions en vue que l'utilité de l'âge le plus tendre ; ni sous celui de *Physique générale*, qui promettrait un traité scientifique à l'usage des plus avancés ; mais sous le titre de *Spectacle de la Nature*, qui s'adresse à la fois et aux enfants et aux jeunes gens. Il annonce en effet que nous étudierons uniquement ce qui frappe les sens, ce qui est intelligible à tout âge, et ce qu'aucun homme ne peut se dispenser de connaître jusqu'à un certain point. Nous jouissons tous de la vue et du spectacle de la nature. En nous y bornant, nous découvrons suffisamment de toute part le beau , l'utile et le vrai. Nous connaissons l'existence des objets ; nous en voyons la forme ; nous en ressentons la bonté ; nous en calculons le nombre ; nous en voyons les propriétés, les convenances , la destination et l'usage. C'est bien de quoi exercer utilement notre esprit. Chaque nouvelle connaissance est un nouveau plaisir. Nous voyons croître nos richesses avec nos découvertes ; et la vue de tant de bienfaits ne peut que bannir de nos cœurs l'ingratitude et l'indifférence. Mais prétendre pénétrer les mystères mêmes de la nature ; vouloir rapporter les effets à leurs causes spéciales ; vouloir comprendre l'artifice et le jeu des ressorts, et les plus petits éléments dont ces ressorts sont composés, c'est une entreprise hardie et d'un succès trop incertain. Nous la laissons à ces génies d'un ordre supérieur, à qui il peut avoir été donné de comprendre ces mystères. Pour nous, nous croyons qu'il nous convient mieux de nous en tenir à la décoration extérieure de ce monde, et pour ainsi dire à la mise en scène qui frappe dans ce spectacle. Nous y sommes tous admis ; on voit bien même qu'il n'a été rendu si brillant, que pour piquer notre curiosité. Mais, contents d'une représentation qui remplit suffisamment nos sens et notre esprit, il n'est pas nécessaire de demander que le mécanisme nous en soit démontré. En un mot, notre objet est de prendre dans la scène de la nature, ce qui peut frapper vivement, et exercer utilement la raison, sans jamais toucher, non-seulement à ce qui nous paraît au-dessus de ses forces, mais même à ce qui pourrait aisément lasser ses efforts.

Quant à la forme de l'ouvrage, nous avons essayé d'en écarter la tristesse : et au lieu d'un discours suivi ou d'un enchaînement de dissertations qui amènent souvent le dégoût et l'ennui, nous avons pris, dans les commencements, le style du dialogue, qui est de tous le plus naturel, et celui qui s'éloigne le moins de la façon de parler des jeunes lecteurs.

L'idée qui se présenta d'abord sur le choix des interlocuteurs, était de mettre en scène quelques personnages célèbres. On aime assez à voir revivre les grands hommes dans le dialogue. Par une illusion agréable, on s'imagine converser avec eux, et l'on prend intérêt aux choses qu'on croit leur entendre dire. Mais il est facile de sentir combien un pareil choix aurait été déplacé dans le dessein que nous nous proposons. S'il s'agissait d'établir des maximes de conduite, ou de critiquer les défauts des hommes, on pourrait avec succès emprunter à l'histoire quelques noms connus et propres à donner plus de poids au discours. Ces personnages plairaient dans le dialogue comme sur la scène, à proportion que leurs caractères et leurs sentiments se trouveraient conformes à ce que l'histoire nous en apprend. Mais il n'en est pas de même en matière de découvertes et de philosophie. C'est une démarche bien dangereuse que celle de faire parler Descartes, Malebranche ou Newton, et de prêter à ces grands hommes nos pensées et nos vues. Il est facile d'annoncer qu'on va les faire paraître, c'est-à-dire, qu'on va faire revivre leur esprit, leurs sentiments et leurs caractères. Mais comment acquitter de pareilles promesses ? Pour penser et pour parler comme eux, il faudrait être ce qu'ils ont été. D'ailleurs, ce ne sont pas des intelligences qu'on puisse aisément amener au niveau de toutes sortes de lecteurs. Leurs conversations, pour être vraisemblables, seraient de sublimes et perpétuelles dissertations. Nous ne gagnerions pas davantage à mettre en scène quelques-uns de nos plus fameux observateurs et de nos meilleurs naturalistes. Quelque estimables qu'ils soient, ce ne seront pas leurs noms qui feront la fortune d'un dialogue, tandis que des personnages moins recherchés se feront toujours assez connaître et goûter, si ce qu'ils disent est naturel et profitable.

Comme il ne s'agit, après tout, que de soulager l'esprit des jeunes gens par une conversation libre, et qui soit à leur portée, sans les distraire cependant par un enjouement qui sente trop le théâtre, nous avons cru devoir, sans beaucoup d'apprêt, choisir, comme il était naturel, la campagne pour le lieu de la scène d'un dialogue sur l'histoire de la nature, et prendre, pour amener ou pour varier les matières, des interlocuteurs de différents états, dont les uns soutiennent la conversation par leurs connaissances, les autres s'y intéressent par leur curiosité.

Il y a encore un avantage plus considérable qu'on ne le croit d'abord, à faire parler sur les sciences des personnes du monde, d'un caractère et d'une conversation ordinaires, d'honnêtes gens, telles que le hasard les assemble tous les jours, telles que l'amitié ou la ressemblance des goûts les assortit. Quoique ces personnages préviennent d'abord moins favorablement que des noms illustres, cependant par la suite on s'en accommode mieux, parce qu'il ne faut point d'effort pour les entendre et pour les suivre. Ce qu'ils peuvent dire de curieux et de nouveau semble même toucher davantage. Nous nous trouvons flattés de l'apprendre de nos semblables : en les entendant, on se croit capable de penser et de s'occuper aussi raisonnablement qu'eux ; et l'approbation secrète qu'on leur donne devient, je ne sais comment, une amorce naturelle à les imiter. Voilà ce qui a réglé notre choix.

Un jeune homme de qualité, que nous appellerons le Chevalier du Breuil (choisir un prénom, qu'on donnera toujours, au lieu du titre de noblesse), vient passer à la campagne ses vacances de la seconde à la rhétorique, chez un ami de sa famille, M. le comte de Jonval, qui consacre à l'étude de la nature tout le loisir dont il peut disposer.

Le comte, trouvant beaucoup de pénétration et de vivacité dans le fils de son ami, essaie de jeter dans son esprit les semences du bon goût et d'une philosophie qui soit partout bien accueillie.

Il associe à ses entretiens M. l'abbé N..., ancien précepteur de son fils, devenu l'ami et l'hôte de la famille à cause de ses connaissances et de son dévouement, et plus encore à cause de l'urbanité de ses manières et de sa piété.

Comme les matières de leurs conversations sont les choses du monde les plus ordinaires, et qui demandent le moins de contention d'esprit, Mme la Comtesse veut bien grossir le nombre des interlocuteurs. Toutes les remarques que le jeune Chevalier entend faire sur des objets qu'il a toujours vus sans y faire attention, sont toutes nouvelles pour lui et excitent vivement sa curiosité. Pour n'en rien perdre, il ne manque pas au retour de la partie de chasse ou de pêche qui termine la journée, de mettre par écrit tout ce qu'il se rappelle de la conversation ; après quoi il donne son journal à l'Abbé, qui en fait disparaître toutes les inexactitudes. On peut supposer que c'est ce journal rédigé et corrigé de la sorte, qu'on livre aujourd'hui au public.

Si ces amusements ou études de vacances avaient le bonheur de plaire à la jeunesse, qui, se trouvant fréquemment à la campagne, en a toujours sous la main les

curiosités naturelles, nous pourrions re-
nouer une autre fois les mêmes conversations, et travailler de plus en plus, selon
notre portée, à substituer le goût de la
belle nature et l'amour du vrai au faux
merveilleux des fables et des romans, dont
la lecture est aussi dangereuse pour l'esprit que pour le cœur.

Quand on écrit pour les savants, on ne
craint ni de s'avilir par la petitesse des
sujets qu'on traite, ni de lasser leur patience par la longueur des discussions où
l'on s'engage. Toute vérité leur est chère,
toute découverte leur est précieuse. Mais
les lecteurs que nous nous proposons d'in-
téresser, ne demandent point de nous cette
méthode. Au contraire, ce qui peut donner à notre ouvrage quelque faveur dans
le public, c'est la proportion que nous
avons mise entre le choix des matières et
le besoin des jeunes gens. C'est la préférence que nous avons donnée partout à ce
qui pouvait les instruire et les toucher,

sur ce qui n'aurait été pour eux qu'une connaissance froide et stérile. Cette précaution n'est pas avantageuse seulement à la jeunesse : les personnes de tout âge doivent trouver bon qu'on remue leur cœur, et qu'on y fasse naître des sentiments d'admiration et de reconnaissance, à la vue des merveilles sans nombre que la Providence opère autour de nous dans les petites choses comme dans les grandes.

Les plus faibles objets peuvent par ce moyen acquérir de l'importance ; s'ils deviennent intéressants, on consent volontiers à en prendre connaissance, mais ils paraîtraient plus que jamais méprisables à la plupart des lecteurs, s'il fallait se résoudre à en faire une étude sèche ou un peu longue. On laisserait là mon livre, et on me reprocherait d'avoir traité scientifiquement des minuties. Je n'ai donc voulu parler à l'esprit des jeunes gens, qu'autant qu'il était nécessaire pour parler à leur cœur.

PRÉFACE

DE LA NOUVELLE ÉDITION

Le *Spectacle de la nature* n'est point un traité aride que nous offrons à nos jeunes lecteurs, mais une promenade intéressante que nous leur proposons, tantôt dans les prairies, les jardins ou les bois, tantôt sur une montagne ou sur le bord des eaux, tantôt dans les grottes, les mines ou les carrières. Malgré cette liberté d'allure, tous les *Entretiens* s'enchaînent par un ordre naturel de matières, et présentent un enseignement aussi instructif que varié sur les animaux, les plantes cultivées et les productions naturelles de la terre.

Pluche, un des meilleurs naturalistes du siècle dernier, mérite d'être remis sous les yeux des jeunes gens, pour l'agrément de son style, l'intérêt de ses dialogues, l'à-propos de ses réflexions, la solidité de son jugement et le bon esprit qui règne dans tout son ouvrage. C'est un livre ingénieux, attachant, instructif, qui mène doucement et sans effort son lecteur de la nature à Dieu, et qui, selon la belle expression de Rollin, le rend attentif à la Providence.

Le *Spectacle de la nature* comprend trois volumes. Le premier est consacré à l'étude des animaux les plus curieux, afin de frapper l'imagination de son jeune lecteur ; le second s'occupe des plantes cultivées et du soin des jardins, afin de développer en lui le goût ; le troisième passe en revue les productions naturelles de la terre et de la mer, pour agrandir le domaine de son intelligence. Et tous les trois, en excitant son admiration pour les œuvres de la nature, lui inspirent de la reconnaissance pour le Créateur : c'est le but principal que se propose l'auteur.

Cet ouvrage, composé au milieu du siècle dernier, se trouvait nécessairement bien arriéré sous le rapport scientifique. Pour que nos lecteurs pussent le parcourir avec tout l'intérêt et la sécurité désirables, nous avons dû le mettre au courant de la science moderne, et lui faire subir une métamorphose à peu près complète. Mais au lieu d'y ajouter des notes qu'on lit à peine, nous avons cru mieux faire de fondre dans le dialogue les rectifications et les développements qu'il fallait y introduire; c'était d'ailleurs le meilleur moyen de dissimuler les retouches et l'action d'une main étrangère. Nous nous sommes aidés dans cette étude des dictionnaires scientifiques les plus récents et de traités spéciaux.

A part ces corrections exigées par le progrès des sciences, nous avons eu soin de conserver à l'auteur son style, sa phrase, sa rédaction, dans laquelle se trouve un charme de simplicité et de naturel qu'on ne rencontre plus dans nos productions contemporaines.

Nous répétons que Pluche ne fait point un traité d'histoire naturelle; aussi ses entretiens n'embrassent-ils pas tous les objets de la nature; l'auteur se borne à ceux qui sont le plus capables d'exciter la curiosité, et il les étudie toujours sérieusement sans cesser un seul instant d'être intéressant, et de se tenir à la portée de ses jeunes lecteurs.

Mais pourquoi éditer *le Spectacle de la nature*, tandis que nous avons déjà plusieurs ouvrages du même genre; entre autres *le Livre de la nature* de Cousin Despréaux, refondu par Desdouits? Cette réédition répond-elle à un besoin sérieux des jeunes gens?

A cette question nous pouvons répondre affirmativement sans aucune hésitation : Le *Livre de la nature* traite un plus grand nombre de sujets; mais ces chapitres supplémentaires consacrés aux matières les plus arides de la chimie et de la physique, sont peu propres à exciter la curiosité des jeunes gens, et à leur fournir une lecture intéressante; d'ailleurs ils en font dans le cours de leurs classes une étude spéciale. En dehors de cet avantage plus spécieux que réel, la comparaison entre les deux ouvrages est tout entière en faveur de Pluche. En effet, dans le *Livre de la nature,* les questions sont traitées d'une manière superficielle, et plutôt sous forme de considérations vagues qu'à un point de vue vraiment scientifique. De plus, les descriptions les plus belles, les aperçus les plus piquants, les réflexions les plus justes, sont empruntées mot à mot au *Spectacle de la nature*, comme pourront le constater ceux qui auront les deux ouvrages entre les mains. Ajoutons que dans Desdouits, les réflexions religieuses sont rendues monotones, et par leur retour périodique à la fin de tous les chapitres ordinairement fort courts, et par leur longueur, et par leur ressemblance nécessaire, puisque toutes ont pour but de nous faire admirer l'œuvre du Créateur.

Pluche, en donnant à ses entretiens la forme d'un dialogue piquant et plein d'à-propos, soutient mieux l'esprit du lecteur. Partout on le trouve profond dans ses développements, ingénieux dans ses explications, fin dans ses réparties, séduisant dans ses aperçus, et toujours intéressant. Ses réflexions morales ne reviennent pas périodiquement à la fin de chaque entretien; elles lui échappent en quelque sorte, tantôt plus fréquentés, tantôt plus rares, suivant le sujet qu'il traite; elles sont toujours courtes, toujours variées, et tellement naturelles que le lecteur les faisait déjà, et par conséquent les accepte sans effort.

Nous espérons donc que cet ouvrage procurera aux jeunes gens une lecture aussi utile qu'agréable. Elle les initiera au magnifique spectacle de la nature, elle leur montrera des richesses méconnues, et loin d'égarer leur esprit et de dessécher leur cœur, elle élèvera leur âme, et leur fera reconnaître, aimer et bénir la main du Créateur...

LES ANIMAÚX

PREMIER ENTRETIEN

LES INSECTES

M. le Comte de Jonval.
M. le Prieur de Jonval.
M. le Chevalier du Breuil.

Sommaire. — Enchantement que procure l'étude de la nature dans les petites choses comme dans les grandes. — Les Insectes : définition, nombre, espèces. — Insectes ovipares et vivipares. Leur parure, leurs armes offensives et défensives, leurs organes et leurs instruments ; finesse merveilleuse de l'aiguillon. — Soins des mères à l'égard de leurs œufs ; leur nombre prodigieux. — Origine, naissance, métamorphoses des Insectes.

Le Comte. Si nous voulons faire notre promenade ordinaire, il est temps d'y songer. Le jour baisse : partons.

Le Chevalier. Voilà M. le Prieur qui arrive à propos pour être de la partie.

Le Prieur. Messieurs, je vous invite à prendre l'air et à gagner le jardin. Il faut tirer M. le Chevalier de ce cabinet, où je le trouve toujours. Ne dirait-on pas que c'est un poste qu'on lui a donné à garder ?

Le Chevalier. Je ne le quitte qu'à regret. M. le Comte l'a rempli, ainsi que les deux chambres voisines, de tant de choses rares et curieuses, qu'on ne peut s'y ennuyer un moment.

Le Comte. Y pensez-vous, Chevalier ? C'est à Paris, d'où vous sortez, qu'il faut chercher de quoi satisfaire ses yeux. Vous ne trouvez ici que la nature toute simple.

Le Chevalier. Monsieur, elle est mille fois plus belle que Paris avec son faste et ses dorures. On se lasse bientôt de voir toujours la même chose. Ici, c'est une variété étonnante : on y voit, je pense, tout ce qui vient dans les quatre parties du monde. Il faut, entre autres choses, que Monsieur le Comte ait rassemblé les animaux de toutes les espèces imaginables. Les uns y sont en nature, bien séchés et parfaitement conservés. Les autres y sont du moins en peinture. Mais rien ne me divertit plus que cette multitude de petits animaux en vie, dont les uns travaillent à la fenêtre, sous une ruche de verre ; les autres filent, ou agissent à leur manière dans des seaux de cristal. Qu'on a du plaisir à vivre dans la campagne ! elle fournit tous les jours quelques nouveautés.

Le Comte. Chacun a sa façon de penser. J'ai appris dans le service et dans le fracas du monde ce que vaut la retraite. Je l'aime et m'en trouve bien depuis longtemps. Ces différentes espèces d'amusements me la rendent agréable : je puis même dire utile. Mais à l'âge où vous êtes, on n'est guère tenté de faire l'anatomie d'un insecte, et ce sont pour vous des objets bien vulgaires que des papillons, des vers à soie, des fourmis ou des abeilles.

Le Chevalier. Depuis que vous m'avez montré ces verres qui grossissent les petits objets, j'ai vu dans les insectes des choses admirables. La seule tête d'une mouche est pleine de bouquets et de diamants. L'aile d'un moucheron, qui ne paraît d'abord que comme un petit chiffon blanchâtre et sans beauté, vue avec plus d'attention, se trouve unie comme une glace, et brillante comme l'arc-en-ciel. Je meurs d'impatience de voir de près tout le reste.

Le Comte. Vous voulez donc devenir un homme singulier? Dites-moi, je vous prie, Chevalier, trouvez-vous quelqu'un dans le monde qui s'amuse à étudier les insectes? On les écrase : du moins on ne les regarde pas. Si vous alliez régler vos plaisirs sur les miens, vous prendriez là un fort mauvais modèle. Qu'un homme aime le tumulte de Paris; qu'il soit fort occupé du soin de se donner un brillant équipage, un habit de goût, une tabatière peu commune; qu'il ait, dès le matin, l'attention de régler par écrit le service de sa table ; qu'après ce travail important, il passe sa journée en visites ou au jeu; qu'il aille admirer tour à tour les enchantements des fées à l'Opéra, et les gambades d'Arlequin à la foire ; voilà ce qu'on appelle des plaisirs raisonnables. Ce sont ceux des honnêtes gens. Il n'y a pas là de quoi se plaindre. Mais qu'on passe, comme moi, les deux tiers de l'année à la campagne ; qu'on y fasse son plaisir d'y étudier les différentes parties de la nature ; d'examiner, par exemple, la structure du corps d'un animal ; de suivre une plante dans sa naissance et dans tous ses progrès ; de s'assurer, par des expériences réitérées, à quoi elle peut être utile : que vous en semble, mon cher Chevalier ? Cette façon de vivre n'est-elle pas bien sauvage et ne tient-elle pas beaucoup du philosophe rêveur ?

Le Chevalier. J'entends, Monsieur : vous voulez me faire comprendre que les hommes jugent de travers, qu'ils estiment des bagatelles, et qu'ils négligent ce qui est vraiment beau et satisfaisant.

Le Comte. Puisque vous prenez si bien ma pensée, je vous parlerai sans détour. Le spectacle de la nature m'enchante, et j'y trouve tous les jours des plaisirs nouveaux, jusque dans les moindres objets. Ne portons point d'abord nos yeux sur ces grands globes de feu qui roulent sur nos têtes, ni sur cette terre qui étale à nos yeux tant de richesses. Débutons, si vous voulez, par tout ce qu'il y a de plus petit. Nous pourrons ensuite nous élever par degré. La scène que nous voyons est magnifique. Mais ce que notre vue ne peut saisir à la fois, nous pouvons le diviser et en jouir par partie.

Commençons par ces insectes qu'on méprise si fort, et que vous aimez tant. Je vous dirai qu'ils me réjouissent infiniment par leur diversité, par leurs inclinations, par leurs ruses, par les proportions surprenantes de leurs organes, et par cent curiosités que j'y observe. D'abord, si Dieu n'a pas jugé indigne de lui de les créer, est-il indigne de nous de les considérer? Lorsqu'on vient ensuite à les voir de plus près, on y découvre mille sujets d'étonnement. Jugez, mon cher Chevalier, par ce qu'on y voit de plus commun et de plus sensible, combien ce qui demeure caché à nos yeux et à notre raison, nous causerait de surprise s'il nous était dévoilé.

Tout insecte, soit qu'il vole, soit qu'il rampe, est un petit animal composé ou de plusieurs anneaux mobiles formés par les rides transversales de la peau qui les entoure ; ou bien de plusieurs pièces séparées, qui glissent les unes sur les autres ; ou bien enfin de deux ou trois parties principales, qui ne tiennent l'une à l'autre que par un filet ou un petit canal qu'on appelle un étranglement.

De la première espèce sont tous les vers, tant ceux qui ont des pieds que ceux qui n'en ont point. Lorsqu'ils veulent avancer d'un endroit à l'autre, ils allongent la peau musculeuse qui sépare les premières boucles d'avec les suivantes. Ils portent le premier anneau, soit celui qui est vers la tête, soit celui qui est vers la queue, à une certaine distance. Puis, ridant et retirant la peau du même côté, ils font venir le second anneau. Par le même jeu, ils amènent le troisième, et successivement tout le reste du corps. C'est ainsi que ces petits animaux, même sans pieds, marchent et se transportent où il leur plaît, sortent de terre et y rentrent au moindre danger, avancent et reculent selon le besoin.

De la seconde espèce sont les mouches, les hannetons, et une infinité d'autres, dont le corps est un assemblage de plusieurs petites lames qui s'allongent en se dépliant, ou se raccourcissent en rentrant les unes sous les autres, comme faisaient les brassards et les cuissards dans nos anciennes armures.

Le Chevalier. Vous m'en avez montré plusieurs dans votre garde-meubles.

Le Comte. De la troisième espèce sont les fourmis, les araignées, et bien d'autres que vous voyez partagés en deux ou trois portions, qui semblent à peine tenir l'une à l'autre. Il paraît que c'est du mot latin *insecare*, qui signifie *couper*, et qui a rapport à ces différentes portions, coupures, ou boucles mouvantes, que vient le mot d'*insecte*, qu'on donne en général à tous ces petits animaux.

Le Prieur. Leur petitesse semble d'abord autoriser le mépris qu'on en fait : mais elle est une nouvelle raison d'admirer l'art et le mécanisme de leur structure, qui réunit tant de vaisseaux, de liquides, et de mouvements dans

un point qui est souvent imperceptible. Le
préjugé commun les regarde, ou comme un
effet du hasard, ou comme le rebut de la nature. Mais des yeux attentifs y aperçoivent une
Sagesse, qui, bien loin de les négliger, a pris
un soin tout particulier de les vêtir, de les
armer, de les pourvoir de tous les instruments
nécessaires à leur état.

Elle les a vêtus, et même avec complaisance,
en prodiguant dans leurs robes, sur leurs ailes,
et dans les ornements de leur tête, l'azur, le
vert, le rouge, l'or et l'argent, les diamants
même, les franges, les aigrettes et les panaches.
Il ne faut que voir une mouche luisante, la
cantharide, l'insecte qu'on nomme *demoiselle*,
les papillons, une simple chenille, pour être
frappé de cette magnificence.

La même Sagesse qui s'est jouée dans leurs
divers ajustements, les a armés de pied en cap,
et les a mis en état de faire la guerre, d'attaquer et de se défendre. S'ils ne parviennent
pas toujours, ou à attraper ce qu'ils guettent,
ou à éviter ce qui leur nuit, ils sont cependant

pourvus de ce qui leur convient le mieux pour y réussir. Ils ont la plupart de fortes mâchoires, ou une double scie, ou un aiguillon, ou de vigoureuses pinces. Une cuirasse d'écaille leur couvre et leur garantit tout le corps. Les plus délicats sont garnis d'un poil épais qui affaiblit les chocs qu'ils pourraient recevoir, et les frottements qui les endommageraient. Presque tous trouvent leur salut dans l'agilité de leur fuite, et se dérobent au danger, ceux-ci par le secours de leurs ailes, ceux-là à l'aide d'un fil sur lequel ils se soutiennent en se jetant brusquement à bas des feuillages où ils vivent, et bien loin de l'ennemi qui les cherche; d'autres par le ressort de leurs pieds de derrière, dont la détente les lance sur-le-champ à une assez grande distance, et les met hors d'insulte. Enfin, quand la force leur manque, les détours et les ruses viennent à leur secours : et cette guerre continuelle que nous voyons entre les animaux, tout en fournissant à plusieurs leur nourriture ordinaire, en conserve cependant de toutes les

espèces un nombre suffisant pour les perpétuer.

Vous êtes surpris, sans doute, de voir la nature si occupée de la parure et de l'équipage
de guerre de ces insectes que nous méprisons.
Votre surprise serait toute autre, si vous exa-
miniez en détail la perfection des organes
qu'elle leur a donnés pour vivre, et des outils
avec lesquels ils travaillent tous selon leur
profession. Car chacun d'eux a la sienne. Les
uns, comme les chenilles et les araignées, ont
une filière qui leur sert à façonner leurs toiles
ou leurs cocons. D'autres, comme le scolyte,
travaillent le bois, et se servent de leurs mâchoires comme de serpes pour le couper.
D'autres encore, comme les abeilles, pétrissent
et polissent la cire comme avec une truelle.
La plupart, comme les papillons, ont une
trompe, qui, plus merveilleuse par ses usages
variés que celle de l'éléphant, sert aux uns
d'alambic pour distiller un sirop que l'homme
n'a jamais pu imiter, à d'autres de langue pour
goûter, à quelques-uns de vrille pour percer,

et presque à tous de chalumeau pour sucer.
Plusieurs d'entre eux, outre la scie, ou la
trompe, ou les tenailles dont ils ont la tête
munie, portent à l'autre extrémité de leur
corps une tarière qu'ils allongent, qu'ils tournent et retournent à discrétion, et par le secours
de laquelle ils creusent des demeures com-
modes pour déposer leurs œufs dans le cœur
des fruits, sous l'écorce des arbres, dans l'é-
paisseur des feuilles, ou des boutons, souvent
même dans le bois le plus dur. Il en est peu
qui, avec d'excellents yeux, ne soient encore
pourvus de deux antennes ou espèces de cornes
qui mettent leurs yeux à couvert, et qui en
devançant le corps dans sa marche, surtout
dans les ténèbres, sondent le terrain, et éprouvent par un sentiment vif et délicat ce qui pourrait les salir, les noyer, ou les heurter. Si ces
cornes se mouillent dans quelque liqueur nui-
sible, ou se plient par la résistance de quelques
corps durs, l'animal est averti du danger, et
se détourne. Outre ces secours et bien d'autres
qui se diversifient selon les espèces, la plupart

des insectes ont encore reçu le don de voler. Quelques-uns, comme les *demoiselles*, ont quatre grandes ailes qui répondent à la longueur de leur corps. D'autres, dont les ailes sont d'une finesse si grande, que le moindre frottement les pourrait déchirer, ont deux fortes écailles nommées élytres, qu'ils élèvent et abaissent, comme si c'étaient deux ailes, mais qui servent réellement d'étui aux véritables. Vous verrez de ces étuis, aux escarbots, aux hannetons, aux mouches cantharides. Vous en trouverez un grand nombre, comme les mouches, qui n'ont que deux ailes; mais sous ces ailes, vous apercevrez de chaque côté une sorte d'écaille, en forme de voûte, nommée *cuilleron*, sous lesquelles s'étendent deux ailerons ou *balanciers* destinés à maintenir l'insecte en équilibre dans son vol, comme le danseur de corde à l'aide de son bâton. Il est probable aussi, que la vibration de ces ailerons produit le bourdonnement que font entendre beaucoup d'insectes de ce genre, soit d'une manière permanente, soit chacun à son gré.

Le Comte. Mon cher Chevalier, je vois bien à votre air attentif que nous ferons de vous un observateur.

Le Chevalier. Puisque vous me faites la grâce de me souffrir quelque temps auprès de vous, je m'en vais devenir bien riche à vos dépens. Je vous ferai, avec votre permission, cent questions tous les jours. Je m'en vais faire passer tous les animaux en revue devant nous. Je vous arrêterai à chaque brin d'herbe. Je ne vous laisserai ni paix, ni repos, que je ne vous aie dérobé toute votre science.

Le Comte. Vous pouvez, tant qu'il vous plaira, nous livrer assaut : nous tâcherons de nous défendre.

Le Chevalier. Je vous prierai d'abord de vouloir, au retour de la promenade, ou à votre commodité, me montrer dans le microscope ces habits, ces armes et ces outils dont vous m'avez dit tant de merveilles. A vous entendre, les insectes auraient des habits aussi beaux que les nôtres, et des outils aussi bien faits que ceux qui viennent de nos meilleurs ouvriers.

Le Prieur. On peut bien, Monsieur le Chevalier, comparer, comme vous faites, les instruments et les ajustements des insectes avec les nôtres; mais ce doit être pour remarquer, d'une part, la grossièreté de nos ouvrages, et de l'autre, les richesses, la précision et la supériorité infinie qui brillent dans ceux de la nature. Regardez avec une loupe la tête d'une mouche commune. On ne peut se lasser de voir une telle profusion d'or et de perles sur une tête si peu importante, et de la comparer avec une secrète compassion à d'autres têtes qui affectent une semblable parure sans en pouvoir approcher. Ce qui a été dit des lis des champs, on le peut appliquer aux mouches luisantes, et à bien d'autres espèces. Salomon, dans toute sa gloire, n'était pas couvert comme la moindre d'entre elles. Mais il faut rappeler M. le Chevalier à ce qu'il a déjà vu. Vous souvenez-vous de ce que vous avez vu chez moi, quand vous m'avez fait dernièrement l'amitié d'y venir ? Vous avez saisi mon microscope. Qu'y avais-je mis ?

Le Chevalier. Vous aviez mis, d'un côté, l'ai-

guillon d'une abeille collé sur un petit morceau de papier, et de l'autre, une petite aiguille
à coudre, si fine qu'on ne pouvait presque pas
la manier.

Le Prieur. Que vous parut-il de l'aiguillon ?

Le Chevalier. Il était d'un bout à l'autre du
plus beau poli, et la pointe en échappait à la vue.

Le Prieur. Et cependant, ce n'est pas l'aiguillon lui-même que vous avez vu, mais l'étui de
cet aiguillon. Il paraît grossier, si vous le com-
parez aux dards qu'il renferme. Il est, en effet,
tout hérissé de dentelures qui souvent le retiennent dans la blessure, et occasionnent la
mort de l'insecte. Quand l'abeille, la guêpe, le
frelon s'attaquent à leur ennemi, l'aiguillon
commence l'ouverture ; mais dans cet aiguillon sont renfermés deux dards, qui s'enfoncent
plus avant et portent jusqu'au fond de la plaie
le venin dont ils sont imbibés. Ils sont d'une
finesse extrême, et leur poli brave l'examen de
tous les instruments d'optique.

Et de la petite aiguille, que vous en sembla-
t-il ?

Le Chevalier. Elle me parut émoussée, toute raboteuse, et semblable à une barre de fer qui sort de la forge du serrurier.

Le Prieur. La comparaison est juste. Eh bien! c'est la même chose partout. Dans ce que l'homme fait, vous ne verrez qu'inégalités, que crevasses, que rudesses. Tout s'y ressent des bornes de son industrie et de la grossièreté des instruments qu'il emploie : tout y paraît fait avec la serpe ou avec la truelle : tout y révèle un artisan peu habile qui ne connaît pas la matière qu'il met en œuvre. Au contraire, les plus petits ouvrages du Créateur sont parfaits. Dans l'intérieur, vous trouverez partout une liberté, une souplesse et des ressorts dont la structure, le mécanisme et l'entretien sont connus de lui seul. Dans les dehors, vous trouverez partout les plus beaux coups de pinceau : partout de la magnificence, de la symétrie, de la finesse et des grâces.

Le Chevalier. Voilà qui est résolu. Tous les insectes que je verrai, je vais m'en emparer. Je veux les connaître.

Le Prieur. Point de quartier, surtout aux es-pèces dont les couleurs sont brillantes. Malheur à tout papillon, à toute mouche luisante qui se rencontrera en votre chemin. Gare la boîte ou le microscope. Mais, puisque M. le Chevalier est si curieux de ce qui regarde les insectes, il est facile de le contenter. Entretenons-le de suite des différents états par où ils passent, et de leurs différentes espèces. Par ce moyen, il assemblera celles qu'il voudra : il les mettra mieux en ordre, et connaîtra tout son monde.

Le Comte. Je le veux bien. Commençons donc par leur naissance. Tout insecte, comme tout autre animal, provient d'un germe qui le contenait en petit. Ce germe est d'abord enfermé sous une enveloppe, qui s'ouvre quand le petit est devenu assez fort pour la percer. Si le petit rompt son enveloppe en naissant, et qu'il vienne au monde tout formé et semblable à sa mère, on dit de cette mère qu'elle est *vivipare*. De cette espèce sont les cloportes et les pucerons de bien des plantes. Quand la mère dépose ses petits renfermés dans une enveloppe dure qu'on appelle un œuf, où ils doivent demeurer encore quelque temps, on dit de cette mère qu'elle est *ovipare*.

Dans les espèces vivipares, l'enveloppe des germes est molle et délicate, parce que, demeurant toujours à couvert dans la mère, le germe n'a pas besoin d'une plus forte défense. Dans les espèces ovipares, l'enveloppe du germe, un peu avant que la mère ne ponde, devient une croûte solide et dure pour résister au poids et aux injures de l'air, qui roule sur cet œuf, comme sur une voûte, sans offenser le petit qui est dedans.

Tous ces insectes, et même généralement tous les animaux, sans exception, proviennent d'une mère qui les met au monde de l'une ou de l'autre de ces deux manières. L'espèce ovipare produit toujours des œufs d'où doivent sortir les petits après un certain temps, et à l'aide d'un certain degré de chaleur. L'espèce vivipare n'a jamais manqué de mettre au monde des petits tout formés. Ces lois subsistent dès

le commencement du monde et n'ont jamais
varié.

Le Chevalier. Quoi! Monsieur, un insecte, un
ver qui rampe, a eu une mère, comme un lion
provient d'une lionne?

Le Comte. La chose est hors de doute. Un
lion a une mère : cette mère a eu la sienne ;
celle-ci une autre ; et toutes ces générations
remontent à la première lionne que Dieu a
mise sur la terre. Il en est de même de chaque
espèce d'insecte. Les générations en sont également successives, régulières et constantes.

Le Chevalier. Comment, je vous prie, cela se
peut-il accorder avec ce qu'on voit tous les
jours? Ne voit-on pas naître des insectes en
cent endroits où il n'y en avait point auparavant? Dès qu'un corps se corrompt, il produit
quelque espèce d'insectes : on dit partout que
c'est la corruption qui les engendre.

Le Comte. Voilà ce qu'on dit. Mais, mon cher
Chevalier, en parlant de la sorte, croyez-vous
qu'on entende bien ce qu'on dit? Qu'entend-on
par la corruption d'un corps? C'est la dissolu-

tion de ses parties. Or, on ne conçoit pas que les parties intérieures d'un morceau de viande étant désunies et altérées de la sorte, en deviennent plus propres à former tout d'un coup un corps organisé, qui ait des yeux, un cœur, des intestins, en un mot ce qui fait un animal vivant.

Le Chevalier. Croyez-vous donc, Monsieur, qu'un ver, une chenille, ait tout ce que vous dites ?

Le Comte. Le plus petit ver, la plus petite mite qu'on puisse apercevoir dans le fromage, la plus petite de ces anguilles qu'on découvre dans le vinaigre, le moindre de ces vermisseaux qu'on voit nager dans d'autres liqueurs, ont toutes les parties que je viens de nommer. C'est un animal qui voit, qui se détourne quand on croise son chemin, qui marche, qui cherche sa nourriture, qui mange et qui digère. Il lui faut en petit ce que nous avons en grand.

Le Prieur. J'aimerais autant dire que les rochers ou les bois engendrent des cerfs ou des éléphants, que de dire qu'un morceau de fromage engendre des mites. Les cerfs naissent et vivent dans les bois, et les mites dans le fromage. Mais il en est de la naissance des uns comme de celle des autres.

Le Comte. Le microscope, et l'anatomie qu'on a faite des insectes, ont mis cette vérité en évidence : leur génération uniforme et régulière était autrefois un mystère qu'on a enfin approfondi.

Le Prieur. C'est de quoi il faut convaincre l'esprit de M. le Chevalier, par quelques nouvelles preuves. L'opinion vulgaire que les insectes naissent de corruption est injurieuse au Créateur et déshonore notre raison. Car, si on y fait la moindre attention, ces petits animaux qui sont construits avec tant d'art et d'agrément, qui sont pourvus avec tant de précaution de tous les instruments dont ils ont besoin, et qui se perpétuent sous une forme qui ne varie jamais, ou c'est une Sagesse toute-puissante qui les produit, ou bien c'est le hasard et le concours fortuit de quelques humeurs altérées et déplacées. Or, il est de la dernière absurdité de penser que le hasard agisse : et il ne l'est pas moins de dire que le hasard agisse avec dessein, avec précaution, avec uniformité. Ainsi la même Sagesse qui se fait admirer dans la structure du corps humain, se trouve dans la composition du corps d'un insecte, et la corruption n'est pas plus la mère des insectes que des autres animaux et des hommes mêmes. Il reste maintenant à savoir si ces insectes naissent par l'effet d'une création extraordinaire et nouvelle en chaque endroit où ils paraissent, ou bien s'ils viennent des germes que Dieu ait mis dès le commencement dans chaque espèce, et dans lesquels il ait dessiné et organisé en petit les organes des animaux futurs, pour être développés dans leur temps. Ce dernier sentiment paraît le plus conforme à la raison, à l'expérience, à la toute-puissance de Dieu, et à la sainte Ecriture, qui nous apprend que Dieu commanda dès le commencement que chaque plante eût en soi le germe de son semblable, et que chaque animal se multipliât selon son espèce.

Le Chevalier. Je commence à voir que les choses sont comme vous le dites. On a cependant de la peine à s'ôter de l'esprit que la corruption engendre les insectes : car dès qu'un morceau de bois se pourrit ou qu'une viande se gâte, on y en voit une fourmilière. Comment y prennent-ils naissance ?

Le Comte. Rien n'est plus naturel. Ils y naissent, parce que d'autres insectes y ont déposé leurs œufs.

Le Chevalier. Mais il faut donc, Monsieur, qu'ils en mettent partout, et que tout soit plein d'œufs : autrement il y a bien des choses qui se corrompraient sans qu'on y vît paraître des vers.

Le Prieur. Ce qui embarrasse M. le Chevalier, c'est de voir paraître ces vers à point nommé dans ce qui se corrompt. Par là il est porté à croire que les œufs sont dispersés partout, mais qu'ils éclosent seulement où ils trouvent des sucs propres à les gonfler, et à nourrir les germes.

Le Chevalier. J'ai ouï dire à M. le Comte, que

les petites graines des plantes étaient emportées par le vent, qu'elles se répandaient partout, et qu'elles germaient enfin dans les endroits où elles rencontraient les sucs qui leur sont convenables. Ne peut-on pas croire aussi que les œufs des insectes sont emportés partout, et que...

Le Comte. Ne vous l'avais-je pas dit, que nous ferions de vous un philosophe ? M. votre père, et M. votre gouverneur, à leur retour, trouveront en vous un physicien tout formé. Je suis fort aise, mon cher Chevalier, que vous ayez fait ce raisonnement : c'est celui de bien des anciens, et de bien des modernes. Mais n'en soyez cependant pas trop glorieux ; car la comparaison du transport des graines des plantes avec celui des œufs des insectes, quoiqu'elle ait un air très-spécieux, ne se trouve pas exacte. Je vous en fais juge vous-même.

La plante qui porte les graines tient à la terre : elle ne peut les aller porter ailleurs. C'est pourquoi le Créateur a pourvu à la dissémination des graines, afin qu'elles ne tombassent pas toutes dans le même endroit. Ainsi, les unes, comme la balsamine, rompent leurs gousses avec éclat, et s'éparpillent à une assez grande distance. Plusieurs sont si minces et si légères qu'elles peuvent être facilement entraînées par le vent. Il y en a qui sont pourvues d'ailes, comme dans l'orme, ou surmontées d'une aigrette, comme dans le pissenlit, pour s'envoler à de grandes distances. D'autres, comme l'aigremoine, sont munies de crochets qui s'attachent aux animaux ou aux vêtements. Enfin, les oiseaux peuvent transporter bien loin des graines qui sont encore susceptibles de germer, même après avoir été avalées. L'intention de l'Auteur de la nature ne pouvait être mieux marquée.

Elle ne l'est pas moins dans la disposition des œufs des insectes : mais c'est d'une façon toute contraire. Partout où vous en rencontrerez, vous les trouverez attachés avec une colle si forte, qu'il est quelquefois impossible de les détacher sans les rompre ; ou enfermés dans des logettes de différente façon, mais qui toutes sont construites avec art, et défendues avec précaution. Il est donc évident que l'intention de l'Auteur de la nature n'est pas que ces œufs courent partout, mais plutôt qu'ils ne courent nulle part, et qu'ils s'arrêtent en un seul endroit.

Le Chevalier. Adieu ma comparaison. J'y renonce.

Le Comte. Comme les mères ne doivent généralement pas élever leurs petits, elles choisissent avec un instinct merveilleux les conditions les plus favorables, pour qu'à l'éclosion ceux-ci rencontrent ce qui est nécessaire à leur développement. Ce ne sont donc pas les œufs des insectes qui doivent courir partout, comme le font les graines des plantes ; ils sont déposés par les mères dans une place toujours convenable pour éclore. Si donc vous voyez les insectes naître à point nommé dans un corps, aussitôt qu'il se corrompt, ce n'est ni parce que la corruption engendre des animaux, ni parce que les œufs des insectes sont répandus partout; mais uniquement parce qu'il y a des

mères qui savent qu'un corps altéré et corrompu est plus propre qu'un autre pour nourrir leurs petits. L'odeur qui s'en exhale au loin
les attire. Et, en général, le choix que les mères
font d'une place qui abonde en nourriture convenable à leurs petits, pour y faire leur ponte
préférablement à tout autre endroit, n'est pas
moins propre que l'organisation même de ces
petits, pour vous démontrer que la corruption
n'engendre rien, que le hasard ne fait rien,
mais que tout a sa place, sa destination, et son
entretien marqués dans la nature.

Le Prieur. Assurément, si le hasard ne se
mêle en aucune sorte de placer les œufs des
insectes, moins encore se mêle-t-il de les former.

Le Comte. Rien ne se fait ici à l'aventure.
Les mouvements des petits animaux nous paraissent capricieux et fortuits : mais ils tendent
aussi réellement à un but, que ceux des plus
gros. La prudence que nous admirons dans un
renard pour s'assurer une bonne tanière ; l'industrie que nous remarquons dans un oiseau

pour se fabriquer un nid commode, nous la
trouvons dans le moucheron pour loger avan-
tageusement sa petite postérité. Nul insecte
n'abandonne ses œufs au hasard. Les mères ne
se méprennent jamais ; et si le petit trouve sa
nourriture au sortir de l'œuf, c'est parce que
la mère a choisi précisément le lieu qu'il lui
fallait pour le faire vivre. Faites infuser dans
l'eau, en été, un grain de poivre, vous y verrez
ordinairement nager des vermisseaux d'une
petitesse extrême. Leur mère, qui sait que cette
nourriture leur est bonne, ne manque pas d'y
placer ses œufs. Regardez avec le microscope
une goutte de vinaigre, vous y verrez de petites
anguilles, et jamais d'autres animaux ; parce
qu'il y en a un qui sait que le vinaigre, ou les
matières qui le forment, sont propres pour sa
famille. Il la pose sur ces matières ou dans la
liqueur même plutôt qu'ailleurs. Dans le pays
où le ver à soie se nourrit en liberté dans les
campagnes, on trouvera ses œufs sur le mûrier, jamais autre part. Il est facile de voir l'intérêt qui l'y détermine. On ne trouvera jamais

sur un chou les œufs des chenilles qui rongent le saule, ni sur le saule les œufs de la chenille qui ronge le chou. La teigne cherche les rideaux, les étoffes de laine, les peaux dégraissées, ou les papiers, parce qu'ils sont faits de chiffons de linge, qui ont perdu l'amertume du chanvre à l'eau et sous le marteau de la papeterie. On ne trouvera la teigne ni sur une plante, ni dans le bois, ni même dans une viande qui se corrompt. C'est, au contraire, dans cette viande que la grosse mouche vient déposer ses œufs. Quel intérêt l'y attire ? Ne seraient-ils pas mieux dans une belle porcelaine, qu'elle a toujours à sa disposition ? Une expérience vous convaincra mieux de ce qui règle son choix.

Prenez du bœuf tout nouvellement tué, mettez-en un morceau dans un vase découvert, et un autre morceau dans un vase bien propre, que vous couvrirez sur-le-champ avec une pièce d'étoffe de soie, afin que l'air y passe sans que la mouche y puisse glisser ses œufs. Il arrivera au premier morceau ce qui est ordinaire, parce que la mouche y pose ses œufs en liberté. Mais dans l'autre on ne trouvera ni œufs, ni vers, ni mouches. Tout au plus les mouches, attirées par l'odeur, viendront en foule sur le couvercle, essaieront d'entrer, et jetteront quelques œufs sur l'étoffe de soie, ne pouvant pénétrer plus avant.

Le Chevalier. Je comprends, qu'avec cette précaution, le morceau de viande échappera aux vers produits par les mouches. Mais ne pourra-t-on pas y rencontrer d'autres êtres vivants ?

Le Comte. Oui, mon cher Chevalier, vous pourrez, à l'aide du microscope, y apercevoir d'autres animalcules. Car il en est d'assez petits pour passer au travers du tissu le plus serré. La viande elle-même peut déjà en avoir reçu, avant d'être mise dans le vase protecteur, et même en contenir lorsqu'elle était à l'état vivant. L'atmosphère, comme le prouvent les expériences les plus récentes, renferme une multitude innombrable de *germes*, que nous mangeons avec nos aliments, que nous respirons avec l'air, et qui n'attendent pour éclore qu'une occasion favorable. Pour détruire tous ces germes, il faudrait renfermer les substances organisées dans un ballon de verre, les chauffer à une haute température ; et dès lors, les substances contenues dans le ballon ne donneraient plus aucun animalcule.

Le Chevalier. Cette nouvelle explication n'attaque-t-elle pas votre première idée relative à la génération des insectes ?

Le Comte. Nullement. Ces germes, quel qu'en soit le nombre, sont produits par des animaux de la même espèce seulement; cette production se fait sur une plus large échelle, et la petitesse des producteurs les dérobe à nos regards. Aucune expérience n'a jamais prouvé qu'un œuf ou un germe se soit produit lui-même; toutes les expériences ont même prouvé positivement le contraire. Nous pouvons donc croire à l'existence de ces producteurs , si petits qu'ils soient, car nous les retrouvons partout ailleurs.

Le Prieur. Il est évident, après ces exemples,

que la corruption n'engendre rien. Plusieurs insectes cherchent même toute autre chose que la corruption pour loger et pour nourrir leurs petits : et s'il y en a qui y trouvent leur vie, il n'est pas plus surprenant de leur voir poser leurs œufs sur un corps prêt à se corrompre, que de voir une mère de famille avec ses enfants se trouver, la faucille à la main, au milieu des blés quand ils sont mûrs. Toute la nature est pleine d'animaux, qui sont fixés les uns à une nourriture, les autres à une autre. Tous ont les yeux ouverts sur leur proie, et rien n'échappe à leur pénétration.

Le Chevalier. J'entrevois à présent bien plus d'ordre et de dessein dans les mouvements des plus petits animaux, que je n'y en croyais auparavant.

Le Prieur. A mesure que nous descendrons dans le détail, quelque prodigieuse que soit la diversité des espèces et de leur manière de naître et de subsister, vous sentirez partout la même Sagesse qui a inspiré à toutes les mères une tendre sollicitude pour leur postérité, et qui a, pour ainsi dire, travaillé sur un même plan, en rappelant toutes les espèces à une même origine, je veux dire à la génération par les œufs, ou par les germes qu'elle a mis en chacune d'elles.

Le Comte. Voyons à présent ce que l'œuf contient. Quand la femelle de qui il provient n'a pas eu la compagnie du mâle, il reste sté-rile. C'est le mâle qui donne à l'œuf la fécon-dité, et alors la nourriture délicate que ren-ferme la coque, se communique au petit que la seule main de Dieu a pu y mettre, et rendre semblable à la mère. Par l'effet d'une main supérieure à toutes nos connaissances, ce petit commence à vivre. Sous l'abri de la coque il se nourrit paisiblement du fluide où il nage. Son volume s'augmente ; et se sentant enfin logé trop à l'étroit, il perce son enveloppe, et se trouve par la sage précaution de la mère, à portée de la nourriture plus forte qui con-vient à son nouvel état.

Au sortir de l'œuf, les uns se trouvent sous leur forme parfaite : ils ne la quitteront plus tant qu'ils vivront. Tels sont les limaçons, qui sortent de l'œuf avec leur maison sur le dos. Ils conserveront toujours la même figure et la même maison, si ce n'est que, devenus plus gros, ils ajouteront de nouveaux cercles à leur écaille. Telles sont encore les araignées. Elles sont entièrement formées au sortir de l'œuf, et ne changent plus que de peau et de volume. Mais la plupart des autres insectes passent par des états tout différents, et prennent successivement la figure de deux ou trois animaux, qui n'ont entre eux aucune ressemblance.

Le Chevalier. Quoi ! Monsieur, une chenille fera-t-elle jamais autre chose qu'une chenille ? Et une abeille a-t-elle jamais été autre chose qu'une abeille ?

Le Comte. Sans doute. Il y a une infinité de ces petits animaux qui sont composés de deux ou trois corps, organisés tout différemment, dont le second se développe après le premier, et dont le troisième naît du second. Ce sont comme autant de métamorphoses : Monsieur le Chevalier a-t-il vu celles d'Ovide ?

Le Chevalier. On m'en a fait voir la moitié. Ces jolis contes me divertissent beaucoup : mais après tout, ce ne sont que des contes, à moins qu'il n'y ait là-dessous quelque chose de caché ; et c'est ce que je voudrais bien qu'on me découvrît.

Le Prieur. Eh bien ! nous voulons vous livrer des métamorphoses qui seront, sans comparaison, plus merveilleuses que celles de votre Ovide, et dont il sera aisé de vous faire ensuite sentir la réalité au doigt et à l'œil.

Le Chevalier. Ces changements me sont entièrement inconnus.

Le Comte. Quelle serait votre surprise, si je vous disais qu'il y a un pays où l'on trouve une multitude d'animaux de différentes formes, qui vivent les uns sous terre, les autres dans l'eau ; qui changent ensuite de figure, et viennent habiter sur la terre, rampant comme des serpents dans les bois, et dans les campagnes ; qui, après un certain temps, cessent de manger, et se construisent une maison ou un tombeau, où ils demeurent ensevelis pendant plusieurs semaines, quelques-uns plusieurs mois, et même des années entières, sans mouvement, sans action, et en apparence sans vie ; qui, après cela, ressuscitent, sont changés en oiseaux, rompent la muraille de leur tombeau, étalent au soleil les plumes les plus brillantes, étendent leurs ailes, et deviennent enfin habitants de l'air.

Le Chevalier. Je voudrais savoir quel est ce pays, et comment se nomment ces oiseaux. Mais j'ai bien de la peine à croire que...

Le Comte. Rien au monde n'est plus certain. Ce pays-là, c'est le nôtre, et ces animaux sont les insectes que nous avons tous les jours devant les yeux.

Le Chevalier. Quoi ! les mouches, les chenilles, les guêpes, les abeilles ?

Le Comte. Oui, justement.

Le Chevalier. Quel changement leur arrive-t-il donc, s'il vous plaît ?

Le Comte. Ils subissent des transformations plus ou moins profondes aux diverses périodes de leur vie. Les uns, comme les sauterelles, n'éprouvent qu'une demi-métamorphose ; ils naissent avec la forme exacte qu'ils auront plus tard, sauf qu'ils sont dépourvus d'ailes. Lorsque les ailes se développent, l'insecte arrive à son état parfait. C'est assez vous dire que ceux qui n'ont jamais d'ailes ne subissent aucune métamorphose.

Mais les plus merveilleux changements sont ceux qui caractérisent la métamorphose complète. Les insectes destinés à cette brillante transformation, ne sont d'abord, au sortir de l'œuf, que des vermisseaux appelés larves, les uns sans pieds, les autres avec des pieds. Ceux qui sont sans pieds, sont à la charge des pères et des mères qui prennent soin de leur apporter à vivre, ou de les poser à portée de ce qui est propre à les nourrir. Ceux qui ont des pieds vont eux-mêmes chercher leur nourriture sur les feuilles de l'arbre qui leur convient, et qui est justement celui où la mère les a placés. Ils grossissent en peu de temps très-sensiblement. Plusieurs quittent leur habit, et se rajeunissent en paraissant cinq ou six fois sous une peau toute nouvelle. Alors, quand ils sont parvenus à leur complet développement, ils passent par le second état, celui de *nymphe* ou de *chrysalide*. L'insecte demeure alors dans une entière immobilité, ne prend aucun aliment, et ne vit plus que par la respiration. De plus, il s'enferme dans une sorte de petit sépulcre qui varie selon les espèces, mais qui se façonne d'une manière uniforme dans chaque espèce. Si son corps reste mou et décoloré, il se choisit une retraite sûre pour y subir sa transformation : c'est alors qu'on lui donne le nom de nymphe, qui signifie *jeune mariée*, parce que c'est dans cet état que l'insecte prépare ses plus beaux atours et revêt la dernière forme sous laquelle il doit paraître pour multiplier son espèce par la génération. Si au contraire les parties extérieures de son corps se durcissent comme une cuirasse, il a moins de précautions à prendre contre les dangers extérieurs, et se suspend librement par un fil comme les papillons de jour, ou s'enveloppe d'un tissu de soie appelé *cocon*, comme les vers à soie. On l'appelle alors chrysalide, qui signifie *vêtement d'or*, parce que l'armure dont il est couvert prend dans certaines espèces une couleur éclatante comme celle de l'or. Les chrysalides des papillons de jour présentent aussi des reflets d'or, et sont pour ce motif appelées aurélies. Enfin, certaines chrysalides, comme celles des mouches, ont la forme d'une petite graine ovale, ce qui leur a valu le nom de *fèves*. Le terme de *cocon* est exclusivement appliqué à la chrysalide du ver à soie.

Enfin, leur quatrième et dernier état, la grande et dernière métamorphose qui leur arrive, c'est lorsqu'ils sortent de leur tombeau, et que, devenus insectes volants, ils percent les enveloppes qui les retiennent, font sortir les panaches dont leur tête est ornée, déplient leurs ailes, et... Mais remettons à demain la merveille de leur résurrection. Il faut laisser le temps à notre cher Chevalier d'aller faire un tour de chasse.

Le Chevalier. Non, Monsieur, continuez, je vous en supplie. On m'a fait voir quelquefois de ces chrysalides en forme de poupées, sous lesquelles les chenilles s'ensevelissent. Mais je les croyais mortes sans ressource, et personne ne m'a détrompé. Vous me feriez grand plaisir de me dire en quoi elles se changent.

Le Comte. Demain nous entrerons dans ce détail. Je suis ravi que vous preniez goût à nos métamorphoses ; mais je veux leur donner un nouveau mérite.

Le Chevalier. Lequel, Monsieur ?

Le Comte. Celui d'être désirées. Laissons-les pour un autre entretien. Cela vous attriste, mon cher Chevalier : j'en suis charmé, je vous assure. Il y en a bien à votre âge que la fin de ce discours réjouirait.

LES CHENILLES

M. LE COMTE ET MADAME LA COMTESSE DE JONVAL.
M. LE PRIEUR DE JONVAL.
M. LE CHEVALIER DU BREUIL.

SOMMAIRE. — Description, genre de vie, manière de filer, couleur, ruses, nourriture, destination providentielle. — Transformation de la chenille en chrysalide, puis en papillon ; parallèle entre ces divers états. — Différence entre les papillons de jour et les papillons de nuit ; merveilleuse délicatesse des plumes de leurs ailes.

Le Comte. Je ne vois plus personne ici, la compagnie qui était avec Madame s'est apparemment retirée. Entrons dans ce berceau, et continuons l'histoire de nos insectes.

Le Prieur. M. le Chevalier m'a lu ce matin un précis de notre conversation d'hier, dont je suis sûr, Monsieur, que vous serez très-content. Il y démontre fort bien que la corruption aurait la puissance et la sagesse en partage, si elle était l'ouvrière d'un corps organisé. Il a également bien rendu raison du choix que font les mères des différents endroits où l'on trouve leurs œufs, et n'a pas moins exactement détaillé les différents états par lesquels passent la plupart des insectes.

Le Comte. Il faut faire le Chevalier secrétaire de la compagnie : j'y trouverai mon compte. Lorsque quelque affaire m'appellera ailleurs, je saurai par son moyen ce qui aura fait l'objet de votre conférence.

Le Prieur. Monsieur le Chevalier, puisque vous savez déjà penser vous-même, et donner de la netteté et des grâces aux pensées des autres, voilà qui est fait, vous serez le Fontenelle de notre Académie.

Le Comte. Où en demeurâmes-nous hier ?

Le Chevalier. Vous aviez amené les insectes qui changent d'état à celui de nymphe, et vous les en tiriez en les convertissant par une espèce de résurrection, ou de métamorphose, en d'autres animaux vivants. Je voudrais bien savoir s'ils meurent réellement avant que de changer.

Le Comte. Ce n'est pas une mort véritable, parce que réellement l'insecte ne cesse pas de vivre; c'est plutôt un sommeil réparateur d'où il sortira plus brillant et plus complet par une dernière évolution. Celle-ci ne fera même que mettre en relief des attributs qui jusque-là étaient restés cachés; c'est donc moins une transformation qu'il éprouve qu'un perfectionnement qu'il reçoit. Chaque fois en effet qu'il change de peau, il se rapproche de l'état parfait; si l'on examine attentivement une chenille quelques jours avant qu'elle devienne chrysalide, on remarque, en la plongeant dans l'esprit de vin, que la peau se détache, et que sous cette peau se retrouve un papillon complet dont les parties sont serrées l'une contre l'autre pour occuper le moins de place possible. Une chenille est donc un véritable papillon emmaillotté, semblable à un enfant qui, serré dans ses langes, est privé de l'usage de ses bras. Dans l'état de chrysalide, ces parties s'isolent, se détachent l'une de l'autre, se mûrissent en quelque sorte pour révéler le papillon, tandis que d'autres, comme les mâchoires, plusieurs pattes et les filières inutiles au nouvel individu, disparaissent. Il serait donc inexact de dire que le premier être est détruit, et qu'un second le remplace; c'est le même être transfiguré. Si donc nous nous servons encore des expressions de mort et de résurrection, vous saurez qu'elles sont figurées.

Le Prieur. Il n'y a donc rien d'étonnant, que les insectes pressentent si bien le changement qu'ils doivent subir, et prennent tant de précautions pour s'y préparer et mettre leur chrysalide en lieu sûr. Leur empressement à se dépouiller du vieil insecte, marque assez qu'ils s'attendent à quelque chose de mieux et de plus relevé; ils ne sont point effrayés de ce sommeil, image de la mort, qui est pour eux un passage à un état plus brillant; et loin de s'épouvanter à la vue de cette espèce de drap mortuaire, ils le continuent avec gaîté et assiduité ; ils épuisent même leurs forces et leur substance pour l'achever, comme le grain de blé, en se fécondant, s'épuise sous terre pour nourrir le germe qui en sort.

Le Comte. Quittons la thèse générale, et venons aux espèces particulières. Il y a des insectes qui ne vivent que de verdure. D'autres vivent dans le bois qu'ils rongent. Il y en a qui trouvent leur vie dans les pierres mêmes. D'autres ne subsistent que dans l'eau, ou dans d'autres liqueurs. Plusieurs enfin rongent la substance des autres animaux. Dans une matière si étendue, choisissons quelques espèces qui nous soient familières. Monsieur le Chevalier connaît les chenilles et les vers à soie. C'est par là que nous commencerons.

Le Chevalier. Il y a longtemps que je souhaite savoir quelle est la matière qu'ils filent, et quelle est la forme de leur quenouille. Mais j'aperçois Madame la Comtesse derrière le berceau : allons la recevoir.

La Comtesse. Messieurs, puisque dans votre

conférence il est question de quenouille et de fil, j'ai quelque droit d'y venir prendre séance. On peut vous demander le sujet qui vous occupait.

Le Comte. Nous en étions sur les vers à soie, et sur les autres chenilles dont les espèces connues se montent à plus de trois cents. On en découvre tous les jours de nouvelles. Leur taille, leur couleur, leurs inclinations, leur façon de vivre, tout varie d'une espèce à l'autre : mais tout est parfaitement uniforme dans la même espèce. Voici d'abord ce qu'elles ont de commun. Elles sont toutes comme les vers à soie, composées de plusieurs anneaux, qui en s'éloignant et se rapprochant les uns des autres, portent le corps partout où il a besoin d'aller. Elles ont un certain nombre de pieds qui jouent et se plient par de petites jointures, et sont armés de crochets pour s'attacher et se cramponner sur l'écorce des arbres, surtout durant leur sommeil. Presque toutes ont un fil , dont la matière est une gomme fluide qu'elles expriment des feuillages dont elles se nourrissent. Se sentent-elles en danger ou d'être emportées par un oiseau, ou froissées sous les branches qui sont en mouvement, elles attachent à l'arbre cette gomme et tombent en la laissant filer par plusieurs petites ouvertures de leur corps, d'où il se forme autant de fils qu'elles rapprochent immédiatement l'un de l'autre avec leurs pattes, et qui, par une glu naturelle, se collant l'un sur l'autre, ne forment plus qu'un fil unique capable de soutenir le corps de l'animal,

La Comtesse. Il me semble voir un cordier, qui, ayant accroché à son rouet le commencement de sa filasse, s'en éloigne ensuite à reculons, et laisse continuellement échapper plusieurs brins de son chanvre, qu'il réunit et rassemble avec ses doigts pour n'en faire qu'une seule corde.

Le Prieur. La comparaison est tout à fait juste. Je n'y vois qu'une petite différence, c'est que le mouvement circulaire qui est communiqué à chaque instant par le rouet à toute la corde, rassemble plusieurs fils en un seul, sous les doigts du cordier : au lieu que c'est une certaine colle qui réunit les fils sous les pattes de la chenille.

Le Comte. Ce qui m'étonne le plus dans cet ouvrage, c'est de voir un fluide, qui s'écoule quand la chenille est écrasée, prendre consistance au moment qu'elle le met en œuvre, se sécher, se lier, devenir une forte chaîne qui la soutient loin du danger ; puis lui sert d'échelle pour remonter.

Ce n'est pas là le seul préservatif qui lui ait été accordé. Elle est pour l'ordinaire revêtue de poils qui soutiennent et arrêtent l'eau dont elle serait inondée, pénétrée et glacée. Les mêmes poils pliés l'avertissent de se laisser glisser en bas, avant qu'elle soit écrasée sous une branche que le vent pousse : et lorsque son fil, dérangé ou rompu, l'abandonne, le poil dont elle est hérissée, empêche qu'elle ne soit brisée dans sa chute.

Il y a des naturalistes qui croient que la couleur même des chenilles est un des meilleurs préservatifs qui aient été donnés à plusieurs d'entre elles pour se garantir des oiseaux, qui n'ont point de nourriture plus délicate et plus propre pour leurs petits.

Le Chevalier. Monsieur veut-il parler de ces petites taches brillantes dont elles ont le dos moucheté?

Le Comte. Non : ces taches, tout au contraire, servent à les faire distinguer, surtout quand elles sont vues de près. Mais plusieurs espèces ont un fond de couleur qui ressemble à celle des feuillages dont elles se nourrissent, ou des petites branches sur lesquelles elles s'arrêtent quand elles muent. La chenille qui vit sur le nerprun, est aussi verte que le nerprun. Celle qui vit sur le sureau, est de la couleur du bois de sureau. Vous en verrez plusieurs sur les pommiers et sur les buissons d'une couleur aussi rembrunie que les bois de ces plantes. Elles ont grand soin de quitter les feuilles, et se retirent prudemment le long des branches quand le temps de leur mue est venu. Par là elles sont confondues avec ce qui les soutient : elles sont moins aperçues et échappent pendant leur long sommeil aux oiseaux qui les cherchent.

Le Chevalier. Mais, Monsieur, à quoi sert-il que la nature ait donné un bec aux oiseaux pour prendre leur proie, si cette proie a cent moyens pour les éviter ?

La Comtesse. Monsieur le Prieur ne trouve-t-il pas là une contradiction ?

Le Prieur. Il est vrai que cette espèce de contradiction se fait sentir, et qu'elle règne dans toute la nature : mais elle est l'effet d'une sagesse qui ne se fait pas moins sentir. Cette contradiction prétendue est ce qui tient toute la nature en action et en équilibre. Tous les animaux sont occupés à attaquer et à se défendre : la nature leur a donné à tous des armes offensives et défensives. Par ce moyen ils trouvent tous de quoi vivre : et cependant il en demeure assez pour perpétuer les espèces. Toutes les familles sont nourries, toutes les tables sont servies aujourd'hui, il reste encore des provisions pour plusieurs jours. N'y a-t-il pas une sorte de contradiction à permettre aux

pêcheurs de prendre du poisson, et à exiger
d'eux qu'ils n'emploient que des filets à larges
mailles, au travers desquelles il s'échappe une
foule de petits , et même de moyens poissons ?
C'est cependant la précaution d'un sage gouvernement qui envisage à la fois la nécessité présente, et les besoins de l'avenir. La nature a
donné des filets à tous les animaux : elle leur a
permis à tous de pêcher et de vivre : mais elle
a sagement réglé la largeur des mailles. Il y a
tous les jours beaucoup de poissons de pris ;
mais il s'en sauve toujours plus qu'on n'en
prend, soit qu'ils passent au travers des mailles,
soit qu'ils n'aient pas été enveloppés.

La Comtesse. Monsieur le Chevalier, nous nous
connaissons mal en contradiction. Quand vous
faites partir vos chiens sur un lièvre, et que ce
lièvre emploie cent ruses pour leur échapper,
trouvez-vous là de la contradiction ?

Le Chevalier. Point du tout. Rien au contraire
n'est plus naturel ni mieux ordonné. Si les
lièvres ne défendaient leur vie, nos meutes n'auraient plus rien à faire.

Le Comte. Ce que vous remarquez du lièvre et du chien, vous pouvez le dire des autres animaux, et des insectes mêmes. La nature, en mettant les uns en état d'attaquer et de prendre, n'a pas laissé les autres sans défense. Les plus petits ont leurs préservatifs. Vous voyez que les chenilles, quelque faibles qu'elles soient, n'en sont point dépourvues. Elles y joignent même de petites ruses et de sages précautions. Par exemple, vous les verrez plutôt sous les feuilles qu'elles rongent que dessus, pour n'être pas aperçues des oiseaux. Souvent elles font devant l'oiseau ce que la souris fait devant le chat. La chenille contrefait la morte : elle amuse l'ennemi ; elle le rend négligent, et trouve un moment de distraction dont elle profite pour se cacher.

Le Prieur. J'en ai vu d'autres s'étendre, demeurer sans mouvement, et faire semblant de dormir. Quantité de pucerons ailés, qui erraient dans le voisinage, se jetaient sur elle comme sur une proie certaine. Les chenilles les laissaient courir en liberté sur leur dos :

puis détournant brusquement la tête, elles les saisissaient et semblaient en faire leur repas.

Le Chevalier. Quoi, Monsieur, sont-elles donc aussi carnassières ?

Le Comte. L'espèce dont parle M. le Prieur est moins une chenille qu'un ver carnassier qui vit de ces pucerons. Tous les insectes ont leur méthode et leur nourriture propres qu'ils ne changent point ; et les chenilles sont bornées non-seulement à la verdure, mais même à une certaine sorte de verdure. Chaque espèce a reçu ordre de se contenter d'une certaine plante : ordre auquel elle est si fidèle, qu'elle se laissera plutôt mourir de faim que de toucher à un autre feuillage ; à moins qu'on ne lui en offre dont les qualités sympathisent avec celle de son pain ordinaire. Il faut excepter de cette règle quelques espèces moins dégoûtées, et qui s'accommodent de tout.

Le Chevalier. Monsieur, n'y a-t-il pas là un inconvénient ? Si la plante qui est assignée à une certaine espèce de chenille vient à manquer, cette espèce manquera aussi. Pourquoi les borner si fort?

La Comtesse. Monsieur le Chevalier, vous critiquez la nature où il faut assurément la remercier. Si nos pommiers, qui n'ont à présent que quelques espèces de chenilles pour ennemies, en avaient deux ou trois cents, jugez combien nos desserts en souffriraient. Il a été sagement défendu aux chenilles de faire du mal au-delà de certaines bornes.

Le Chevalier. J'ai tort de me plaindre de ce côté-là, puisque c'est notre avantage, et je devrais plutôt demander pourquoi certaines espèces se multiplient quelquefois de manière à ravager tout. Il y a quelques années que l'espèce qui aime les pommiers n'y laissa pas une feuille. Les pommiers étaient tout couverts de fruits qui se séchèrent bien vite et périrent tous. En général, quelle est l'utilité des chenilles? il me semble qu'on s'en passerait bien.

Le Prieur. Elles ne sont rien moins qu'inutiles. Supprimez les chenilles et les vermisseaux, vous ôtez la vie aux oiseaux. Ceux que nous mangeons et ceux qui nous divertissent par leurs chants en font leur nourriture habituelle. Beaucoup de ceux qui plus tard mangeront des graines n'ont point d'autre lait durant leur enfance. Ils adressent alors leurs cris au Seigneur, et il multiplie pour eux une nourriture proportionnée à leur extrême délicatesse : c'est pour eux qu'il disperse partout les vermisseaux et les chenilles.

Le Comte. La Providence paraît avoir eu surtout en vue les petits oiseaux, car ils ne sortent de leurs œufs que quand les chenilles sont elles-mêmes écloses ; et les chenilles disparaissent quand les petits, devenus forts, ont besoin ou peuvent se contenter d'une autre nourriture. Avant le mois d'avril, point de chenilles ni de couvées : au mois d'août ou de septembre, plus ou presque plus de couvées ni de chenilles. La terre alors se couvre de graines et d'autres vivres de toute espèce.

Le Prieur. Les oiseaux jusque-là ont eu leur provision assignée sur les chenilles : il était juste que celles-ci eussent aussi une nourriture assurée : on la leur a donnée à prendre sur les plantes. Elles ont leur droit comme nous sur la verdure de la terre. Elles ont un titre certain dans la permission que Dieu accorda dès le commencement à tout ce qui vit et à tout ce qui rampe sur la terre, de tirer leur nourriture des plantes qu'elle produit, et leur chartre est en aussi bonne forme que la nôtre, puisque c'est précisément la même.

Cette association des insectes avec l'homme dans la permission de faire usage de l'herbe et des fruits de la terre, lui devient quelquefois incommode ; mais c'est un mal prévu et ordonné. L'homme n'a pas seulement besoin de vivre ; il a aussi besoin d'être instruit : son ingratitude est confondue, quand les insectes viennent lui enlever ce que Dieu avait libéralement étalé à ses yeux. Son orgueil ne l'est pas moins quand le Seigneur fait marcher ses armées vengeresses, et qu'il appelle contre l'homme la chenille, la sauterelle ou la mouche, au lieu de faire venir les lions, les tigres, ou d'autres animaux malfaisants. Pour humilier des hommes qui se croient forts, qui se croient riches, grands, indépendants, quels instruments emploie-t-il? des vermisseaux et des mouches. Vous voyez, mon cher Chevalier, que celui qui a créé la mouche et la chenille est le même que celui qui a fait le lion et le tigre. Il leur a préparé à tous leur nourriture propre, parce qu'il sait l'usage qu'il en veut faire. *Tout ce qu'il a fait est bon en son temps :* et quand notre faible raison ne pénétrerait pas les motifs de ses ouvrages, nous appartient-il pour cela d'en retrancher quelque chose, ou de vouloir y ajouter? Mais on va dire que je prêche : eh bien! revenons à l'histoire de nos chenilles. Monsieur le Comte voudrait-il nous les montrer occupées à la construction de leur prison?

La Comtesse. On n'attend rien de moi, aussi ne me demande-t-on rien. Mais je veux à mon tour être bonne à quelque chose. Souffrez que j'envoie prendre dans mon cabinet une boîte qui me tiendra lieu ici d'un beau discours. Vos yeux du moins y trouveront de quoi se satisfaire. En attendant, voyons l'ensevelissement des chenilles.

Le Comte. Vers la fin de l'été, quelquefois auparavant, les chenilles; après s'être rassasiées de verdure, et avoir changé de peau plusieurs fois, cessent de manger et se mettent à bâtir une retraite, pour y quitter la vie ou l'état de chenilles, et pour faire éclore le papillon qu'elles contiennent. Peu de jours suffisent à quelques-unes pour passer à une nouvelle vie : d'autres demeurent des mois et des années entières dans leur tombeau. Il y a des espèces qui s'enfoncent quelque peu sous terre après s'être rassasiées. Là elles s'agitent et déchirent leur robe, qui, avec la tête, les pattes et les entraillés, se ride et se retire comme un parchemin desséché. Il demeure une petite fève ou une sorte d'étui de couleur brune, de figure ovale, et terminé vers la partie la plus pointue par plusieurs boucles mouvantes qui vont toujours en diminuant. C'est dans cette chrysalide qu'est renfermé l'embryon du papillon avec des liquides propres à le nourrir et à le perfectionner. Quand il est entièrement formé, et qu'une douce chaleur l'invite à sortir de prison, il rompt le gros bout de son étui, qui répond toujours à sa tête et se trouve toujours assez faible pour s'ouvrir au premier effort.

D'autres chenilles, au lieu de se glisser sous terre, vont se loger sous des avances de toits, dans les trous des murs, sous l'écorce des arbres, dans le cœur même du bois. Toutes savent trouver un abri sûr pour le temps où elles seront en chrysalides.

Il y en a d'autres qui se suspendent avec adresse aux toits, aux armoires, au premier pieu qu'elles rencontrent. Voici de quelle façon. La chenille tire d'elle-même un suc glutineux qui s'allonge et se durcit en fil à mesure qu'elle porte sa tête d'un endroit à l'autre. Après qu'elle a collé et croisé plusieurs fils sur un endroit raboteux, où elle se veut attacher, elle embarrasse dans ce tissu ses pattes de derrière par les petits crochets qui les terminent. Tel est son premier lien. Elle lève ensuite la tête et va poser un nouveau fil sur le bois à côté d'elle, vers son cinquième anneau ; et courbant lentement sa tête en arrière, elle conduit ce fil en forme d'arc autour de son dos et l'attache de l'autre côté vis-à-vis. Elle continue à plusieurs reprises à mener le même fil de gauche à droite, et de droite à gauche. Quand ce second lien qui la soutient au-dessus du milieu du corps est suffisamment doublé et fortifié, elle se repose. Ensuite, s'agitant de toute sa force, elle rompt sa peau, qui se retire peu à peu du côté où les pattes sont cramponnées au bois. Ces pattes elles-mêmes disparaissent comme le reste de la dépouille. Mais la chrysalide ne tombe pas pour cela, parce qu'à la place des pattes qui la retenaient, il est sorti de l'extrémité de la fève de petites pointes ou espèces de chevilles, terminées par une tête en manière de champignon ou de clou. Ces têtes allongées au-delà des fils suffisent, avec l'attache qui traverse le dos, pour retenir la fève jusqu'au temps de la sortie du papillon.

J'ai ouï dire que certaines chenilles s'enveloppaient de fil et de glu ; que se roulant ensuite sur le sable, elles en réunissaient les grains, et se construisaient ainsi un cercueil de pierre. Il y en a qui amassent ces sables grain à grain, et qui les collent avec leur fil.

D'autres espèces bâtissent en bois. Elles coupent et mettent en pièces des petits morceaux de saule, ou d'autres plantes auxquelles elles sont accoutumées : elles pulvérisent le tout, et avec leur glu elles en font une pâte dont elles s'enveloppent. Cette pâte se sèche sur la chrysalide qui est dedans. Toutes les chrysalides, et celles qui sont logées dans des coques ou dans d'autres enveloppes, et celles qui se trouvent sous terre ou ailleurs, à nu et sans enveloppes, semblent être enduites d'une glu ou d'une liqueur visqueuse qui s'est durcie comme une croûte ou une coquille autour du papillon caché dans la chenille. Cette croûte a vers le haut quelques petites ouvertures par lesquelles le papillon respire : elle lui sert d'étui et de défenses pendant qu'il achève de se former : on y voit la place et comme l'emboîtement des pattes, des ailes, et de la trompe. Cette trompe est quelquefois logée dans une avance qui a la forme d'un nez ; quelquefois elle est logée dans une gaîne assez longue. Les croûtes de la chrysalide servent proprement de maillot au papillon : elle en prend à peu près la figure, et ressemble à une momie qui imite la forme du corps qu'elle enferme, et auquel elle sert de défense. J'ai ici quelques-unes de ces chrysalides. La vue en réjouira Monsieur le Chevalier.

Le Chevalier. Voilà de plaisantes figures ! On les prendrait pour des pagodes, ou pour des enfants emmaillottés. Est-il possible qu'il y ait quelque reste de vie là-dedans, et qu'il en doive sortir un papillon ? Tout y paraît mort.

Le Comte. En les pressant un peu, vous y verrez des marques de sentiment. Je ne pouvais vous mieux faire connaître leur état de chrysalides ou de nymphes, qu'en vous mon-

trant ces petits tombeaux où le ver est ense-
veli, et d'où doivent sortir autant de papillons,
dont les femelles iront déposer leurs œufs sur
la plante même qui les a nourries, ou sur une
semblable. Elles rangent les œufs quelquefois
en ligne droite ou circulaire ; quelquefois en
ligne spirale autour d'une petite branche, et
toujours avec une colle si tenace, que la pluie
la plus forte n'est pas capable de les emporter.

Vous trouverez des chenilles qui ne se mê-
lent ni de maçonnerie, ni de charpenterie ; mais
qui se filent et se fabriquent avec art un
bon manteau pour se garantir de la pluie. Nous
vous ferons admirer la nature de ce travail
curieux, quand nous viendrons à celui des
coques des vers à soie, auquel il a un parfait
rapport.

L'espèce de chenilles la plus connue, est
celle qu'on trouve par colonies sur l'orme, sur
le pommier, et sur les buissons. Le papillon
qui en provient, choisit quelque belle feuille sur
laquelle il attache ses œufs en automne, et

meurt peu après couché et collé sur sa chère famille. Le soleil qui a encore de la force, échauffe les œufs. Il en sort avant l'hiver, tout au contraire des autres, une quantité de petites chenilles, qui, sans avoir jamais vu leur mère, sans leçons et sans modèle, se mettent toutes à filer à l'envi, et de leurs fils se font des lits et un logement très-spacieux, où elles passent la froide saison, distribuées en différentes chambrettes, sans manger, et souvent sans sortir. On ne trouve qu'une petite issue au bas de la demeure, par où la famille prend quelquefois l'air vers le midi, quand il fait un beau soleil : d'autres ne le font que la nuit, lorsque le temps est sûr. Quand on veut ouvrir leur retraite, il faut faire effort pour rompre le tissu de leur toile, qui est ferme comme du parchemin, et impénétrable à la pluie, au vent, et au froid. On les trouve mollement couchées sur un duvet très-épais, et environnées de plusieurs bandes de cette toile qui leur sert de couverture, de rideau et de tente.

Le Chevalier. C'est une chose bien étonnante

de voir des animaux si délicats passer ainsi l'hiver : mais je suis encore plus étonné de le leur voir passer sans manger.

Le Comte. Il y a bien des espèces d'oiseaux, de reptiles, d'insectes, et même de grands animaux, qui dorment de la sorte, ou sont engourdis plusieurs mois de suite, et qui ne faisant aucune dépense de vie, n'ont pas besoin de réparer leurs forces par la nourriture.

La Comtesse. Il y a parmi les chenilles une bizarrerie dont je souhaiterais avoir l'éclaircissement. Pour former un recueil de beaux papillons, j'ai quelquefois fait chercher et nourrir les chenilles qui les produisent. Mais assez souvent, au lieu de papillons, il en provenait des mouches.

Le Prieur. J'ai remarqué plusieurs fois la même chose. On verra, par exemple, d'une seule chenille encore en vie, sortir plusieurs petites mouches qui lui percent la peau. On en voit quelquefois sortir plusieurs vermisseaux qui s'enveloppent de fil, et semblent ensuite se changer en petites mouches. J'ai même vu des mouches d'une petitesse extrême sortir de dedans les œufs des papillons.

Le Chevalier. Si une espèce se change en une autre, la génération des insectes n'est pas régulière et uniforme.

Le Comte. Ces mouches ne proviennent ni de la chenille, qui n'a jamais rien engendré, ni du papillon, qui ne peut jamais produire que des œufs de papillons. Le microscope m'a aidé à démêler ce mystère. Sur les œufs des papillons, d'où sont sorties de petites mouches, j'ai aperçu deux ouvertures, l'une fort grande par où la mouche est sortie, et l'autre fort petite par où elle était entrée dans l'œuf sous la forme de ver. Ce ver vient d'un œuf de mouche. Il pique l'œuf de papillon pour y vivre. Il y met bas la dépouille de ver; et de la petite chrysalide qui y demeure, il sort une petite mouche. Il y a plusieurs espèces de mouches qui s'attachent au corps des chenilles, et qui déposent plusieurs œufs dans leur piqûre. De ces œufs viennent des vermisseaux, des chrysalides, et des mouches. On est tombé dans une infinité de méprises sur l'origine des insectes, faute de savoir la méthode qu'ont les mouches de loger leurs œufs dans des endroits propres à fournir la pâture convenable aux petits qui en sortiront.

Le Prieur. Si vous voulez connaître les différentes espèces de chenilles, leurs inclinations, et toutes leurs propriétés, vous pourrez, quand vous demeurerez à la campagne, en faire recueillir de toutes les sortes dans des boîtes, où vous aurez soin de leur donner la verdure sur laquelle on les aura prises, et de la faire renouveler tous les jours. Il n'est pas croyable combien la diversité et la régularité de leurs opérations vous paraîtront amusantes.

La Comtesse. Il me semble déjà voir Monsieur le Chevalier coller ses yeux sur les coques les plus avancées, et attendre avec impatience le moment de la résurrection.

Le Prieur. Hé! qui pourrait n'être pas frappé de ce petit miracle de la nature? Qu'on ouvre une de ces chrysalides, vous croirez n'y voir qu'une sorte de pourriture où tout est confondu. C'est cependant dans cette pourriture apparente qu'est le germe d'une meilleure vie. Ce sont des liquides nourriciers qui donnent l'accroissement à un animal plus parfait. Le temps de sa délivrance arrive enfin. Il perce la prison qui le retient. La tête se dégage par l'ouverture. Les antennes s'allongent, les pattes et les ailes s'étendent : le papillon vole et ne conserve rien de son premier état. La chenille qui s'est changée en chrysalide, et le papillon qui en sort, sont deux animaux totalement différents. Le premier n'avait rien que de terrestre et rampait avec pesanteur : le second est l'agilité même, il ne tient plus à la terre ; il dédaigne en quelque sorte de s'y poser. Le premier était hérissé de poils et souvent d'un aspect hideux ; l'autre est paré des plus vives couleurs. Le premier se bornait stupidement à une nourriture grossière : celui-ci va de fleur en fleur ; il vit de miel et de rosée, et varie continuellement ses plaisirs : il jouit en

liberté de toute la nature, et il l'embellit lui-
même.

La Comtesse. Monsieur le Prieur, voilà une
image bien agréable de notre propre résurrection.

Le Prieur. Toute la nature est pleine de traits
qui nous aident à concevoir les choses célestes
et les vérités les plus sublimes. Il y a un profit
certain à l'étudier, et c'est une théologie qui
est toujours bien reçue. Le plus grand de tous
les maîtres, ou plutôt notre unique maître,
nous a enseigné cette méthode, en tirant la
plupart de ses instructions des objets les plus
communs que la nature lui présentait, et il
nous a montré en particulier l'image du fruit
de sa mort dans le grain de froment qui demeure seul, tant qu'il ne meurt pas ; mais qui,
étant pourri et mort en terre, produit beaucoup
de fruit.

La Comtesse. Quand l'étude des changements
qui arrivent aux insectes ne nous aurait valu
qu'une comparaison si belle et si frappante,
nous n'aurions pas perdu nos peines. Mais on

nous apporte la caisse que je voulais vous faire voir. Monsieur le Chevalier, en voici la clef : ouvrez et divertissez-vous.

Le Chevalier. Sont-ce des chenilles qui travaillent là-dedans ?

La Comtesse. Non, ce sont des ressuscités du peuple chenille, mais des ressuscités à qui l'on n'a pas accordé l'immortalité avec la nouvelle vie. J'ai rassemblé et collé ici sur différentes tablettes toutes les espèces de papillons que j'ai pu avoir. Comme on m'a enseigné le dessin d'assez bonne heure, j'ai représenté sous chaque tablette les mêmes papillons d'après nature, en les accompagnant chacun de la chenille et de la chrysalide qui y ont rapport, selon leur couleur et leur grandeur naturelle. Ces tablettes vont et viennent sur leur coulisse. Tirez-en une à l'aventure.

Le Chevalier. Oh ! les charmantes couleurs ! voyons ces tablettes de suite, je vous prie, et commençons par la première.

La Comtesse. J'y ai rangé sur un satin blanc les papillons de nuit. Les couleurs et les nuan-

ces en sont douces et agréables, mais peu éclatantes pour l'ordinaire, et ont besoin du relief
que leur donne le blanc pour être mieux aperçues. Comme tous ces papillons ne volent que
dans les ténèbres, je les appelle mes papillons
hibous. Les voici en peinture sous la tablette
dans le même ordre. Ceux de la première rangée vous représentent les teignes qui rongent
les étoffes.

Le Chevalier. Elles sont dans une espèce de
manchon, hors duquel elles allongent la tête
et le corps.

La Comtesse. Ce manchon est une loge qu'elles
se fabriquent elles-mêmes. Au sortir de l'œuf
qu'un papillon a posé sur une étoffe ou sur
une peau bien propre et bien dégraissée, le
petit trouve sur l'étoffe ou sur la peau de quoi
se nourrir et se loger. En rongeant le poil des
fourrures et des étoffes de laine, il se construit
avec de petits brins fort habilement tissés une
demeure portative. A mesure qu'il grandit, il
allonge sa tente au moyen de fils ajoutés à
chacun des bouts. Comme il grossit en même

temps, il fend son fourreau dans toute sa longueur, et y ajoute une pièce de la largeur convenable, toujours aux dépens de la fourrure ou de la laine sur laquelle il se trouve. Quand il a fait place nette autour de lui, il lève tous les piquets de sa tente, la transporte plus loin et l'assujétit avec des fils sur un nouveau terrain. Rien de plus amusant que de prendre ces jeunes chenilles et de les mettre, à courts intervalles, sur des morceaux de drap de différentes couleurs. Elles auront bientôt un véritable habit d'Arlequin qui permettra de suivre la façon dont s'exécute leur travail d'agrandissement. Si, après avoir rongé une laine rouge, la chenille se trouve placée sur une laine verte, sa loge qui jusque-là était rouge, prend un nouvel accroissement, mais de couleur verte, et parfaitement semblable à celle de la prairie, dont elle tond l'herbe. Elle vit ainsi à nos dépens, jusqu'à ce que rassasiée elle se change en nymphe, puis en papillon. Ne croyez pas, Monsieur le Chevalier, que tout ceci ne soit qu'un agréable amusement. En bonne mère de famille, et pour l'intérêt que je prends à la conservation de mes meubles, j'ai voulu connaître le petit animal qui y fait tant de dégâts, et cette connaissance m'a aussi procuré celle du remède. C'est de frotter les étoffes avec de l'essence de térébenthine, ou, si l'on craint de les altérer, de les enfumer avec un réchaud où l'on fait brûler du tabac. Ce double procédé laisse aux étoffes une odeur désagréable. On se sert aussi de poivre en poudre qu'on répand sur les étoffes ; mais son odeur excitante provoque des éternuments fatigants. Récemment on a substitué avec avantage au poivre, la poudre d'une plante nommée pyrèthre, dont la saveur brûlante détruit promptement les insectes. Un autre remède d'ailleurs est de bien battre les étoffes pendant l'été, et de les exposer à la lumière.

Venons à la seconde tablette, où commencent les papillons de jour. Ceux-ci sont plus grands la plupart : les couleurs en sont communément plus vives. J'ai pris soin de les coller toujours sur un fond de satin, dont la couleur fût opposée à celle qui règne parmi eux. Vous ne voyez ici, et dans la tablette suivante, que des couleurs simples et toutes unies. Dans la quatrième, vous les voyez entremêlées. J'y ai opposé le le blanc au rouge, et le jaune au bleu : toutes ces couleurs figurent et contrastent selon leurs différents degrés.

Dans les dernières tablettes, j'ai assemblé et disposé avec le plus de goût et de propreté qu'il m'a été possible, tous les papillons panachés, ou chargés à la fois de différentes couleurs : papillons français, papillons indiens, papillons américains : car on m'en apporte de tout pays. Chaque pays a les siens : tous ont leur figure particulière. Il n'y en a pas un qui ne fasse un bon effet par la comparaison que l'œil en fait avec le suivant; et la plupart, vus seuls, et indépendamment des autres, réjouissent la vue par les passages, tantôt brusques, tantôt adoucis d'une couleur à l'autre, et par les différentes dégradations des teintes. On est surtout frappé de la beauté des plus grands, où il semble que la nature se soit fait un jeu d'étaler et de mé-

langer avec art tout ce qu'elle a de plus brillant.
Vous trouverez sur ces ailes l'éclat et la variété
des couleurs de la nacre, les yeux de la queue
du paon, les zigzags, les falbalas, les nuances
du point de Hongrie, et de magnifiques franges
tout le long du bord. Quand j'ai quelques
meubles ou quelques habits à assortir, c'est
ici que je viens prendre conseil. Monsieur le
Chevalier, vous pouvez voir le tout en liberté : je
vous prie seulement de ne pas porter les doigts
sur les papillons, car vous en enlèveriez les
plumes.

Le Chevalier. Les plumes ? Mais, Madame,
ce n'est ce me semble que de la poussière
qu'on enlève de dessus les papillons. Toutes
les fois que j'en ai pris, mes doigts étaient
pleins d'une légère farine de la couleur du
papillon.

La Comtesse. Cette farine, comme ces Messieurs me l'ont fait voir, est un amas de petites
plumes, ou écailles, qui ont une queue ou un
tuyau d'un côté, et qui de l'autre sont arrondies
et ornées de franges. L'extrémité des unes

couvre le commencement des autres. Elles sont attachées, comme celles des oiseaux, dans un ordre parfait : et quand on les a fait tomber, l'aile qui demeure n'est qu'une peau fine et transparente, où l'on aperçoit les logettes ou les creux dans lesquels la queue ou le tuyau de chaque plume était arrêté. Mais afin que vous n'en doutiez pas, jetez les yeux sur la dernière tablette, où l'on a semé et attaché sur une couche de colle, une multitude de ces poussières provenues de papillons de toute espèce.

Le Comte. Chevalier, voilà une loupe qui vous aidera à convertir cette poussière en plumes.

Le Chevalier. Rien n'est plus réel que ce que Madame vient de dire : je ne vois pas ici le moindre grain de poussière ; mais de jolies plumes dont les couleurs sont d'une variété et d'une vivacité qui me charment.

La Comtesse. Monsieur, puisque mes amusements ne vous déplaisent point, demain je vous entretiendrai de mes vers à soie. Vous auriez

un vrai plaisir à voir tous ces ouvriers au travail, surtout lorsqu'ils façonnent leur fil : malheureusement le temps en est passé. Il faut
leur venir rendre visite l'été prochain, et nous
donner trois mois au lieu d'un.

LES VERS A SOIE

La Comtesse.
Le Prieur.
Le Chevalier.

Sommaire. — Soins que réclame leur éducation. — Leur nourriture, leur anatomie, leurs métamorphoses. — Etude spéciale du cocon, et manière de le dévider.

La Comtesse. Quoique mon mari parte pour un petit voyage de deux ou trois jours, nous pouvons continuer nos entretiens : il s'agit aujourd'hui des vers à soie. Il ne faut pour cela ni science, ni bibliothèque : j'en ai assez élevé dès l'enfance pour pouvoir vous entretenir de leur travail, et du présent qu'ils nous font. Mais peut-être Monsieur le Chevalier les connaît-il tout aussi bien que moi.

Les Animaux.   C

Le Chevalier. J'en ai quelquefois entendu parler : plusieurs de mes amis en nourrissent dans des boîtes ; mais on ne m'a jamais voulu permettre d'en avoir, ni même de jeter les yeux sur ceux des autres, comme si ces petites bêtes avaient la peste.

La Comtesse. Préventions toutes pures : j'ai eu des vers à soie toute ma vie : depuis quelques années j'ai accordé cet amusement à mes filles. Il faut nourrir, nettoyer, dévider : elles n'y trouvent que du plaisir, et jamais le moindre inconvénient : parce que l'insecte est très-propre, et que, s'il devient malade, on le jette.

Le Chevalier. Vous m'obligerez beaucoup, Madame, de m'apprendre comment il faut gouverner ceux qu'on élève, et comment on fait usage de leur travail.

La Comtesse. Il y a deux manières de les élever. On les peut laisser croître et courir en liberté sur les arbres mêmes, dont ils tirent leur nourriture ; ou les tenir au logis dans une place uniquement destinée à cet usage, en leur donnant tous les jours des feuilles nouvelles.

Monsieur le Prieur a fait essai de la première méthode : je le prierai d'abord de nous dire ce qu'il en pense.

Le Prieur. Il est vrai que j'eus, il y a quelques années, la curiosité d'employer à cette épreuve des mûriers que j'ai sous les fenêtres de mon cabinet, et que j'y fis mettre un nombre de vers à soie qui ont très-bien réussi sans que je m'en sois mêlé le moins du monde. C'est la pratique qu'on suit en Chine, au Tonquin, et dans d'autres pays chauds. Les papillons provenus des vers, ou plutôt des chenilles qui donnent la soie, choisissent sur le mûrier un endroit propre pour poser leurs œufs : ils les y attachent avec cette glu dont la plupart des insectes sont pourvus pour différents besoins. Ces œufs passent ainsi l'automne et l'hiver sans danger : et la manière dont ils sont placés et collés les met à couvert d'une gelée, qui quelquefois n'épargne pas le mûrier même. Le petit confié aux soins d'une Providence tendre et affectionnée, ne sort point de son œuf avant qu'il n'ait été pourvu à sa subsistance, et que les feuilles ne commencent à sortir de leurs boutons. Les feuilles venues, les vermisseaux percent leurs coques, et se répandent sur la verdure, grossissent peu à peu, et posent au bout de quelques mois sur le même arbre de petits paquets de fil de soie, qui paraissent comme des pommes d'or au milieu du beau vert qui les relève. Cette façon de les nourrir est la plus sûre pour leur santé, et celle qui coûte le moins de peine. Mais l'air inégal de nos climats rend cette méthode sujette à bien des inconvénients qui sont sans remède. Il est vrai qu'avec des filets, ou autrement, on peut préserver les vers des insultes des oiseaux : mais les grands froids qui surviennent souvent tout d'un coup après les premières chaleurs, les pluies, les grands vents enlèvent et perdent tout. Il faut prendre le parti de les élever au logis, de la manière dont Madame le pratique. Je la prie de vouloir bien nous l'apprendre.

La Comtesse. Dans nos grandes villes, comme à Lyon, à Tours, à Nîmes, l'élevage artificiel des vers à soie se fait sur une grande échelle, et exige des précautions infinies. Les pauvres gens nourrissent un nombre de vers en rapport avec le local dont ils peuvent disposer. C'est leur agrément et leur profit ; et ils leur abandonnent la meilleure partie de leur demeure. Les éleveurs mieux installés ont une ou deux pièces spécialement affectées à l'éducation des vers à soie. Ces pièces sont appropriées à leur destination ; elles sont bien exposées et garanties des vents par des fenêtres bien vitrées ou par des châssis couverts de forte toile. On a soin que les murs en soient bien enduits, les planchers bien fermés, en un mot tous les accès interdits aux insectes, aux rats et aux oiseaux. Mais l'élevage fait en grand exige plus de précautions encore. Il faut pour cela des bâtiments spacieux, établis dans le voisinage des plantations de mûriers, exposés au levant, à l'abri des brouillards et des mauvaises exhalaisons. On y ménage un système de ventilation qui renouvelle l'air à volonté dans les salles et y introduit la quantité de chaleur désirable. L'expérience a prouvé que la meilleure température était celle de vingt-cinq degrés centigrades. L'ameublement consiste en tables de planches, en claies d'osier ou en châssis recouverts de toile et munis d'un rebord pour empêcher les vers de tomber. Ces tablettes sont superposées comme les rayons d'une bibliothèque et glissent dans des coulisses qui permettent de les placer ou de les déplacer à volonté.

La nourriture du ver à soie est la feuille du mûrier blanc, originaire de Chine, et introduit en France vers la fin du xve siècle. Plus tard, Henri IV et Louis XIV encouragèrent sa culture ainsi que l'éducation des vers à soie qu'ils regardaient comme une des branches les plus importantes de l'industrie.

Quand les vermisseaux sont éclos, on pose quelques tendres feuilles de mûrier sur le linge ou sur le papier de la boîte où ils sont nés, et qui suffit alors pour en contenir une très-grande quantité. Dès qu'ils ont acquis quelque force, on les distribue sur des lits de feuilles dans les différentes cases qui leur sont destinées. Ils s'attachent aux feuilles, puis aux baguettes des claies, quand les feuilles sont rongées. Ils ont dès lors un fil sur lequel ils se suspendent au besoin, et évitent de tomber rudement. Tous les jours, le matin, on leur apporte de nouvelles feuilles, qu'on leur jette légèrement et d'une manière égale. Les vers à soie quittent aussitôt les restes des feuilles de la veille, qu'on prend soin d'ôter, en observant de ne pas emporter les vers avec les feuilles. Il faut pour cela une servante laborieuse et intelligente, qui s'applique surtout à faire à propos la provision, et à bien nettoyer : rien ne nuit plus à ces animaux que l'humidité et la malpropreté. Si l'on veut les garantir des maladies auxquelles ils sont sujets, la première attention de la gouvernante sera de cueillir les feuilles dans un temps sec, de les conserver dans un lieu sec, et de prévenir prudemment la pluie, pour n'être pas obligée de faire sécher les feuilles, et de faire quelquefois jeûner tout son monde, ce qui peut lui faire bien du tort en peu de temps : car ces petits animaux n'ayant que peu à vivre, mettent le temps à profit, et mangent presque continuellement, jusqu'à leur dernière mue, après laquelle ils demeurent encore en vie quelque temps sans manger. Quand il arrive qu'on manque de feuilles de mûrier, on peut en attendant leur donner quelques feuilles de laitue ou de choux : mais cette nourriture n'est que fort médiocrement de leur goût ; la nécessité seule les contraint à s'en servir, et la soie qu'ils donneront se sentira de l'interruption de leur fourniture ordinaire : elle péchera en qualité.

Une autre attention presque aussi nécessaire que le choix et le bon gouvernement de la nourriture, est de donner de temps en temps de l'air à la chambre, quand il fait un beau soleil, et de tenir dans la plus parfaite propreté, non-seulement les planches destinées à recevoir les débris des feuilles avec les ordures, mais généralement la place entière.

La propreté et le bon air contribuent beaucoup à leur santé et à leur progrès. En outre, il faut éviter d'accumuler les vers dans un espace

trop restreint, ce qui est une grave cause d'in-
salubrité. Voici maintenant les différents états
par où ils passent.

Le vermisseau, au sortir de l'œuf, est d'une
petitesse extrême, car il en faut environ 1400
pour faire un gramme. A sa naissance, il est noirâtre à cause des petits poils dont il est couvert,
et sa tête est d'un noir plus brillant que le
reste du corps. Bientôt les poils s'écartent, et
la peau paraît avec sa couleur réelle, qui est
d'un gris cendré. Ensuite sa robe se salit et se
chiffonne, il s'en défait et paraît habillé de
neuf : il devient gros et beaucoup plus blanc,
mais tirant quelque peu sur le vert dont il est
saturé. Après un petit nombre de jours, qui
varie selon le degré de chaleur, et selon la qualité de la nourriture ou du tempérament, on le
voit cesser de manger, s'endormir pendant près
de deux jours ; puis s'agiter et se tourmenter
extrêmement : il devient presque rouge des
efforts qu'il fait : sa peau se ride et se retire par
plis : il s'en défait une seconde fois, et la jette
de côté avec ses pieds. Le voilà à son troi-

sième habit, et c'est une assez belle dépense en trois semaines ou un mois. Il se remet à manger. Vous le prendriez alors pour un autre animal, tant sa tête, sa couleur, et toute sa figure se trouvent différentes de ce qu'elles étaient auparavant. Après avoir encore mangé durant quelques jours, il retombe dans sa léthargie, au sortir de laquelle il change de peau à l'ordinaire. C'est-à-dire que voilà trois différentes peaux dont il se dépouille depuis qu'il est sorti de son œuf. Il continue encore un temps à manger , et arrive à ce que l'on nomme sa *maturité* ; il s'est écoulé à peu près trente jours depuis sa naissance. Enfin, il se dégoûte du monde et des plaisirs ; il renonce à la bonne chère et à la compagnie ; il se prépare une solitude , en se construisant lui-même avec son fil une petite cellule d'une structure et d'une beauté ravissante. Mais avant que de l'y laisser entrer, je voudrais savoir de Monsieur le Prieur, qui a examiné toutes ces opérations avec soin, quel est l'arrangement intérieur du corps du ver à soie, où il prend la matière de ce fil qu'il nous donne, et comment il le fabrique. Vous autres savants, avec vos loupes, vous découvrez ce qui échappe aux yeux les plus attentifs.

Le Prieur. Madame, voici en peu de mots une anatomie du ver à soie à laquelle vous pouvez assister en toute bienséance. Le ver à soie, comme les autres chenilles, est composé de plusieurs anneaux à ressort, et bien pourvu de pieds et de crochets pour se fixer là où il se trouve commodément. Sa bouche est armée de deux mâchoires mobiles, qui ne travaillent pas de bas en haut comme les nôtres, mais de droite à gauche, et qui lui servent pour serrer et tailler la feuille. Il la coupe donc en la pressant de côté, et en descendant toujours, comme nous la couperions nous-mêmes avec des ciseaux, en les faisant jouer du haut de la feuille vers le bas. Le cœur n'existe pas ; mais il est remplacé par un vaisseau dorsal qui jouit, comme le cœur, de la propriété de se contracter pour envoyer le sang d'une extrémité à l'autre du corps. Il est aussi privé de poumons, mais il possède des organes qui lui en tiennent lieu : ce sont des canaux disposés par paires aussi nombreuses que les anneaux, et qu'on nomme *trachées*. Elles sont munies d'un orifice appelé *stigmate*, protégé par des poils pour que l'air seul puisse s'y engager. C'est par ces canaux qu'il respire ; et si on vient à les fermer, en répandant sur son corps du beurre, du suif ou quelque autre matière grasse, il tombe en convulsion et meurt assez vite. Il a un crâne pour mettre à couvert la substance du cerveau, qui se continue dans tout le corps par une série de renflements appelés *ganglions* correspondant à chacun des anneaux. Mais l'appareil le plus intéressant de cette chenille, c'est celui au moyen duquel elle confectionne son fil.

Vous avez pu voir quelquefois chez des orfévres, ou chez des tireurs d'or, ces lames de fer percées de plusieurs trous d'inégale grandeur, par lesquels ils font passer, et diminuer à volonté, une verge d'or ou d'argent : ces lames servant à réduire le métal en fil, prennent de là le nom de filières. Le ver à soie a sous la bouche un petit mamelon, appelé *trompe soyeuse*, par l'extrémité de laquelle sort le fil de soie. Ce mamelon est mobile comme le doigt d'une fileuse, et permet à l'insecte de diriger son fil comme il le désire. Lorsqu'il commence à travailler, il dépose à l'aide de sa trompe une gouttelette de soie liquide sur une surface quelconque qui lui sert de point d'appui; puis il écarte la tête ou se laisse tomber. La soie obéit au mouvement, s'allonge en un fil qui perd tout d'un coup sa fluidité, et acquiert en se séchant la consistance nécessaire pour envelopper le ver ou le soutenir dans sa chute. Il ne se trompe point sur la grandeur de l'ouverture qu'il faut donner à sa filière ni sur l'épaisseur que doit avoir son fil; il lui donne toujours une force proportionnée au poids de son corps. Puis, lorsque le temps de faire son cocon est venu, il se sert pour attacher sa soie, tantôt à un endroit, tantôt à un autre, des doigts dont ses pattes de devant sont pourvues; et je vous avoue que je me suis souvent arrêté à considérer l'attitude gracieuse avec laquelle il file, aussi bien que l'industrie, qui brille dans tout son ouvrage.

Ce serait une chose très-curieuse, que de savoir comment se fait la sécrétion ou la séparation de la soie, dont ce fil est composé, d'avec les sucs dont l'animal tire sa nourriture. Cela se fait de la même manière que les sécrétions dans le corps humain, c'est-à-dire au moyen de glandes chargées de choisir dans la masse du sang les éléments propres à former telle ou telle humeur, comme la salive ou les larmes. Dans le ver à soie, ces glandes, au nombre de deux, sont logées dans le ventre de l'insecte et se continuent par deux longs canaux qui aboutissent à la trompe. La soie renfermée dans les feuilles du mûrier est choisie par ces glandes avec un merveilleux discernement, et séparée des autres humeurs ! De ce qui reste dans la feuille, une partie est reçue et utilisée comme aliment ; l'autre partie, dépourvue de principes nutritifs, est rejetée à l'extérieur. Mais je vous ennuie avec ma dissertation, et je vois bien que tout le temps que Madame ne parle point est perdu pour le pauvre Chevalier.

Le Chevalier. Madame me permettra de contredire un peu Monsieur le Prieur : jamais je ne me suis ennuyé le moindre moment avec lui : et si je trouve quelque difficulté dans ses descriptions, j'en suis quitte en le mettant une autre fois sur le même chapitre. Mais je vous avoue que j'ai une grande impatience de savoir comment le ver à soie, et d'autres chenilles, se cachent ou s'enveloppent sous leur propre fil, et comment ils s'en peuvent fabriquer une maison ou un tombeau.

La Comtesse. Je viens de recueillir par hasard trois ou quatre cocons de vers qui ont achevé leur ouvrage beaucoup plus tard que les autres ; je les ai mis dans un papier : il faut les faire voir à Monsieur le Chevalier.

Le Chevalier. Quoi ! Madame, les vers à soie sont là dedans ?

La Comtesse. Comme des solitaires dans autant d'ermitages. Prenons les ciseaux, et ouvrons les cocons.

Remarquez d'abord le duvet ou la bourre,

qui est cet amas de mauvais fils jetés au hasard, et occupant beaucoup de place. Ensuite vous voyez la belle soie serrée et rangée dans la plus parfaite propreté. En dernier lieu voici la coque, qui est un composé de soie et de glu, et qui ressemble à une étoffe très-forte. C'est là dedans que vous allez trouver le ver à soie raccourci et changé en chrysalide : recevez-le dans votre main.

Le Chevalier. Il est fait comme une fève, sans pieds, sans tête, sans aucune partie distincte. Voilà cependant plusieurs anneaux qui vont tous en diminuant vers l'extrémité, et qui font quelque mouvement quand on les presse.

Le Prieur. C'est la chrysalide qui renferme le corps du papillon : les ailes, les pieds, les yeux, les antennes, tout y est dès à présent, mais d'une façon qu'on ne peut encore démêler. Dans quinze jours tout se dégagera.

Le Chevalier. Mais si le ver à soie est caché sous le duvet quand il file régulièrement, comment peut-on savoir de quelle manière il a construit tout cet ouvrage ?

La Comtesse. Rien n'est si facile. Quand il est repu de feuilles, et que le temps de sa dernière métamorphose est arrivé, il cherche un endroit où il puisse travailler à la structure de sa loge sans être interrompu. On lui présente quelques menus brins secs ou verts de bruyère, de bouleau ou de chèvrefeuille, ou un cornet de papier. Il commence alors à jeter en divers sens de forts fils de soie comme pour amarrer son ouvrage. Ces fils constituent la *bourre* du cocon. Tout ce premier travail paraît informe ; mais il n'est pas sans dessein. Le ver ne donne à ses fils aucun arrangement : il ne les serre point l'un sur l'autre, et se contente de répandre au loin une espèce de tissu grossier pour écarter la pluie : car la nature les ayant destinés à travailler sur des arbres en plein air, ils ne changent pas leur méthode, lorsqu'ils se trouvent à couvert.

Quand j'ai voulu voir comment ils filaient et plaçaient leur belle soie, j'en ai pris quelques-uns à qui j'ôtai plusieurs fois de suite la bourre, dont ils tâchaient d'abord de faire une première

couverture. Comme je les affaiblissais extrêmement, las de recommencer, ils posaient enfin leur fil sur ce qu'ils rencontraient, et filaient
régulièrement en ma présence, tirant la tête en
bas, puis la portant en haut, croisant ensuite
vers les côtés et en tout sens. Le ver fait
alors ses mouvements dans des espaces bien
plus courts, et il se trouve peu à peu entièrement environné de soie. On ne voit pas le reste,
mais on le devine. Il finit son manteau en tirant
du fond de son sac une gomme dont il forme
un fil moins beau, et qu'il épaissit avec une
forte glu, qui sert à lier et à coller tous les derniers rangs de ce fil les uns sur les autres.
L'ouvrage dure environ soixante-dix heures.

Voilà donc trois enveloppes toutes différentes
qui le garantissent par degré. La bourre soutient les gouttes de pluie. La belle soie forme
un tissu qui empêche le passage de l'air. La
soie collée, et qui forme cette coque épaisse
qui touche le ver, non-seulement arrête l'eau
et l'air, mais rend l'intérieur de cette maison
inaccessible au froid. Après avoir été dans cette

retraite un temps suffisant pour se changer en chrysalide, en se dépouillant de sa quatrième peau, et de chrysalide en papillon, en développant peu à peu ses cornes, ses ailes, et ses pattes, qui étaient collées et engagées dans la chrysalide comme dans un étui, alors il est question de sortir.

Le Chevalier. La chose est difficile. A-t-il des scies ou une tarière assez forte pour venir à bout de percer la coque, la soie, et le duvet? Voilà bien des murailles.

La Comtesse. Celui qui apprend au ver à se construire un lieu de repos où les membres délicats du nouvel animal puissent se former sans obstacle, lui apprend aussi à y pratiquer une porte par où le nouvel animal puisse prendre son essor. Le cocon est fait comme un œuf de pigeon : il est un peu plus pointu d'un côté que de l'autre. Le ver ne croise point ses fils vers cette extrémité, comme il le fait sur tout le reste, en se pliant et se tournant en tout sens avec beaucoup d'agilité et de souplesse. Il ne manque pas en dernier lieu de ramener sa tête vis-à-vis le côté pointu, qu'il a la précaution de ne jamais poser auprès de quelque corps capable de gêner sa sortie. Il sait que c'est là l'issue de l'autre animal qu'il porte en lui-même. Quand le moment de sortir est arrivé, c'est-à-dire au bout de quinze jours ou trois semaines, le papillon sécrète une liqueur spéciale, comme une espèce de salive, qui dissout la glu dont son cocon est mastiqué à l'intérieur ; il avance ensuite ses antennes, écarte avec sa tête les replis du fil qui se désunit peu à peu, et après une demi-heure d'efforts, il s'échappe de sa prison. Au fond du cocon on retrouve les débris de son premier état, je veux dire la tête et toute la peau du ver semblable à un paquet de linge sale. J'oubliais de vous dire que le papillon, avant sa sortie, avait coutume de se délivrer du superflu de l'humeur qui avait servi dans sa chrysalide à le former et à fortifier ses membres. Cette évacuation salit le cocon, et la soie en est fort endommagée.

Le Chevalier. Que devient alors le papillon ?

La Comtesse. Il s'écarte peu de l'endroit où il est né. Le mâle est plus vif et plus petit que la femelle, mais il n'essaie pas de voler. Celle-ci est plus grosse, parce qu'elle est pleine d'œufs ; elle les pond deux ou trois jours après, dans l'espace de soixante heures. Quand la ponte est finie, les mâles et les femelles périssent, sans avoir pris jamais aucune nourriture. Si les œufs sont féconds, on les verra changer de couleur aux approches du printemps, de jaune citron devenir bleuâtres, et enfin d'un gris cendré.

Le Chevalier. A présent, Madame, je suis en peine de savoir comment vous retirez la soie, et comment vous en faites usage. Si le papillon jette, avant de sortir, une liqueur qui la pourrisse, et qu'il y fasse une ouverture, voilà tout le fil gâté et inutile.

La Comtesse. Il est vrai ; mais on ne dévide pas les cocons qui sont percés de la sorte, et l'on a soin de prévenir cet inconvénient. Une femelle de ver à soie donne quelquefois jusqu'à cinq cents œufs et plus. Vous voyez qu'on

n'a besoin que d'un petit nombre de chrysalides pour avoir de quoi garnir le laboratoire
l'année suivante. On choisit donc les plus
beaux cocons pour les laisser éclore. Quant
aux autres, dont on veut mettre à profit la soie,
on les expose au grand soleil, ou mieux encore
à la vapeur de l'eau bouillante qui étouffe les
chrysalides en très-peu de temps, avant qu'elles
aient rien sali ni percé.

Le Prieur. Monsieur le Chevalier ne sera pas
content qu'on ne lui ait aussi appris à dévider
la soie.

La Comtesse. Quand on veut retirer la soie
du cocon, on enlève d'abord la bourre. On jette
ensuite les cocons dans l'eau chaude pour dis-
soudre la matière gommeuse qui agglutine la
soie. On les agite avec quelques brins de bouleau pour faire paraître les têtes ou les bouts
des fils ; alors on les réunit cinq ou six ensemble, selon qu'on veut rendre la soie plus
ou moins forte, et après les avoir tordus, on
les attache au dévidoir. Pendant toute cette
opération, les cocons restent toujours dans

l'eau, jusqu'à ce qu'ils ne fournissent plus de fils. Les ouvriers n'attendent pas que tout soit épuisé, parce que la couleur du fil change sur la fin et s'affaiblit. Ce dernier fil ne laisse pas d'avoir encore sa beauté, et on le dévide à part. On fait plusieurs usages des coques : il y a des personnes qui les teignent en différentes couleurs, et qui en font des fleurs artificielles, qui sont quelquefois d'un goût parfait. L'usage ordinaire est de les laisser dans l'eau jusqu'à ce que la glu en soit enlevée : ensuite on les carde comme de la bourre, et l'on en fait une filasse de soie, qu'on file au rouet ou à la machine, pour faire des étoffes de moindre prix. Mais je suis bien simple de vous expliquer tout ce travail. Allez, allez-vous-en chez Monsieur le Prieur, il a fait faire par un tourneur un dévidoir d'une structure singulière : c'est là que vous apprendrez à dévider savamment.

Le Prieur. C'est uniquement pour contenter la curiosité de Madame la Comtesse elle-même, et pour savoir au juste quelle pouvait être la longueur du fil d'un ver à soie, que j'ai fait construire un petit dévidoir, dont les quatre côtés sont chacun de vingt-cinq centimètres. Mais mon épreuve une fois faite, je renonce au métier.

La Comtesse. Quel usage en faites-vous?

Le Prieur. Les quatre côtés ensemble représentent la longueur d'un mètre. Je suis donc sûr que chaque tour de fil sur la machine est équivalent à un mètre, ou même quelque peu plus, parce que les tours s'élargissent en montant les uns sur les autres. Je n'ai donc qu'à compter combien de fois je tourne la manivelle du rouet sur un seul cocon, pour savoir en même temps combien de mètres il me fournit.

La Comtesse. Eh bien! Monsieur, en avez-vous fait l'épreuve?

Le Prieur. Je l'ai faite sur deux cocons, et je n'ai pas trouvé moins de mille quatre cents mètres pour chacun d'eux.

La Comtesse. Je vous avoue que je ne m'attendais pas à la moitié de cette longueur; mais assurément je compte sur votre exactitude.

Le Prieur. J'ai ajouté une seconde expérience
à la première. J'ai pesé la soie, et j'ai trouvé
qu'elle ne faisait pas un demi-gramme. Jugez
de son extrême finesse.

La Comtesse. Savez-vous la différence que je
trouve entre ce fil et celui que façonne la plus
habile fileuse du monde?

Le Chevalier. Celle qui se trouve entre une
ficelle et une corde.

La Comtesse. Dites plutôt entre un fil à coudre et le plus gros câble. Mais, Messieurs,
levons-nous, prenons un peu l'air et le plaisir
de la promenade. Sur quoi, s'il vous plaît,
roulera votre conférence de demain?

Le Prieur. Ce sera, Madame, sur tout ce qu'il
vous plaira.

La Comtesse. Je suis vraiment fort tentée de
continuer à être des vôtres. Il ne sera pas dit
que vous m'aurez admise dans votre académie
par honneur seulement. Je serai fidèle aux lois
de la compagnie, et assisterai régulièrement
aux assemblées ; mais, s'il vous plaît, à condition qu'on ne me mettra pas hors de ma

science. Des remarques tant que vous voudrez sur les choses que je connais : parlons jardin, légumes, fruits, animaux domestiques ; à la bonne heure. Je sais un peu de ce qui se voit tous les jours ; mais n'allez pas me guinder l'esprit plus haut ; je ne vous suivrais pas.

Le Prieur. Soyez vous-même notre Président, et réglez le sujet des conférences.

La Comtesse. Je vous prends au mot : ne quittons pas encore si tôt la filasse. En nous faisant, il y a quelques jours, la description du travail d'une araignée, vous avez pu remarquer le plaisir que causa votre description. On ne s'attendait pas à trouver dans la peinture d'un animal si laid tant de finesse et de nouveauté. Monsieur le Chevalier, je vous promets cela pour demain ; mais je vous conseille de faire une chose par avance.

Le Chevalier. Quoi, Madame ?

La Comtesse. C'est de vous en aller de ce pas chez un tisserand, nous n'en manquons pas dans le pays, et d'observer exactement de quelle façon se font nos toiles, afin que vous compreniez plus facilement ce que Monsieur le Prieur nous dira sur la fabrique de celle des araignées. Sérieusement l'une vous aidera à entendre l'autre. Attendez-vous à voir des gens bien pauvres ; mais leur métier vous fera grand plaisir. Quoique l'invention en soit fort ancienne, elle sera nouvelle pour vous. Vous y trouverez bien de l'esprit : et assurément vous reviendrez satisfait de mon conseil, et de ce que vous aurez vu.

Le Chevalier. Madame veut-elle bien que je prenne quelqu'un du logis pour m'y conduire ?

Le Prieur. C'est mon affaire, s'il vous plaît, Monsieur le Chevalier : il faut que je sois là pour vous servir d'interprète ; ces bonnes gens parlent une langue que vous n'entendriez pas, et je ne sais pas trop s'ils entendraient la vôtre.

La Comtesse. Monsieur le Chevalier, prenez ces deux écus, peut-être n'avez-vous pas de monnaie sur vous : c'est un petit remercîment que vous leur ferez. Quand vous leur parlerez de la main, il ne vous faudra point d'interprète.

LES ARAIGNÉES

La Comtesse.
Le Prieur.
Le Chevalier.

Sommaire. — Diverses espèces d'araignées, leur description,
leurs mœurs. — Services qu'elles nous rendent. — Manière
dont elles filent leur toile, parti qu'elles en tirent. — Soins
qu'elles donnent à leurs œufs et à leurs petits.

La Comtesse. Monsieur le Chevalier, avant
que d'en venir à nos insectes, je voudrais bien
savoir ce que vous pensez du métier de tisserand. Distinguez-vous à présent la chaîne d'avec
la trame ?

Le Chevalier. Je connais tout cela, et je puis
vous dire en outre l'usage, et des marches, et
des lames, et du peigne, et de la navette, et
des...

La Comtesse. Il va vraiment nous nommer toutes les pièces : j'appréhendais cependant que cette étude ne vous parût déplacée et désagréable.

Le Chevalier. Jamais rien ne m'a mieux amusé : et j'aurais grande envie de voir tous les métiers des artisans l'un après l'autre. Je ne comprends point pourquoi on nous les cache. Si par hasard nous nous arrêtons à voir travailler un ouvrier, nous trouvons aussitôt des gens qui nous disent d'un air fort sérieux : Hé, Monsieur, à quoi vous amusez-vous ? cela est au-dessous de vous.

La Comtesse. Le dépit du Chevalier me plaît beaucoup. Qu'on lui fasse une affaire sérieuse de son latin et des sciences nécessaires, à la bonne heure ; mais pourquoi ne lui pas faire un amusement des choses de la vie les plus communes, et qui sont d'un usage continuel ?

Le Prieur. On y trouverait bien plus que de l'amusement. L'esprit s'y formerait, parce qu'il y acquerrait agréablement des idées justes de tout. La vue des arts et des métiers, la vue des

hommes dans toutes sortes de professions et
de situations, offre continuellement des expériences toutes faites, et propres à instruire sans
frais et sans efforts. On y apprend non-seulement ce qui peut orner l'esprit ou embellir la
conversation, mais ce qui fait l'homme de service et de ressource en toute occasion. Le fils
de Madame la Comtesse, qui est assurément un
des plus spirituels et des plus aimables gen-
tilshommes qu'on puisse voir, a été élevé dans
ce goût. Après avoir parfaitement appris de ses
différents maîtres les langues et les sciences
dont il avait besoin, il fut question de voyager.
Monsieur le Comte ne le laissa partir pour l'Al-
lemagne, où il est à présent, qu'après lui avoir
fait employer pendant un an entier toutes ses
matinées à étudier la physique, ou les plus
belles parties de la nature; et la plupart de ses
soirées à voir et à apprendre jusqu'à un certain point les métiers les plus nobles, sans dé-
daigner les plus communs. Il ne passait pas
une semaine sans aller à l'école dans quelque
atelier de Paris, non d'une manière superfi-

cielle, mais pour chercher très-sérieusement
à saisir le véritable objet et la méthode la plus
estimable de chaque métier. Il suivait un tireur
d'or, un imprimeur, un horloger, et un teintu-
rier, pendant quinze jours ou trois semaines :
il donnait autant au menuisier et au serrurier,
encore plus au charpentier. Il ne quittait point
son homme qu'il ne l'eût vu dans toutes les
attitudes et dans toutes les entreprises de sa
profession. La vue réitérée des mêmes ouvrages, les entretiens naïfs des ouvriers, les
éloges ou les plaintes des maîtres, les difficultés, les précautions, les remarques des ache-
teurs, lui rendaient chaque métier et chaque
art familier : en sorte qu'aujourd'hui il est au
fait de tout ce qui entre dans le commerce de
la vie, comme ceux mêmes qui le fournissent
par leur travail. Il connaît les noms et l'usage
de tous les outils : il sait quelles sont les matières que les ouvriers emploient, les pays d'où
on les tire, les marques de leur bonne ou
mauvaise qualité, et le prix qu'elles valent de
la première ou de la seconde main. Il sait ap-

précier le travail de l'ouvrier, et faire une juste différence d'un ouvrage solide et de bon goût d'avec un ouvrage brillant, et fait à la légère. Un ouvrier fripon ne le trompera pas ; mais il sait aussi rendre justice à l'ouvrage d'un habile maître. Il fait plus, il est artiste lui-même, et fait tout ce qu'il veut de la main.

La Comtesse. Je vous laisse faire l'éloge de mon fils, parce que ses louanges sont aussi les vôtres. Je vous ai, Monsieur, des obligations infinies. Je ne sais pas quelle adresse vous employez ; mais en voulant bien dérober de temps en temps quelques heures à vos occupations ordinaires, pour les passer à la promenade avec mon fils, vous lui avez inspiré le goût du travail et des sciences d'une manière qui le charmait. Votre méthode, à ce qu'il m'a paru, n'était pas tant de lui faire apprendre d'abord certaines choses tout de suite, que de faire naître en lui le désir même de les apprendre. Votre but était de le rendre curieux, parce que la curiosité est une passion agissante, qui ne saurait demeurer oisive, et que

ce point une fois gagné, tout le reste vient sans
effort et sans dégoût. J'ai remarqué cent fois
que vos discours, vos complaisances, et vos
jeux mêmes ne tendaient qu'à piquer la curiosité du jeune homme. C'était quelque chose de
fort agréable, par exemple, que de voir quelquefois le maître et son petit élève se disputer
au bord de l'eau les pierres les plus plates, en
amasser chacun son tas, faire des ricochets à
l'envi ; puis s'asseoir quand ils étaient las de
cet exercice, et faire des dissertations sur la
chute des corps, sur le niveau de l'eau ; sur des
lignes qu'ils appelaient, ce me semble, d'inci-
dence et de réflexion ; sur la pression de l'air,
et bien d'autres choses que j'ai oubliées. Avaient-
ils fini ce dialogue ? Sur le premier sable bien
uni qui se présentait, on mettait les cannes en
jeu : on traçait la Terre-Sainte, l'Italie ou la
France ; cela allait jusqu'aux Indes et au Ca-
nada. Manquait-on de sable ? On prenait des
pierres, des feuilles, des pommes, pour mar-
quer les provinces, les montagnes, ou les
villes. C'était tous les jours quelque invention

nouvelle. Je ne puis vous dire de quel air, et avec quelle joie mon fils venait recommencer devant moi toutes ces opérations. Tout lui était si présent, et si bien rangé dans la tête, que tout ce qu'il apprenait de cette sorte en jouant, me revenait par contre-coup en très-bon ordre ; et Monsieur le Prieur, sans le savoir, en instruisait deux au lieu d'un.

Le Prieur. Comme son ami, je ne pouvais rien faire de mieux que de lui donner quelques soins. Mais quand on trouve un beau caractère, comme celui-là, on ne saurait trop s'attacher à lui épargner les dégoûts et la peine : et je vous dirai que les moments que j'ai employés à badiner avec cet aimable enfant, sont ceux que j'ai employés le plus utilement.

La Comtesse. Il n'y a que trop de gens qui badinent : mais il y en a bien peu qui badinent avec esprit, qui donnent un but à leurs jeux, et qui tendent à la vertu par le plaisir.

Le Chevalier. Il faut, Madame, que je vous dise un nouveau trait de la façon de Monsieur le Prieur. Après m'avoir expliqué hier toutes les pièces du métier de tisserand, et m'en avoir montré le jeu, voyons, me dit-il, qui de nous deux saura le mieux faire aller les marches et la navette. Je m'oblige à payer un franc pour chaque fil que je romprai. Voulez-vous travailler à ce prix? J'y consens, et voilà que nous nous mettons à l'ouvrage tour à tour.

La Comtesse. N'avez-vous point tout gâté?

Le Chevalier. Nous payâmes plusieurs fois l'amende dont on était convenu. Nos bonnes gens étaient charmés de nous voir si maladroits. Chaque fil rompu était pour eux une conquête; mais en mettant la main à l'œuvre, je compris beaucoup mieux le jeu et l'effet de toute la machine.

Le Prieur. Croyez-moi, laissons là et prieur et tisserands : parlons d'une toile d'une autre fabrique, où il ne faut ni métier ni navette. Madame ne trouvera pas mauvais que je fasse la description de l'araignée et de ses outils, avant que de parler de son ouvrage.

La Comtesse. Bon, vous parleriez de dragons et de serpents, que je n'en aurais pas plus mal au cœur. La peinture des objets les plus affreux, comme vous savez la faire, est capable de faire plaisir.

Le Prieur. Il y a cinq sortes d'araignées : 1° L'araignée domestique, qui fait sa toile dans les appartements négligés; 2° L'araignée des jardins, qui fait en plein air une petite toile ronde, au centre de laquelle elle se tient durant le jour; 3° L'araignée noire des caves, qui demeure dans les trous des vieux murs; 4° L'araignée vagabonde, qui ne se tient pas dans un nid comme les autres; 5° L'araignée des champs, qu'on appelle le faucheur. On en pourrait compter bien d'autres. Bornons-nous à celles-là.

Toutes ces araignées ont quelque chose de commun entre elles : elles ont aussi quelque chose qui les distingue. Voyons d'abord ce qui leur convient à toutes.

Toute araignée a deux parties, dont celle de devant, qui contient la tête et la poitrine, est séparée de celle de derrière, ou du ventre, par un étranglement, ou par un filet fort grêle. La partie antérieure est couverte d'une écaille

très-dure, aussi bien que les pattes qui tiennent
toutes à la poitrine. La partie postérieure est
couverte d'une peau souple : le tout est revêtu
de poil. Elles ont en différents endroits de la
tête plusieurs beaux yeux, ordinairement au
nombre de huit, quelquefois de six seulement;
deux sur le devant, deux sur le derrière, les
autres sur les côtés de la tête. Tous sont sans
paupières et couverts d'une cornée dure, polie,
et transparente. Comme ces yeux sont immobiles, ils ont été multipliés de la sorte pour
les informer de toute part de ce qui a rapport
à elles. Elles ont toutes sur le devant de la tête
deux mâchoires hérissées de fortes pointes, ou
dentelées comme deux scies, et terminées par
un ongle fait comme celui du chat. Un peu
au-dessus de la pointe de l'ongle, est une petite ouverture par où il paraît qu'elles versent
un poison très-actif. Elles n'ont point d'arme
plus terrible contre leur ennemi : pour mieux
le saisir, elles ouvrent ou étendent ces deux
mâchoires à volonté. Quand elles ne font plus
usage des deux ongles, elles les abaissent et

les couchent chacun sur sa branche, comme
une serpette sur son manche. On a souvent
parlé du danger de ce venin pour l'homme.
C'est une erreur; dans nos pays l'araignée est
très-innocente. Mais dans les pays chauds, il
existe certaines espèces très-venimeuses, et
l'on en trouve même dans le Midi de la France
dont la piqûre ne serait pas tout à fait sans
danger. Elles ont toutes huit jambes, articulées
comme celles des écrevisses, et au bout de ces
jambes trois ongles crochus, et mobiles;
savoir, un petit, placé de côté en manière d'er-
got, à l'aide duquel elles se tiennent à leurs
fils, et deux autres plus grands dont la cour-
bure intérieure est dentelée, et qui leur servent
pour s'attacher où elles veulent, et pour marcher ou de côté, ou le dos en bas, en s'accrochant à tout ce qu'elles trouvent. Les corps
polis, comme les marbres et les miroirs, ont
encore assez d'inégalités pour donner prise à
la pointe de leurs crochets. Mais comme elles
useraient cette pointe, si elles marchaient toujours dessus, auprès des deux crochets elles

ont deux pelottes rondes, sur lesquelles elles marchent plus mollement, en retirant leurs crochets pour les ménager quand elles s'en peuvent passer. Les araignées, outre ces huit jambes, ont encore deux appendices sur le devant, que nous devrions appeler leurs bras, puisqu'elles s'en servent pour tenir et pour retourner leur proie. Avec cet appareil redoutable, l'araignée ferait la guerre sans succès, si elle n'était aussi bien pourvue d'instruments pour dresser des embûches, qu'elle est bien armée pour se battre. Elle n'a point d'ailes pour courir après sa proie, et sa proie en a pour fuir devant elle. La partie serait trop inégale, si l'araignée n'avait un fil, et l'industrie de faire avec ce fil des toiles et des piéges. Elle les tend dans l'élément où sa proie passe et repasse continuellement : elle est avertie du temps où il faut se mettre au travail : elle commence à tendre quand sa proie commence à naître ; et retirée dans l'obscurité derrière son filet, elle attend tranquillement l'ennemi, qui ne l'aperçoit pas.

Quant à la manière d'ourdir et de façonner cette toile si utile, voici comme elle s'y prend. Les araignées ont toutes à l'extrémité de leur ventre cinq ou six mamelons, qu'elles ouvrent et qu'elles ferment, et dont elles élargissent et resserrent les ouvertures à volonté. C'est par ces ouvertures qu'elles lâchent et font filer cette gomme gluante, dont leur ventre est rempli. Tant que l'araignée laisse couler cette glu par une ou plusieurs ouvertures, le fil s'allonge à mesure qu'elle s'éloigne de l'endroit où elle l'a d'abord attaché. Quand elle resserre les ouvertures des mamelons, les fils cessent de s'allonger : elle demeure suspendue. Elle se sert ensuite de son fil pour remonter en le serrant de ses pattes, comme un couvreur remonte sur une échelle de corde en la serrant de ses mains et de ses genoux. Mais ce fil est la matière d'une toile qui est pour elle d'une toute autre utilité : en voici la fabrique et l'usage.

Quand l'araignée domestique veut commencer une toile, elle choisit d'abord un enfoncement, comme l'angle d'une chambre ou d'un meuble, pour avoir sous sa toile une retraite et un passage qui lui permette de la parcourir par-dessus et par-dessous, et de s'échapper au besoin. Elle jette sur le mur une petite goutte de sa gomme, qui s'y colle. L'araignée laisse ensuite couler la liqueur par une moindre ouverture : son fil s'allonge derrière elle, tandis qu'elle va de l'autre côté jusqu'à l'endroit ou elle veut prolonger sa toile. Pendant cette opération, le fil est arrêté sur un de ses ergots, qu'elle tient éloigné de la muraille, de peur que son fil ne s'y attache, tandis qu'elle le destine à traverser l'air. Quand elle est arrivée au point où elle veut finir sa toile du côté opposé, elle y attache ce premier fil à l'aide de sa colle : elle le tire ensuite à elle : elle le bande, le raidit ; et tout auprès de celui-là elle en attache un autre, qu'elle conduit en courant sur le premier comme un voltigeur sur sa corde. Elle va coller le second à côté du point où elle a commencé son ouvrage. Ces deux premiers fils lui servent d'échafaudage pour construire tout le reste. Elle passe et repasse enfin plusieurs fois en serrant ou écartant ses fils autant qu'elle le juge convenable. Je soupçonne même, par la vitesse de son travail, qu'elle forme plusieurs fils à la fois; et que, pour les tenir tous à une distance égale sans les mêler, elle les distribue dans les dents du peigne que j'ai distinctement remarqué sous chacun des grands ongles de ses pattes. Elle raidit ensuite tous ses fils l'un après l'autre, et les attache avec la même industrie. Voilà le premier rang de fil monté : c'est, pour ainsi dire, la chaîne de la toile.

Le Chevalier. J'entends : elle va présentement filer en traversant, et cela fera la trame.

Le Prieur. Tout juste. Mais la toile de l'araignée diffère de celle que nous faisons, en ce que, dans la nôtre, les fils de longueur sont entrelacés par ceux qu'on y a insérés de travers : au lieu que les fils de la trame des toiles d'araignée sont collés en passant sur les fils de la chaîne, et non insérés ou entrelacés. L'araignée après cela double et triple les fils qui bordent sa toile, en ouvrant tous ses mamelons à la fois, et en collant plusieurs fils l'un sur l'autre. Elle sait qu'il faut fortifier et ourler les bords de sa toile pour empêcher qu'elle ne se déchire. Elle en relève encore et en maintient les extrémités avec de fortes attaches ou des fils doubles qu'elle accroche aux environs pour empêcher qu'elle ne soit le jouet des vents.

Le Chevalier. Voilà assurément un ouvrage digne de notre admiration. Mais j'ai encore un vrai plaisir à voir la structure de la loge où elle se met en embuscade.

Le Prieur. L'araignée se connaît : elle sent que si elle se montrait, elle ferait peur à sa proie. Elle se ménage au fond de sa toile une petite loge, où elle est cachée et en sentinelle. Les deux sorties qu'elle y a pratiquées, l'une par dessus, l'autre par dessous, la mettent à portée d'être partout au besoin, de visiter tout, de nettoyer tout.

Elle ôte de temps en temps la poussière qui chargerait trop sa toile : elle balaie le tout en y donnant une secousse d'un coup de patte : mais elle pèse ce qu'elle fait ; et elle mesure si bien la force du coup, qu'elle ne rompt rien.

Il y a sur toute la toile plusieurs fils qui viennent rayonner de toute part au centre où elle se retire, et où elle se tient à l'affût. Le tiraillement d'un de ces fils retentit jusqu'à elle : elle est avertie qu'il y a du gibier, et elle s'élance aussitôt sur lui. Un autre avantage qu'elle tire de cette retraite pratiquée sous sa toile, c'est d'y manger sa proie en toute sûreté, d'y cacher les cadavres, et de ne laisser au dehors aucune trace de cruauté capable de rendre sa demeure suspecte, et d'en inspirer de l'éloignement.

Le Chevalier. Je voudrais savoir, Monsieur, comment les araignées peuvent toujours avoir de quoi filer : car on les tourmente beaucoup, et cependant on trouve leur ouvrage réparé dès le lendemain.

Le Prieur. La Providence qui fait que l'araignée est haïe, qu'elle a des ennemis de son travail, et que sa toile est toujours en danger d'être déchirée, lui a ménagé dans le corps un magasin pour la réparer plusieurs fois de suite, et le magasin se rétablit à son tour après avoir été épuisé. Cependant il vient un temps où ce réservoir tarit. Quand elles deviennent vieilles, leur gomme se sèche, aussi bien que les pelottes qu'elles ont aux pattes.

Le Chevalier. Comment donc vivent-elles alors ?

Le Prieur. Elles usent d'industrie : une vieille araignée qui n'a plus de quoi gagner sa vie, en va trouver une jeune, et lui fait connaître son besoin et son intention. Alors la jeune, soit par respect pour la vieillesse, soit par crainte de sa griffe, lui cède sa place, et va faire ailleurs une autre toile pour elle-même. Mais si la vieille ne peut trouver personne, qui de gré ou de force lui abandonne ses filets, il faut qu'elle périsse faute de gagne-pain.

La Comtesse. Monsieur le Prieur n'est pas parvenu à me réconcilier avec cet animal : mais il y a longtemps qu'il m'a guérie de l'éloignement que j'avais même à en entendre parler. J'ai fait quelque chose de plus ; j'ai observé de mon mieux le travail de l'araignée des jardins :

il est tout différent. Comme la manœuvre m'en
a paru fort singulière, j'en veux rendre compte
au Chevalier. Bien des gens croient qu'elle vole
quand on la voit passer d'une branche à l'autre,
et même d'un arbre à l'autre : mais voici comme
elle s'y transporte. Elle se pose sur le bout
d'une branche, ou de quelque corps avancé, et
y attache son fil : ensuite avec ses deux pattes
de derrière elle foule ses mamelons, et en exprime un ou plusieurs fils de deux ou trois
mètres qu'elle laisse flotter en l'air. Ces fils
agités par le vent, sont portés de côté et d'autre
sur les corps voisins, sur une maison, sur une
perche, quelquefois sur un arbre ou sur un piquet qui sera de l'autre côté d'un ruisseau : ce fil
s'y arrête et s'y attache par sa glu naturelle ;
elle le tire à elle pour voir s'il est bien assuré.
Il devient un pont sur lequel l'araignée passe
et repasse en liberté. Elle double et bande le fil
autant qu'elle veut, en l'attachant de plus court :
puis elle se transporte vers le tiers ou vers le
milieu du même fil, et y attache un second fil, le
long duquel elle se laisse tomber, jusqu'à ce

qu'elle trouve une pierre, une plante, ou quelque
matière solide sur quoi elle puisse se reposer :
ou bien elle le laisse de nouveau flotter au gré
de l'air jusqu'à ce qu'il soit fixé quelque part.
Elle remonte par ce second fil sur le premier, et
à quelque distance elle en commence un troisième, qu'elle attache par le même manège.
Quand elle a trois fils attachés, elle les fortifie
en les doublant, puis elle en fait un quatrième,
de manière à obtenir une sorte de carré. Dans
ce carré, elle pratique avec la même industrie
une croix, dont le point du milieu devient un
centre d'où partent de tous côtés d'autres fils
comme les rayons d'une roue qui aboutissent
tous à l'axe. Voilà la chaîne ou la base de l'ouvrage. Elle emploie ensuite un fil plus fin pour
en faire la trame. Elle se place d'abord au
centre, où tous les fils de la chaîne viennent se
croiser, et autour de ce centre elle mène un
petit cercle, dont les différentes portions sont
cependant des lignes droites, puis elle en commence un autre un peu plus loin, et continue
toujours à faire passer ce fil circulaire d'un

rayon à l'autre, jusqu'à ce qu'elle arrive aux
grands fils qui soutiennent tout l'ouvrage. Le
filet ainsi tendu, il est question de prendre du
gibier. Elle se place au centre de tous ces
cercles, la tête en bas, parce que son ventre,
qui ne pend qu'à un cou fort petit, la fatigue-
rait trop dans une autre situation, au lieu que
de cette façon, les pattes et la poitrine soutiennent le ventre. Là elle attend sa proie, et
n'attend pas longtemps : l'air est si rempli de
mouches et de moucherons qui vont et viennent,
qu'il en tombe bientôt dans ses filets. Quand la
mouche qui s'y vient prendre est petite, on
l'expédie sur la place : c'est un déjeuner qui
ne demande pas d'apprêt. Mais quand c'est
quelque grosse victuaille, quelque mouche
vigoureuse, et qui fait résistance, l'araignée
l'enveloppe de plusieurs fils en tournant autour
d'elle : elle l'entortille, elle la garrotte, elle la
soutient suspendue à son fil, et l'emporte dans
un nid qu'elle a au-dessus de sa toile, et qu'elle
cache sous des feuilles, sous une tuile, ou sous
quelque autre abri commode pour y passer la

nuit, et pour s'y réfugier quand la pluie vient.

Le Chevalier. Mais cet ouvrage est bien fragile : le moindre vent doit tout emporter.

La Comtesse. Le vent ne leur nuit pas tant que vous pensez : cette toile est à claire-voie ; le vent passe au travers et la déchire rarement. Ce qui les désole le plus, c'est la pluie ; mais comme le tissu de leur toile est fort clair, la dépense en est petite, et elles ont toujours de quoi fournir au besoin un réseau tout neuf. Voilà, Monsieur le Chevalier, ce que je sais de l'araignée des jardins. Je vous dirai même que j'en observai une hier après vous avoir quitté, et que je la suivis dans toutes ses allées et venues, exprès pour vous rendre service. Quant à l'araignée des caves, vous trouverez bon que je ne la connaisse pas.

Le Prieur. L'araignée noire ou l'araignée des caves se contente de tapisser de quelques fils les environs de son trou, en pratiquant au milieu une petite porte ronde pour la liberté du passage. Quand un insecte passe dans le voisinage, il ne manque pas de remuer quelqu'un des fils qui s'étendent de tous côtés comme autant de rayons : l'araignée avertie sort aussitôt de son embuscade. Cette araignée est plus méchante que les autres : si on la prend avec deux baguettes ou autrement, elle pince l'instrument avec lequel on la tient. Elle est aussi beaucoup plus dure que les autres : et la guêpe, par exemple, qui, par son aiguillon et par sa dureté, embarrasse si fort les autres araignées, n'épouvante pas celle-ci. L'araignée noire est impénétrable à cet aiguillon, et au contraire elle casse l'armure et les écailles de la guêpe avec ses tenailles.

Je ne vous dirai que deux mots sur les araignées vagabondes et sur les faucheurs.

Les vagabondes sont de bien des sortes et de bien des couleurs, elles courent et sautillent pour la plupart : et comme elles n'ont pas assez de fil pour entortiller leur proie au besoin, et surtout pour arrêter les mouvements des ailes de la mouche qui les incommodent, la nature leur a mis aux deux pattes de devant, que nous avons appelées leurs bras, deux bou-

quets de plumes, avec lesquels elles arrêtent
le mouvement et l'agitation des ailes de leur
ennemi. Il existe encore d'autres espèces
d'araignées plus petites et plus noires que les
précédentes. Ce sont elles qui, en allant et venant sur les herbes des prairies, sur le chanvre
qui reste après la moisson, et sur les sillons
des terres labourées, étendent leurs fils de tous
les côtés aux mois de septembre et d'octobre.
Ces flocons blancs qu'on voit voltiger partout
dans la campagne et qui sont connus sous le
nom de *fils de la Vierge*, sont leur ouvrage. Ces
araignées se servent de ces fils pour se poursuivre, car c'est le moment où elles pondent
leurs œufs, et pour s'élancer, comme si elles
volaient, jusqu'au sommet des arbres et des
bâtiments les plus élevés.

La Comtesse. Vous venez de faire la vraie
peinture des grandes fortunes. Pour y parvenir, il faut trouver le fil qui y mène. Le trouve-
t-on ? on s'élève : mais on ne tient qu'à un fil.

Le Chevalier. Monsieur nous doit encore le
faucheur.

Le Prieur. Il n'y a rien de plus remarquable que l'extrême longueur et la délicatesse de ses jambes. Comme il est destiné à vivre parmi les menues herbes de la campagne sans filer, la moindre petite feuille l'arrêterait, s'il n'avait ses grandes jambes qui le tiennent élevé au-dessus des herbes ordinaires, et le mettent en état de courir promptement où sa proie l'appelle.

Mais ce n'est pas assez de vous avoir fait connaître les différentes sortes d'araignées, ou du moins les plus communes : vous aurez aussi quelque satisfaction de savoir comment elles placent leurs œufs et conservent leur espèce. Bien des gens ne veulent point manger de fruit, parce qu'ils croient que les araignées et d'autres insectes y jettent leurs œufs tout à l'aventure. Rien n'est si peu à craindre. Il y a pour ces œufs bien plus de soin et de prévoyance qu'on ne pense. Bien loin de les abandonner au hasard, les araignées filent, pour les loger, une toile quatre ou cinq fois plus forte que celle où elles attrapent des mouches. C'est une toile faite à plaisir, une toile où l'on a employé tout ce que la profession pouvait fournir de meilleur. De cette toile elles font un sac où elles logent leurs œufs, et il n'est pas croyable combien la conservation de ce sac leur donne de soin et d'exercice.

Le Chevalier. Voilà un sac qui me fait rire de bon cœur : mais pourriez-vous me le faire voir ?

Le Prieur. Vous avez raison de ne pas croire légèrement : si Madame le trouve bon, nous nous promènerons un moment le long des buis qui bordent cette terrasse. J'y ai cherché par avance votre affaire, et je vous l'ai trouvée. Voyez-vous dans ce buis une des araignées qui ne font point de toile régulière comme les autres ? elle porte sous elle une grosse boule blanche, que vous croyez faire partie de son corps.

Le Chevalier. Hé ! n'est-ce pas son ventre effectivement ?

Le Prieur. Point du tout. Prenez une baguette, et secouez un peu l'araignée, en tâchant de faire tomber la boule.

Le Chevalier. La voilà tombée, et l'araignée court après.

Le Prieur. C'est le sac aux œufs que vous avez voulu voir : ne craignez pas que la mère l'abandonne. Voyez présentement ce qu'elle fait.

Le Chevalier. Je la vois qui se courbe sur cette boule.

Le Prieur. Elle fait plus : elle exprime de ses mamelons une liqueur gluante avec laquelle elle s'attache de nouveau à la boule.

Le Chevalier. C'est vrai, et la voilà qui l'emporte avec elle.

Le Prieur. Elle ne s'en tiendra pas là : sa tendresse pour ses petits se déclarera par bien d'autres attentions. Jugez-en par cette autre araignée qui est de la même espèce, et dont les petits sont éclos.

Le Chevalier. Où sont donc les petites araignées ? Je ne vois que la mère.

Le Prieur. Remarquez ce qu'elle a sur le dos.

Le Chevalier. J'y vois seulement quelque chose de raboteux.

Le Prieur. Remuez tout doucement quelques-uns de ces fils que vous voyez épars autour d'elle, et observez ce qui va arriver.

Le Chevalier. Oh! le plaisant spectacle ! Voilà, je pense, plus de mille petites araignées qui s'enfuient de dessus la mère le long de tous ces fils. Elle portait tous ses enfants sur son dos : hé ? que vont-ils devenir ?

Le Prieur. Demeurez tranquille; dès que le danger sera passé, la famille se rassemblera.

Le Chevalier. Vraiment, les voilà toutes revenues en un petit peloton sur les épaules de la mère.

Le Prieur. En voici une d'une autre espèce qui met ses œufs dans une poche faite comme une calotte qu'elle applique quelquefois sur un mur, quelquefois sur une feuille, comme elle a fait ici. Elle ne perd point de vue ce cher dépôt; elle y passe les jours et les nuits : elle couve et échauffe ses œufs en demeurant dessus assidûment. Emportez la feuille pour voir ce que deviendra la mère.

Le Chevalier. Elle se laisse emporter avec la feuille. Je n'aime pas ce voisinage-là.

La Comtesse. La voilà à quatre pas de vous : n'en craignez plus rien.

Le Prieur. Vous la tuerez plutôt que de lui faire abandonner sa couvée : elle ne lâche point prise que les petites araignées ne soient écloses. Dites-moi, Monsieur, que voyez-vous dans cette ouverture ?

Le Chevalier. J'aperçois deux petits sacs de couleur rougeâtre suspendus à des fils, et devant ces sacs je vois un paquet de feuilles sèches. A quoi ces choses sont-elles destinées ? N'est-ce pas le vent qui a fait cet ouvrage par hasard ?

Le Prieur. C'est une autre espèce d'araignée qui a suspendu là les deux poches où elle a mis ses œufs.

Le Chevalier. Mais à quoi bon ce paquet de feuilles sèches qui se balance là à l'entrée ?

Le Prieur. C'est pour faire illusion aux passants, et surtout aux guêpes et aux oiseaux qui guettent le panier aux œufs. Ce petit chiffon de feuilles sèches et rougeâtres n'est pas propre à amorcer les oiseaux, et par son agitation perpétuelle il empêche qu'ils ne fassent attention aux œufs qui sont cachés derrière.

Le Chevalier. Vivent les gens qui ont de l'industrie !

Le Prieur. Nous n'irons point chercher une araignée ordinaire pour vous apprendre sa méthode particulière. Il suffit de vous dire, après ce que vous avez vu, que généralement toutes les araignées placent ainsi leurs œufs dans une toile d'une force dont on est étonné. Elles attachent communément le paquet à la muraille. Survient-il quelque danger ? on commence par décrocher le paquet, et l'on se sauve en l'emportant où l'on peut. Voilà, mon cher Chevalier, ce que j'ai remarqué en général sur les araignées, sans entrer dans le menu détail de toutes les espèces, dont les noms, la figure, la taille, les ruses, et la manière de tendre ou de chasser, se diversifient sans fin. En voyant toutes ces merveilles, Monsieur le Chevalier, n'êtes-vous pas un peu réconcilié avec les araignées ?

Le Chevalier. Pas encore. Je les trouve laides et cruelles.

Le Prieur. On s'habitue à leur laideur, et leur cruauté est encore pour nous un bienfait de la Providence, car elles nous débarrassent d'une foule d'insectes souvent très-nuisibles. Les paysans les respectent dans leurs étables où elles prennent les mouches qui fatiguent le bétail. Beaucoup d'entre elles protégent les fruits de la terre. Une espèce même, la petite araignée du raisin, a mérité par ses services le nom de *Bienfaisante.* Le soin qu'elles prennent de leurs œufs ne vous fait-il pas oublier leur cruauté, qui du reste ne s'exerce pas à nos dépens ? Vous savez même qu'elles sont susceptibles d'une espèce d'attachement, et que Pélisson en avait apprivoisé une dans sa prison.

Le Chevalier. Je vois qu'il faut me ranger à votre opinion.

La Comtesse. Il faut encore dire un mot de

la tarentule : l'espèce en est trop extraordinaire
pour l'oublier. Elle ressemble assez aux araignées domestiques; mais leur morsure produit, dit-on, surtout dans les pays fort chauds,
des effets funestes et prodigieux à la fois, sur
lesquels je voudrais avoir l'avis de Monsieur
le Prieur. Voici ce que l'on raconte : Le venin
ne se fait pas sentir tout d'un coup, parce qu'il
est en trop petite quantité; mais il fermente et
cause des désordres affreux quatre ou cinq
mois après. Celui qui a été mordu ne fait que
rire et sauter : il danse; il s'agite; il est d'une
gaîté pleine d'extravagance; ou bien, il est d'une
humeur noire, et d'une mélancolie affreuse.
Au retour du temps de l'été où la morsure s'est
faite, la folie recommence : le malade parle
toujours des mêmes choses; il croit être roi
ou berger, ou tout ce qu'il vous plaira, et n'a
point de raisonnements suivis. Ces symptômes
fâcheux reviennent quelquefois plusieurs années de suite, et aboutissent enfin à la mort.
Les gens qui ont voyagé en Italie, du côté de
Naples, disent que cette maladie bizarre se

guérit par un remède encore plus bizarre. C'est
la musique seule qui y apporte du soulage-
ment, et surtout le son d'un instrument agréable
et perçant comme le violon: On n'en manque
point dans ces pays-là. Le musicien cherche
un ton qui paraisse avoir quelque harmonie
avec la disposition ou le tempérament du malade. Il en essaie plusieurs. Quand il en trouve
un qui fait impression sur le malade, la gué-
rison est sûre. Le malade se met bientôt à
danser, et continue jusqu'à se mettre en sueur :
il écume, et se délivre enfin du poison qui le
tourmente.

Le Prieur. Voilà une histoire bien curieuse.
Il existe en effet aux environs de Tarente une
grosse araignée appelée tarentule; mais sa
piqûre ne présente aucun danger sérieux pour
l'homme. La malignité que l'opinion populaire
prête à sa morsure, et la bizarrerie du remède
indiqué pour la guérir sont des fables dont
l'observation a fait depuis longtemps justice.

Le Chevalier. Je trouve tout le monde savant

dans cette maison : je n'y entends dire que des choses agréables et singulières.

La Comtesse. Bon, vous aurez beau vous récrier, et dire que je suis savante, quand je vous parlerai de mes petits poulets, et de toutes les merveilles de ma ménagerie. Cela viendra à son tour. Voilà mon mari qui arrive, et qui descend de cheval. Il nous amène grande compagnie. Allons le joindre.

Le Chevalier. Je cours l'embrasser.

LES GUÊPES

Le Prieur.
Le Chevalier

Sommaire. — Examen détaillé d'un guêpier : sa structure et
ses parties. — Description, mœurs et nourriture des guêpes.
— Éducation de leurs petits. — Renouvellement annuel des
essaims. — Précautions contre leur piqûre.

Le Prieur. Monsieur, la compagnie qui arriva hier est ici pour affaire : vous n'aurez
aujourd'hui ni Monsieur le Comte, ni Madame.
Je vous dédommagerai mal de cette perte;
mais j'ai une nouvelle à vous dire qui pourra
vous amuser.

Le Chevalier. Quoi donc, Monsieur ?

Le Prieur. On vient de trouver ici près, sous terre, la chose du monde la plus digne de votre curiosité.

Le Chevalier. Cela se peut-il voir ?

Le Prieur. Oui, et même dès aujourd'hui. Voici ce que c'est. Monsieur le Comte m'avait recommandé de vous entretenir aujourd'hui sur les changements qui arrivent aux mouches de toute espèce. J'étais hier occupé à vous faire un précis de tout ce qu'on en peut dire, et à vous mettre mes remarques un peu en ordre, lorsqu'on me vint avertir que des gens qui travaillaient à la terre dans notre voisinage, avaient trouvé un ouvrage que chacun venait voir par admiration. Je laissai là vos métamorphoses, et courus voir comme les autres. La chose en valait bien la peine ; car ce qu'on avait découvert, était une ville entière cachée sous terre ; mais une ville capable de loger onze à douze mille habitants. La structure de cette ville est tout à fait ingénieuse, quoique très-différente des nôtres. La muraille n'est pas une simple enceinte qui entoure la place, mais

c'est une grande voûte qui la couvre en entier,
et l'environne de toute part. Après avoir bien
cherché, on ne trouva que deux portes, et
comme l'obscurité était grande sous cette
voûte, on en avait abattu une partie pour voir
clair dans les différentes places de la ville. Mais
voici bien un autre sujet d'étonnement. Les
rues ne sont pas comme chez nous, rangées à
côté l'une de l'autre. Elles sont posées les unes
sur les autres, par étages, et les étages séparés
par plusieurs rangs de colonnes : ce sont moins
des rues que des portiques, dont le premier est
appuyé sur le second, le second sur le troisième, et ainsi de suite en descendant. Les
maisons sont toutes égales, et serrées les unes
contre les autres sous l'épaisseur des voûtes.
Toutes les maisons qui composent un même
ordre, et qui sont toutes de niveau dans un
étage, sont couvertes par une terrasse ou par
un toit commun tout plat, fait avec un mastic
très-ferme, et uni comme le pavé d'une chambre carrelée. Les habitants se promenaient sur
cette place, entre les piliers qui soutiennent

une autre voûte, et un autre rang de maisons.
Il y a jusqu'à onze portiques ou voûtes semblables, où tout se trouve parfaitement symé-
trique. Il n'y a que l'obscurité qui défigure cet
ouvrage. Je n'y ai vu aucun vestige de fanal, ni
de lanterne.

Le Chevalier. Voilà une façon de se loger
bien étrange.

Le Prieur. Vous croyez, Monsieur le Chevalier, que je vous parle de quelque ville
d'avant le déluge, qui sera restée sous terre, ou
tout au moins d'une autre Pompéi ?

Le Chevalier. Je n'en sais rien.

Le Prieur. La chose est bien plus surprenante. Cette ville a été bâtie par un essaim de
guêpes.

Le Chevalier. Quoi ! n'est-ce que cela ?

Le Prieur. Comment ! n'est-ce que cela ? Si
c'étaient des hommes qui eussent bâti cette
ville, il n'y aurait pas là de quoi se récrier. La
merveille est qu'une grande voûte, des portiques, des colonnes, en un mot une ville entière ait été bâtie par des guêpes.

Le Chevalier. Eh bien ! voyons, voyons ce nid de guêpes : cela nous divertira.

Le Prieur. Il est là dans le berceau. J'ai cru qu'il vous ferait plus de plaisir qu'une dissertation sérieuse sur les insectes. Je l'ai conservé presque sans fracture, si ce n'est que je l'ai ouvert d'un côté pour voir ce qui est dedans. Entrez et voyez : vous allez trouver la ville entière sur un banc.

Le Chevalier. Voilà le plus joli ouvrage du monde. J'y trouve tout ce que vous avez dit. Voilà les colonnes, voilà les étages, les maisons et la voûte. Mais comment avez-vous pu avoir ce nid ? Où cela se trouve-t-il ?

Le Prieur. Mes mouches à miel périssaient sensiblement. Le nombre des abeilles et la quantité du miel diminuait tous les jours. Je soupçonnai qu'il y avait dans le voisinage quelque guêpier qui était la source du mal, et j'ordonnai de le détruire s'il se pouvait trouver. On le découvrit enfin, et hier on se disposa à lui livrer l'assaut sur le soir, avec le fer, le feu et le soufre. Quand on eut commencé à ouvrir la terre où se trouvait le trou des guêpes, pour les obliger à sortir, et pour les brûler au passage, on me vint dire qu'on rencontrait un gros panier fait à peu près comme une citrouille. Je savais ce que c'était. La pensée me vint aussitôt de le conserver, et de vous le faire voir. Voilà donc la ville en question. Mais ne parlons plus de ville, ni de colonnades, ni d'architecture ; disons les choses simplement, et comme elles sont : il s'y trouve encore assez de merveilleux pour vous charmer. Je parle de ce merveilleux qui est sans mélange de mensonge ; de ce merveilleux que le bon sens demande, et qui est justement celui que vous aimez.

Le Chevalier. Comment viennent les guêpes, et comment font-elles leur bâtiment ?

Le Prieur. Les guêpes qui logeaient ensemble dans ce panier, sont de trois sortes. 1° Les femelles, qui sont grandes, et au commencement en très-petit nombre ; 2° Les mâles qui sont presque aussi gros, et en plus grand nombre ; 3° Les ouvrières, que l'on nomme aussi les mulets, c'est-à-dire, les guêpes qui sont chargées du plus fort travail. Celles-ci sont beaucoup plus petites et en très-grand nombre ; c'est le gros de la nation. Il y a trois sortes de travaux qui occupent les guêpes : 1° La structure de la ruche ; 2° La quête de la nourriture ; 3° La ponte des œufs, et la nourriture des petits.

Pour ce qui est de la structure du guêpier, d'abord elles choisissent, vers le cœur de l'été, quelque souterrain commencé par les mulots ou par les taupes : ou bien elles le commencent elles-mêmes, ordinairement sur un talus, afin que les eaux coulent nécessairement plus bas qu'elles, et ne les incommodent point. Quand elles ont choisi l'emplacement, elles se mettent au travail avec une ardeur merveilleuse. Elles creusent et divisent la terre, la jettent dehors, et la portent même à quelque distance. Il faut que leur activité soit grande, puisqu'en peu de jours elles se pratiquent sous terre un logement d'un pied et plus de haut, et d'autant de large. Tandis que les unes creusent, d'autres vont chercher dans les champs les matériaux du bâtiment; et à mesure qu'on retire les terres, on affermit la voûte, et on en prévient l'éboulement en la mastiquant avec de la glu : puis elles y suspendent leur première construction qu'elles continuent en descendant, comme si elles voulaient faire une cloche qu'on ferme ensuite par le bas.

Le Chevalier. Comment peuvent-elles détacher et jeter la terre ? J'ai de la peine à comprendre que des mouches puissent se creuser une demeure si profonde.

Le Prieur. Elles sont pourvues pour cela de très-bons outils : elles ont à la bouche une trompe, et à côté deux mâchoires garnies d'aspérités, comme deux petites scies qui jouent de droite à gauche, l'une contre l'autre. Outre cela, elles ont deux grandes cornes et six pattes. Je ne sais si elles emploient la trompe à cet usage : mais elles coupent la terre par petites parcelles avec leurs scies, et l'emportent dehors avec leurs pattes.

Le Chevalier. Une chose qui pique surtout

ma curiosité, est de savoir quelle est la matière dont tout cet édifice est composé.

Le Prieur. Ce n'est que du bois et une espèce de glu. Les ouvrières vont arracher le bois aux fenêtres, aux treillages des jardins, aux extrémités des toits : elles scient et enlèvent une multitude de petits brins : puis après les avoir hachés fort menus, elles les amassent par petites bottes entre leurs pattes : elles y versent quelques gouttes d'une liqueur gluante, à l'aide de laquelle elles font du tout une pâte qu'elles pétrissent et mettent en boule. De retour au logis, elles posent la boule sur l'endroit du bâtiment qu'elles veulent allonger ou épaissir. Elles l'étendent avec leur trompe et avec leurs pattes, en allant à reculons. Quand la boule aplatie est épuisée, la guêpe revient au commencement de la traînée de pâte. Elle la foule : elle l'étend de nouveau en reculant toujours jusqu'au bout ; et en trois ou quatre reprises, cette espèce de charpie de bois se trouve devenue une petite feuille de couleur grise, mais d'une finesse dont notre plus fin papier n'approche point. La guêpe ouvrière ayant mis cette première boule en œuvre, recourt aux champs en chercher une seconde, et plusieurs autres dont elle fait autant de feuilles qu'elle applique les unes sur les autres. D'autres ouvrières viennent encore en appliquer de nouvelles sur les premières ; et de toutes ces bandes ainsi collées et unies par la même glu, se forme la grande voûte, d'un gris cendré, qui sert de couverture et d'enveloppe générale à leur demeure. C'est aussi avec la même matière que se fabriquent les cellules et les colonnes.

Le Chevalier. Il me semble pourtant au toucher, que les colonnes sont extrêmement dures, et que la voûte l'est beaucoup moins.

Le Prieur. Vous avez raison de le remarquer : il est sûr qu'elles s'appliquent à durcir les colonnes. Je ne sais si la matière en est plus travaillée et plus compacte, ou si elles les mastiquent avec une plus grande quantité de glu : mais il est bien naturel que ce qui soutient le bâtiment en soit la partie la plus solide.

Le Chevalier. Monsieur, pourriez-vous me dire pourquoi ces petites colonnes s'élargissent aux deux extrémités par où elles touchent l'étage du bas, et celui du haut?

Le Prieur. La matière est prudemment épargnée dans la longueur du pilier : mais il n'aurait pu ni s'appuyer sur le bas, ni soutenir le haut, sans y être arrêté et bien collé. C'est pourquoi on a épaissi les bouts, afin de leur donner plus de surface, et pour qu'un plus grand volume de colle maihtînt mieux le bas et le haut. J'ai presque dit la base et le chapiteau.

Le Chevalier. Il y a bien de l'intelligence dans tout cela. Qu'est-ce que ces deux ouvertures?

Le Prieur. Celle-ci est la porte pour entrer, et celle-là, pour sortir. C'est par la première qu'entrent les guêpes qui sont chargées. Celles qui vont aux champs sortent par cette autre. Par ce moyen on ne s'embarrasse point en allant et venant. Il n'y a qu'une porte, mais fort large, au bas du panier des plus grandes guêpes.

Le Chevalier. Je vois qu'elles peuvent aller et venir en liberté sous les différents étages, et entrer dans telle maison qu'il leur plaît. Toutes les portes de ces maisons s'ouvrent par le bas, à l'exception de quelques-unes que je vois fermées avec une sorte de parchemin. Mais en voici bien d'autres que je trouve fermées de même.

Le Prieur. Je vous en rendrai raison dans peu : mais auparavant comptez, je vous prie, le nombre des étages, que vous voyez comme autant de gâteaux élevés l'un sur l'autre.

Le Chevalier. J'en trouve onze : mais celui du haut est tout petit, celui du bas de même, et ils vont en s'élargissant vers le milieu du panier.

Le Prieur. Ce qu'il y a de plus remarquable, c'est de voir des gâteaux entiers composés de loges spacieuses, et d'autres tout composés de loges étroites. Les grandes cellules sont destinées à recevoir les œufs d'où doivent sortir les mâles et les femelles. Les loges étroites sont pour loger les œufs d'où sortiront les ouvriè-

res, qui sont beaucoup plus petites. Nos architectes ne se méprennent point dans leurs proportions, et jamais les mères de famille ne vont
mettre dans une loge d'ouvrière l'œuf qui doit
donner une femelle ou un mâle. Les loges des
ouvrières ont sept à huit lignes de profondeur,
sur deux de largeur ; et les loges des autres
ont sept à huit lignes de profondeur, sur trois
et plus de largeur. Les colonnes peuvent avoir
six lignes de hauteur.

Le Chevalier. J'entrevois trente-neuf à quarante colonnes entre un étage et un autre.

Le Prieur. Vous en trouverez quelquefois davantage. Mais considérez à présent la régularité
des cellules. Elles sont toutes à six pans, ce qui
est la figure la plus commode en tout sens,
pour faire de ces loges un assemblage où il n'y
ait point de vide. Rondes, elles ne se seraient
touchées les unes les autres que par un point :
l'intervalle vide aurait été perdu. Triangulaires
ou carrées, elles se seraient, à la vérité, très-
bien appliquées les unes contre les autres ;
mais les coins en dedans auraient été perdus,

l'animal qui y doit loger étant rond. Hexagones ou à six pans, elles approchent plus de la figure ronde, et elles se touchent exactement entre elles, côte contre côte, en sorte qu'il n'y a point du tout de terrain inutile, et que chaque loge, toute faible qu'elle est, devient stable et solide par son union avec les autres.

Le Chevalier. Assurément, Monsieur, le plus beau palais me frappe moins que la régularité de ces logettes. Mais venons, s'il vous plaît, à la nourriture des guêpes. Je vois bien que vous savez tout ce qui se passe chez elles.

Le Prieur. Je leur pardonne tout le tort qu'elles m'ont fait, et le miel qu'elles m'ont volé, en considération du plaisir que j'ai eu en étudiant leur manière de vivre. Elles se logent volontiers dans le voisinage des abeilles, auprès des meilleures treilles, à côté d'une vigne, et encore plus volontiers à portée d'une cuisine. Elles trouvent là des provisions toutes faites. Les ouvrières, et même les mâles, vont à la chasse : elles se présentent effrontément partout, jusque dans les ruches des mouches à miel, qui ont quelquefois bien de la peine à s'en défendre. A défaut de miel, elles se jettent sur les meilleurs fruits : elles ne se méprennent point. L'abricot, par exemple, est fort de leur goût, le bon chrétien d'été, le rousselet de Reims, le beurré, la cresane, la pêche la plus rouge, le raisin le plus mûr, et surtout le muscat ; voilà leurs mets ordinaires selon la saison. Ce n'est pas que les guêpes soient difficiles : en d'autres temps elles s'accommodent de tout. Tout leur convient dans une cuisine : volaille, gibier, lard, viande de boucherie même, elles ne méprisent rien ; et si elles peuvent s'introduire dans la maison d'un boucher, elles ne courent pas plus loin. Elles y vont enlever des morceaux de chair moitié aussi gros qu'elles, et reportent le tout à la ruche, où les femelles en font la distribution aux petits. Les bouchers qui entendent leurs propres intérêts s'accommodent avec elles, et leur donnent régulièrement un morceau de foie de bœuf ou de veau. Elles s'y attachent préférablement aux autres viandes qui ont des fibres, et qui sont plus longues et plus difficiles à couper. Mais ce n'est pas seulement pour les détourner des autres viandes que les bouchers s'abonnent avec elles à ce prix. Ils en tirent un grand service, et ne sont pas fâchés de la visite des guêpes. Tant qu'elles sont occupées autour de ce morceau de foie, il n'y a pas à craindre que ni mouche, ni autre insecte entre dans la place, et touche à rien. Les guêpes leur donnent la chasse sans quartier : elles font sentinelle, et bien hardie serait la mouche qui oserait alors se présenter. Le mal, c'est qu'elles taillent par-ci par-là quelque morceau à leur discrétion. L'inconvénient n'est pas grand, parce que la guêpe ne salit rien, la femelle restant toujours au guêpier avec ses œufs, au lieu que la mouche cherche exprès la viande pour y mettre les siens, ce qui est la désolation du boucher.

Le Chevalier. J'aime les guêpes : je leur trouve bien de l'esprit.

Le Prieur. Je vois bien que leur industrie et leur propreté vous préviennent en leur faveur. Mais il faut tout dire : elles gâtent leurs bonnes qualités par d'autres bien mauvaises ; elles sont goulues et cruelles. Ce sont, pour ainsi dire, les boucanières et les anthropophages du peuple mouche. Non contentes de voler le miel, elles tuent les abeilles mêmes : elles prennent, elles pillent, elles massacrent, elles vont même jusqu'à manger leurs ennemis. Ce n'est pas là leur beau côté. Mais sans vouloir les disculper, je dis qu'elles ressemblent à bien des gens de notre espèce, et même de notre espèce européenne. Elles pillent et dévorent d'autres mouches : c'est tout comme chez nous. Combien d'hommes sont guêpes au suprême degré à l'égard des autres hommes ! La différence qu'il y a, c'est que les guêpes sont voraces par une suite de l'instinct qui les mène, au lieu que l'homme est malfaisant par choix, malgré l'impression de la raison qui l'éclaire. Ajoutons que l'avidité des guêpes trouve en quelque sorte son excuse dans la nécessité où elles sont de pourvoir sans cesse aux besoins d'une famille extraordinairement nombreuse. La distribution de la nourriture se fait avec beaucoup d'ordre : les mères en sont chargées, et quelquefois les mulets leur prêtent secours. On trouve d'abord au fond de chaque cellule un petit œuf avec une matière gluante, pour l'empêcher de tomber. On y voit souvent entrer la mère, qui apparemment y porte une douce chaleur pour le faire éclore. De cet œuf sort un vermisseau que l'on nourrit avec soin, et qui, peu à peu, devient un gros ver bien gras et bien dodu, remplissant toute la chambre de sa rotondité. La mère, après avoir reçu et mis en pièces la nourriture que les ouvrières ont apportée, va la distribuer de chambre en chambre dans la bouche de chaque ver tour à tour, avec une grande égalité, si ce n'est qu'on en donne plus fréquemment aux gros vers qui doivent produire les mâles et les femelles. Renversez le guêpier, et jetez ici les yeux à l'entrée de ces cellules ; qu'y apercevez-vous ?

Le Chevalier. Je vois les gros vermisseaux dont vous venez de parler : en voilà un qui ouvre la bouche, et qui prend mon doigt pour sa mère.

Le Prieur. On l'a négligé depuis hier : l'appétit ne lui manque pas.

Le Chevalier. Mais voilà quantité de cellules fermées.

Le Prieur. Voici ce que c'est. Tous ces vermisseaux cessent, après un certain temps, d'être à charge à la mère : ils ne mangent plus, ils ne veulent plus rien recevoir, et commencent dès lors à filer de leur bouche une soie très-fine, dont ils collent le premier bout à l'entrée de leur chambre : puis faisant aller leur tête de côté et d'autre, ils attachent ce fil à différents points ; et à force de passer et de repasser, ils forment de ce fil, qui court toujours, une petite étoffe qui sert de cloison à la porte. Retirés de la sorte, ils se défont de leur peau : le vermisseau se dessèche ; sa dépouille tombe au fond, et il reste une nymphe blanche qui développe peu à peu ses pattes et ses ailes, et acquiert insensiblement la couleur et la forme d'une guêpe parfaite. Rompez quelques-unes de ces cloisons, et vous la verrez comme emmaillottée, et ne montrant qu'à demi les membres délicats d'un animal encore informe : il se fortifie doucement dans cette boîte qui le met à couvert de tout danger, jusqu'à ce que, ses pieds se dégageant, il perce la cloison qui le tient enfermé. Rompons le bout d'un des derniers gâteaux. Tenez, voilà un de ces vers changé en nymphe.

Le Chevalier. Voilà une réjouissante figure. Qui ne rirait de voir son menton allongé, son dos courbé, et ses pattes jointes l'une sur l'autre ?

Le Prieur. Il y a des insectes qui demeurent dans cet état de nymphe des années entières : mais la guêpe n'y est guère que douze ou quinze jours au plus, après quoi se sentant armée de toutes pièces, elle déchire elle-même la cloison de sa cellule. Alors vous lui voyez allonger une corne, et puis deux ; une patte succède ; la tête se montre ; le corps élargit l'ouverture ; enfin il sort une guêpe bien formée, qui sèche ses petites ailes toutes humides, en y faisant passer plusieurs fois ses pattes de derrière ; puis tout à coup vous la voyez prendre sa volée, et s'en aller en campagne butiner avec les autres, dont elle imite dès ce jour l'adresse et la méchanceté.

Le Chevalier. Quoi ! sans aucun apprentissage ?

Le Prieur. Aucun. Dès que l'ouvrière sort de sa retraite, elle va à la picorée; dès que le mâle sort de la sienne, il est quelque temps à jouer, puis il vient faire sa cour à la Reine du quartier ; dès que la femelle est éclose, elle est tout occupée des soins du ménage.

Le Chevalier. Je trouve que la condition de mère est bien douce dans ce pays-là. Ces pauvres ouvrières, au contraire, me font compassion; elles sont bien à plaindre d'avoir ainsi à leur charge tous les soins domestiques, et tout le gros de l'ouvrage.

Le Prieur. Il est vrai que les mères sont bien nourries : tous les bons mêts, toutes les attentions sont pour elles. Rien n'égale la politesse des maris, et de toute la troupe. Mais aussi ces mères sont en petit nombre. Elles ont un terrible ménage à conduire. Tant d'œufs à pondre,

tant de petits à nourrir ; aller sans cesse d'é-
tage en étage, et de chambre en chambre, visiter tout le monde, et recommencer sans fin le
même travail, sans sortir du logis ; convenez
qu'une mère guêpe a bien de l'occupation. Les
mulets, par exemple, que vous plaignez tant,
ont un sort bien plus doux : ils vont chercher
leur vie ; ils voyagent en liberté, ils pillent, ils
mangent, ils dorment sans souci, et trouvent
leur subsistance dans le travail d'autrui. Assurément ils sont les plus heureux.

Le Chevalier. Dites-moi, je vous prie, les
guêpes font-elles des provisions pour l'hiver ?

Le Prieur. Elles n'en font pas seulement pour
le lendemain.

Le Chevalier. Comment donc peuvent-elles
passer la mauvaise saison, qui est si longue ?

Le Prieur. Aux approches de l'hiver, tout
change dans cette république. Dès que les premiers froids se font sentir, les mères et les
maris, qui avaient tant de tendresse pour les
petits, les tuent tous. OEufs, vermisseaux, nymphes, guêpes déjà formées, ils arrachent tout,

ils jettent tout hors du guèpier, ils renversent les cellules mêmes.

Le Chevalier. Qui peut causer ce changement, et leur inspirer une telle rage ?

Le Prieur. C'est qu'elles sentent bien qu'il n'y a plus assez de temps pour amener les larves à leur perfection, et on ne veut plus se charger d'un travail inutile. Quand il fait soleil, on prend encore quelquefois l'air. Mais il n'y a plus de joie parmi elles : on languit; on se disperse; chacune évite le froid, et se loge comme elle peut. Celles qui restent dans le guêpier passent l'hiver sans avoir ni sans chercher aucune nourriture. Le froid les pénètre, les engourdit, ou les tue; et quelquefois de huit ou neuf mille guêpes ou beaucoup plus que contenait la ruche, il ne reste que deux ou trois mères, pour fonder de nouvelles colonies.

Le Chevalier. Hé ! comment donc l'espèce s'en peut-elle conserver ?

Le Prieur. Les mères sont plus vigoureuses, et leur corps résiste mieux au froid. Croiriezvous qu'une seule guêpe suffit pour donner un essaim entier l'année suivante? Elle se construit deux ou trois cellules, qu'elle suspend comme un petit bouquet, avec un peu de glu sur un arbre, ou bien dans quelque trou qu'elle a commencé ou trouvé tout fait. Elle y pond deux œufs de mulets : elle leur va chercher à manger; elle fait tout elle-même, comme vous voyez. Les deux vermisseaux se rassasient : ils filent au bout de quelques jours et ferment leur porte. Voilà déjà deux enfants de pourvus. La mère est déchargée du soin de les nourrir. Elle fait deux autres cellules; et tandis que les deux nouveaux œufs qu'elle y a mis éclosent, et que les deux nouveaux vermisseaux se fortifient, les deux premiers mulets rompent leurs portes, et se mettent à travailler avec la mère. Les voilà trois de compagnie. Quinze jours après les deux seconds grossissent la troupe. On élargit le guêpier; on commence à jouir de tous les avantages de la société. On se donne un logement spacieux et commode. Le petit amas de cellules augmente de jour en jour : la mère y pond un œuf de mâle, et ensuite un de femelle. Il faut croire qu'elle a conscience de ce qu'elle fait, puisqu'elle proportionne la grandeur de la loge à la taille du mâle ou de la femelle qui doit y naître. Le mâle devient mari : la femelle devient mère. S'il y a deux mères au mois de juin, il y en a cinquante, trois semaines après : et cinquante mères donnent plus de dix mille guêpes avant le mois d'octobre.

Voilà, Monsieur, ce qu'il y avait à observer sur les guêpes. Je ne vous entretiendrai pas de quelques autres espèces, dont les unes suspendent leur nid à des branches d'arbres; d'autres, comme les frelons, qui sont une et deux fois plus grosses que les communes, placent leur nid sous un toit, dans un creux d'arbre, ou dans l'assemblage d'une charpente. C'est à peu près la même industrie et la même police, et vous pouvez juger de leur travail par celui des guêpes communes, dont j'ai eu plus de facilité et d'occasion de m'instruire. Ce que je ne me lasse point d'admirer dans toutes les espèces, c'est surtout la diversité, et en même temps la justesse des moyens par lesquels la Providence habille, nourrit et défend chaque espèce.

Le Chevalier. Vous ne m'avez rien dit, Monsieur, sur les armes des guêpes. N'ont-elles pas un aiguillon.

Le Prieur. Si elles en ont un ? Je ne le sais que trop : je l'ai senti plus d'une fois, et il m'en a coûté bien des piqûres pour savoir ce que je vous ai appris.

Le Chevalier. N'y a-t-il pas quelque moyen de guérir ces piqûres ?

Le Prieur. Si l'aiguillon est resté dans la plaie, il faut commencer par l'extraire ; puis laver la blessure avec de l'eau salée ou vinaigrée. Quelques gouttes d'ammoniaque seront encore plus efficaces pour calmer la cuisson. Ces piqûres, du reste, n'ont rien de dangereux, et je courrais volontiers de plus grands risques, pour vous apprendre agréablement quelque vérité utile.

Le Chevalier. Il n'est pas juste que le plaisir soit pour moi, et toute la peine pour vous.

Le Prieur. Pardonnez-moi, rien n'est plus dans l'ordre : le bon sens veut que les épines

et les coups d'aiguillon soient uniquement
pour celui qui se mêle d'enseigner, et qu'il n'y
ait que du plaisir pour celui qui apprend.

Le Chevalier. Je me trouve heureux d'être
tombé en de si bonnes mains. Après les guêpes, voudriez-vous, Monsieur, passer aux
abeilles ?

Le Prieur. Je le ferai avec plaisir ; et en vous
expliquant la structure de l'aiguillon de celles-
ci, je vous apprendrai suffisamment la forme
de celui des guêpes, car elle est la même. Mais
remettons cette discussion à demain ; car quelque plaisir que j'éprouve avec vous, je suis
obligé ce soir de vous quitter.

SIXIÈME ENTRETIEN

LES ABEILLES

Le Comte.
La Comtesse.
Le Prieur.
Le Chevalier.

Sommaire. — Leurs espèces : reine, bourdons, ouvrières. —
Leur description : anatomie, instruments de travail, dard et
piqûre. — Distribution des travaux dans la ruche. — Formation
des essaims.

La Comtesse. Enfin, Monsieur, la compagnie
qui a interrompu nos entretiens vient de partir : Monsieur le Prieur nous a fait dire qu'il
allait nous rejoindre. En l'attendant, peut-on
savoir sur quoi roula hier votre conversation ?

Le Chevalier. Au lieu de me faire un long

discours sur les différents états, et sur les travaux des guêpes, Monsieur le Prieur m'apporta
de chez lui un guêpier tout entier. Il m'y fit
voir une enceinte, des étages, et quantité de logettes, les unes toutes ouvertes, où il n'y avait
qu'un œuf, ou bien un vermisseau vivant ;
d'autres fermées, où étaient les nymphes prêtes
à devenir guêpes parfaites ; et enfin d'autres
dont la porte commençait à se rompre, et d'où
je vis sortir une belle guêpe, en portant à ma
chambre le guêpier, dont Monsieur le Prieur
m'a fait présent. Je ferai faire une boîte exprès
pour le conserver.

Le Comte. Prenez auparavant la précaution
de l'exposer plusieurs jours au soleil le plus
ardent, ou même au feu, pour dessécher tout
ce qui s'y trouve encore en vie : vous en voyez
la raison. Je suis ravi, au reste, que vous ayez
une idée de l'ouvrage des guêpes : il vous
sera plus facile de comprendre ce que nous
avons à vous dire des abeilles.

Le Chevalier. Voilà Monsieur le Prieur qui
prend le chemin du berceau : que porte-t-il

sous son bras ? Vous allez voir qu'il y a encore quelque chose là pour moi.

La Comtesse. Il vous apporte apparemment quelque nouvelle dissertation propre à se faire entendre aux yeux. Justement, ce sont des rayons d'abeilles.

Le Chevalier. C'est ce que je n'ai jamais vu. Il y a plaisir à avoir affaire à Monsieur le Prieur. On a bientôt ce qu'on souhaite.

Le Prieur. Il ne m'a pas fallu chercher bien loin, Monsieur : j'ai trouvé tout sous ma main.

La Comtesse. Allons, Messieurs, asseyons-nous : notre conversation va rouler sur une matière importante. Nous allons nous jeter dans la politique, et dans le gouvernement des Etats.

Le Prieur. Il faut varier et ennoblir un peu nos conférences. Hier, je n'entretins Monsieur le Chevalier que de vols, de brigandages et de meurtres. Aujourd'hui, nous ne parlerons que de bien public, de colonies, d'économie, de police, et d'application au travail. C'est le caractère propre de la république des abeilles. Tout

ce qu'on en peut dire, se réduit à deux sortes
de choses : les unes qui sont exposées aux yeux
de tout le monde, et que les paysans mêmes n'i-
gnorent pas : j'épargnerai à Monsieur le Comte
le récit de celles-là. Il y en a d'autres plus curieuses, et qu'on ne peut savoir qu'à l'aide d'une
ruche de verre, et avec des yeux de philosophe.
Monsieur le Comte, qui est bien pourvu de l'un
et de l'autre point, voudra bien se charger
de nous en instruire.

Le Chevalier. Est-il vrai, Monsieur, que les
abeilles ont un roi ?

Le Prieur. Dans une ruche on distingue trois
sortes d'abeilles : d'abord les abeilles ordinaires qui forment le gros de la nation. Ce sont
les ouvrières chargées de tous les travaux. On
a cru longtemps qu'elles n'étaient ni mâles ni
femelles ; maintenant il paraît prouvé que ce
sont des femelles qui ne sont pas ordinairement fécondes, mais qui peuvent le devenir ;
dans ce cas, elles ne pondent que des œufs de
mâles. Elles ont toutes une trompe pour le
travail, et un aiguillon contre l'ennemi. En se-

cond lieu, les bourdons, qui sont d'une couleur plus obscure, et un peu plus longs et plus gros que les abeilles. On en a trouvé qui n'étaient pas différents d'elles pour la grosseur. Les bourdons sont les mâles et n'ont pas d'aiguillon. Il s'en trouve de cette espèce un cent et plus, dans une petite ruche de sept à huit mille abeilles. Le nombre en est triple et quadruple dans une forte ruche, comme de dix-sept à dix-huit mille abeilles. Il y a enfin une troisième sorte de mouche, plus forte et plus longue que les bourdons mêmes, et qui est armée d'un aiguillon comme le commun des abeilles. Elle est unique dans une ruche, ou du moins il n'y en a qu'une pour chaque essaim, c'est-à-dire, pour chacune de ces troupes de jeunes abeilles qui sortent de temps en temps de la ruche, et qui se vont établir ailleurs. Savoir s'il faut donner à cette grosse mouche le nom de roi, comme faisaient les anciens ; ou s'il faut l'appeler reine , comme le veulent les savants auteurs modernes , je laisse à Monsieur le Comte à le décider.

Le Comte. **A** l'aide de la ruche que j'ai fait composer de pièces de verre, assemblées avec des lames de plomb, j'ai remarqué très-distinctement les trois espèces de mouches, dont Monsieur le Prieur vient de parler. J'ai vu plusieurs fois cette grosse mouche qu'on prétend être le roi aller de chambre en chambre. Il n'y avait rien au fond de la cellule avant qu'elle y fît entrer l'extrémité de son corps : quand elle en sortait, j'y remarquais un petit œuf. D'où il est aisé de conclure que c'est là la femelle de l'espèce : et comme j'ai souvent observé qu'il n'y avait dans tout un essaim qu'une seule mouche de cette sorte, qui est très-reconnaissable ; quelquefois deux , et jamais plus de trois, je crois qu'il est plus naturel de lui donner le nom de reine que celui de roi. Mais que pense Monsieur le Prieur de ces grosses mouches que l'on nomme des bourdons ? Ce ne sont point des mouches étrangères, puisque je les ai vues naître dans des cellules faites exprès, et plus larges que les autres. Quelle est leur destination ? En ferons-nous les maris de la

reine? Ma ruche ne m'a pas encore donné
là-dessus des éclaircissements tout à fait satis-
faisants.

Le Prieur. Voici, Monsieur, ce que je sais des
bourdons. On leur trouve à tous une bouteille
de miel dans le ventre, comme aux autres
abeilles, avec cette différence que les abeilles
ont leur bouteille surmontée d'un petit canal
qui va jusqu'au cou, par le moyen duquel elles
vont déposer leur miel au magasin ; et lorsque
vous pressez l'abeille tant soit peu, le miel lui
sort aussitôt par ce canal : ce qui n'arrive point
au bourdon. Il mange et retient tout à son profit:
il ne rapporte rien au réservoir commun ; il
est bien nourri, ne travaille point, ne va point
aux champs, prend tout au plus l'air, et se promène autour de la ruche en pleine liberté. C'est
apparemment parce qu'il n'a point d'ennemi à
craindre, que la nature ne l'a point pourvu
d'aiguillon. Je ne saurais croire au reste que
dans une nation aussi économe , on voulût
souffrir de tels paresseux, s'ils n'étaient bon à
quelque chose. On les soupçonne d'être desti-

nés à donner des enfants à la reine, ou pour mieux dire, des sujets à l'Etat.

Le Comte. Il y a quelque chose de plus : dans l'anatomie qu'on a faite de leur corps, on a réellement découvert, par leur structure, qu'ils étaient les auteurs de la fécondation. J'ai fait ce que j'ai pu pour démêler au travers de ma ruche transparente , quel personnage il faisait auprès de la reine-abeille : voici ce qu'il m'a été possible d'apercevoir. La reine se tient retirée dans le haut des rayons, que nous appellerons, si vous voulez, son palais. Elle n'en sort que rarement pour paraître en public ; et lorsqu'elle se montre, on la voit s'avancer avec une démarche grave et majestueuse. Vous riez, Chevalier : voici bien autre chose. Elle ne marche jamais seule : quand ce n'est pas tout l'essaim qui l'accompagne, elle est au moins suivie de plusieurs grosses mouches, de bourdons probablement qui lui servent de cortège. Comme les sorties de la reine sont peu ordinaires, et qu'elles tendent apparemment au bien commun , quand elles arrivent, il est

grande fête au pays : tout le monde sort ; chacun est en joie : et pour lui faire une réception
solennelle, les abeilles s'accrochent les unes
aux autres par les pattes, et forment en moins
de rien un grand voile derrière lequel il n'est
plus possible de rien apercevoir. Ce voile sera,
si vous le voulez, une tapisserie tendue pour
honorer le passage de la reine, ou bien un
rideau que les domestiques tirent devant
elle...

Le Prieur. Vous leur prêtez, Monsieur, des
intentions ou bien nobles ou bien décentes.

Le Chevalier. Cette cérémonie ne serait-elle
pas plutôt une danse occasionnée par la fête ?

La Comtesse. Une danse ? je ne sais : ce sera
toujours la dernière chose que Monsieur le
Prieur admettra : il n'est pas pour les danses.

Le Comte. Quoi qu'il en soit au reste de l'intention des mouches dans cette coutume de se
prendre ainsi par les pattes, et de se mettre en
chœur à l'arrivée de leur reine, le fait est certain, et j'ai remarqué dans la suite, que la reine
allait de chambre en chambre y déposer un

œuf, après avoir observé par elle-même si les loges étaient libres : et tandis qu'elle enfonçait l'extrémité de son ventre dans une cellule, les bourdons de sa cour, rangés en cercle autour d'elle, et ayant tous la tête tournée vers leur reine, battaient des ailes, et semblaient célébrer la naissance de ces nouveaux enfants. Elle peuple dix, douze maisons, et plus à chaque ponte, et elle peut même donner jusqu'à six ou sept mille petits. Elle peut voir la même année les enfants de ses enfants, par le moyen de deux ou trois autres mouches comme elle ; et se trouver mère, ou aïeule de dix-huit mille enfants en un seul été.

Le Prieur. Ce qui achève en quelque sorte de prouver que les bourdons sont uniquement destinés à la multiplication de l'espèce, c'est qu'on les nourrit bien pendant tout l'été ; mais que, quand les reines ont jeté leurs essaims, et qu'aux approches de l'automne on prévoit qu'il n'y aura plus assez de temps, ou assez de chaleur pour élever une nouvelle famille, alors les bourdons sont maltraités et chassés. On voit

qu'ils deviennent à charge à la république, où
ils ne font plus que manger. Les abeilles n'en
veulent plus dans leurs ruches : leur haine
tombe jusque sur les jeunes bourdons qui ne
sont pas encore éclos : elles les ôtent des cellules, les tuent, et les jettent hors du panier.
Ensuite elles se mettent à la poursuite des
pères : ils ont beau s'obstiner à vouloir demeurer, elles les prennent par les ailes et par
les épaules ; elles les poussent, elles les harcel-
lent : on les chasse tous sans aucun quartier, à
l'exception peut-être de quelques-uns, et même
d'une plus petite espèce moins gourmande, et
d'un entretien plus supportable. On les réserve
pour les besoins de l'année suivante : ce que je
remarque, parce que la reine se trouve encore
féconde dès le printemps, quoiqu'on ne voie
quelquefois parmi elles, que quelques bourdons peu différents des abeilles communes
pour la taille.

Le Chevalier. Hé ! que deviennent ces pauvres bourdons ? ils me font pitié.

Le Prieur. Les pluies, les oiseaux et la faim

les font périr. La terre en paraît couverte aux environs de la ruche.

La Comtesse. Je trouve que les maris ne font pas une fort belle figure dans ce pays-là.

Le Comte. On y a pour maxime que le salut du peuple doit être la première loi de l'Etat.

Le Prieur. Les abeilles ne se croient pas obligées à nourrir toujours des estomacs paresseux, qui leur dévoreraient en une partie de l'année tout le travail de l'autre, surtout dans un temps où elles ne peuvent plus rien trouver. Ainsi, Monsieur le Chevalier, si on contraint les bourdons à pourvoir par eux-mêmes à leur vie, ce n'est pas par économie seulement, c'est par nécessité.

Le Chevalier. Vous avez peur, Monsieur, que l'on ne pense mal de vos chères abeilles. On voit bien que c'est votre insecte favori.

Le Prieur. Il est vrai que c'est un revenu utile.

La Comtesse. Ce n'est pas là cependant la seule raison qui en fait l'objet de vos complaisances. Vous prenez avec feu le parti des abeil-

les, parce qu'elles suivent fidèlement la morale
que vous prêchez, que qui ne travaille point ne
doit point manger.

Le Prieur. Cela peut fort bien être ; mais
toute complaisance et tout intérêt à part, on ne
peut examiner un peu les mœurs, et si cela se
peut dire, les maximes de ce petit peuple, sans
le trouver tout à fait aimable, aussi bien dans
sa conduite que dans son travail.

Le Chevalier. Je suis charmé de ses mœurs,
mais son travail mérite bien aussi qu'on y
pense : c'est où je vous prie de vouloir venir.

Le Prieur. Avant que de vous entretenir de leur
travail, il faut vous montrer leurs outils. Monsieur le Comte, qui les a vus de plus près que
moi avec ses microscopes, ne serait pas content de ce que j'en pourrais dire.

Le Comte. Je me charge volontiers de la
commission : je ne vous ferai pas une analyse
exacte du corps d'une abeille : il suffira, mon
cher Chevalier, de remarquer les principales
parties dont la nature l'a pourvue, et l'usage
qu'elle en fait.

Le corps de l'abeille est divisé par deux
étranglements en trois portions ; la tête, la poitrine et le ventre. La tête est armée de deux
mâchoires et d'une trompe. Les mâchoires, ou
plutôt les serres, jouent en s'ouvrant et se fer-
mant de gauche à droite. Ces serres leur servent de mains pour prendre la cire, pour la
pétrir, et pour jeter dehors ce qui les incommode. La trompe est un... mais je ferai mieux
d'imiter Monsieur le Prieur, et de parler aux
yeux, puisque je le puis faire. J'ai ici deux de ces
trompes collées sur deux bouts de papier.
Les voilà dans le microscope l'une auprès de
l'autre.

Le Prieur. On ne pouvait les placer plus avan-
tageusement pour faire connaître l'une par le
secours de l'autre. Monsieur le Chevalier croira-
t-il que ces deux figures reviennent à la même,
ou que ce soit là deux trompes semblables ?

Le Chevalier. J'en vois une qui est une fois
plus longue que l'autre : celle qui est la plus
longue est un peu épaisse d'un côté, et va en
diminuant vers l'autre bout : elle est quelque

peu courbée ou pliée vers le milieu, et elle est entourée par le bas de quatre branches qui sont creuses en dedans, comme seraient les pièces d'un chalumeau coupé en quatre. Je ne comprends rien à tout cela.

Le Comte. Tout ce que vous dites est pourtant fort juste. Un peu de patience, voyez l'autre.

Le Chevalier. L'autre est plus épaisse, toute courte, et sans les quatre branches.

Le Comte. Sans les quatre branches ? En êtes-vous bien sûr ?

Le Chevalier. Attendez, Monsieur, s'il vous plaît, je crois les apercevoir. Je vois à présent ce que c'est ; elles sont rapprochées ici : il faut que cette seconde trompe soit renfermée, en sorte que les branches lui servent d'étui. La première est une trompe déployée pour le travail, et la seconde est la trompe repliée, et en repos dans sa gaîne. Assurément, Monsieur le Prieur, voilà qui justifie bien ce que vous me disiez dernièrement, que les plus petites choses avaient dans la nature une destination, et une fin toute particulière, et qu'on trouve Dieu dans la structure de la patte d'une mouche, comme dans la structure du soleil même.

Le Prieur. Vous vous accoutumez à comprendre que cette destination est certaine dans les choses mêmes où elle n'est pas connue, parce qu'à chaque pas vous la trouvez où elle ne paraissait pas d'abord : c'est à vous à la chercher, à l'admirer, et à en glorifier Dieu. Qu'on présente la trompe d'une abeille à qui vous voudrez, on dira : c'est une patte de mouche : à quoi cela est-il bon ? Cet instrument est cependant tel, qu'avec son secours une abeille va amasser plus de miel en un jour, que cent chimistes n'en recueilleraient en cent ans : et la sagesse du Créateur, qui paraît si sensible dans le présent qu'il a fait à l'abeille de cet instrument précieux, n'éclate pas moins dans les moyens qu'il lui a donnés pour le conserver. Car cette trompe est longue et pointue, souple et mobile en tout sens, afin que la mouche puisse la porter jusqu'au fond du cœur des fleurs, malgré l'embarras des pétales et des étamines, y amasser des sucs épars, et en emporter sa charge. Mais cette trompe, toujours étendue, serait devenue incommode, et aurait pu se rompre par mille accidents : c'est pourquoi elle a été composée de deux pièces unies par un ressort ou par une charnière, en sorte qu'après le service nécessaire, elle peut être raccourcie ou plutôt repliée : et de plus, elle se trouve garantie de toute insulte à l'aide de quatre fortes écailles, dont deux s'y appliquent immédiatement; les deux autres, qui sont plus larges et plus creuses, embrassent ensuite le tout.

Le Comte. Venons au reste du corps. Le milieu du corps de l'abeille, ou la poitrine, soutient les pattes, qui sont au nombre de six, et les quatre ailes, savoir deux grandes et deux petites qui leur servent non-seulement à se transporter où elles veulent, mais aussi à faire un bruit, par lequel elles s'avertissent mutuellement de leur départ, de leur arrivée, et s'animent entre elles au travail. Voici une abeille morte : remarquons le poil dont elle est toute couverte, et qui lui servait à retenir les petits grains de pollen qui tombent du sommet des étamines au fond des fleurs. Observez ensuite au bout des pattes deux petits crochets que le microscope vous fera apercevoir comme deux faucilles qui sortiraient d'un même manche, la pointe de l'une opposée à celle de l'autre. Ces deux ongles crochus, si utiles pour soutenir l'abeille en mille rencontres, sont couchés sur deux coussins, pour rendre sa marche ordinaire plus douce et plus aisée.

Le ventre de l'abeille est distingué en six anneaux qui s'allongent, et se retirent en glissant les uns sur les autres. L'intérieur du ventre des abeilles renferme quatre parties, les intestins, la bouteille de miel, la glande de venin, et l'aiguillon.

Les intestins servent à la digestion de leur nourriture, comme dans tous les autres animaux. La bouteille de miel est transparente comme le cristal, et contient le miel que l'abeille va lever sur les fleurs, et dont une petite partie est consacrée à sa nourriture, tandis

que la meilleure part est rapportée et versée
dans des cellules du magasin, pour nourrir
toute la troupe en hiver. La glande de venin
est à la racine de l'aiguillon, le long duquel
l'abeille en fait glisser quelques gouttes, comme
au travers d'un tuyau, pour les introduire dans
la piqûre, et augmenter le mal.

L'aiguillon enfin est composé de trois pièces,
savoir d'un étui, et de deux dards. L'étui se
termine en une pointe très-fine; il est cependant fendu un peu au-dessous de sa pointe
pour laisser passer le venin. Les deux dards
partent de cette ouverture. Tous deux sont hérissés de petites pointes, telles que sont les
barbes d'un hameçon, qui, en s'élevant un peu
de côté, rendent la blessure plus douloureuse,
empêchent le retour des dards, et font que
l'abeille a peine à les retirer. Elle ne les dégage
presque jamais lorsqu'on s'agite, et qu'on la
trouble; mais si on a la patience de demeurer
tranquille, elle retire son dard sans obstacle,
et on en souffre moins. L'étui est lui-même
très-pointu, et fait la première plaie. Sa pi-

qûre est suivie de celle des dards et de l'effu-
sion de la liqueur empoisonnée. Cet étui tient
à des muscles assez forts pour pouvoir les retirer ; mais quand il est trop engagé, ces
muscles sortent du corps de l'abeille, et demeurent avec l'aiguillon. La liqueur qu'elle
verse en même temps dans la plaie, y cause
une inflammation et une enflûre qui dure plusieurs jours, mais qu'on peut arrêter en ôtant
l'aiguillon sur-le-champ, et en prenant les
autres moyens indiqués pour la piqûre des
guêpes. Voilà les outils des abeilles.

Venons maintenant à leur travail, et en particulier à la structure des rayons.

Le Chevalier. Permettez-moi de vous interrompre et de demander à Monsieur le Prieur
comment il fait pour assembler toutes les
mouches dans un même panier.

Le Prieur. Supposez seulement qu'il y a une
troupe de mouches logées dans le creux d'un
arbre, ou dans un trou de rocher, ou dans un
panier qu'elles auront rencontré. Elles y élèvent
leurs petits : après les premiers venus, on en

élève d'autres. Les vieilles mouches et les jeunes, tout le monde demeure ensemble en paix, tant qu'il y a de la place, et qu'on peut être logé à l'aise. Mais quand le nombre est augmenté de façon qu'on ne pourra plus élever de nouveaux enfants, sans se mettre à l'étroit, alors les vieilles mouches qui sont de droit et de fait maîtresses du lieu, font un édit par lequel il est ordonné à toutes les jeunes abeilles, de tel âge et au dessous, d'aller chercher leur établissement ailleurs, et d'évacuer la place dans un temps donné, avec menace d'user de l'aiguillon en toute rigueur, en cas de désobéissance. Je puis bien me tromper sur les termes de l'ordonnance que je n'ai point vue : mais réellement le refus de vider le pays dans le temps marqué, attire aux jeunes essaims des guerres sanglantes. Pour l'ordinaire, on prend le parti de la soumission ; et un certain jour, à une même heure, ou plutôt au même instant, tout l'essaim des jeunes abeilles, la reine en tête, abandonne la ruche, se met en campagne, et va chercher une autre demeure.

C'est une véritable colonie. Les vieilles mouches demeurent toujours en possession de l'ancienne habitation.

Le Chevalier. Il me semble entendre l'histoire des Sidoniens et des Tyriens, qui n'ayant presque point de terres, et étant devenus très-nombreux, envoyaient des colonies à Carthage, à Cadix, et partout. Mais j'interromps l'histoire des mouches.

Le Prieur. Lorsque nos jeunes mouches ont pris l'essor, on les voit longtemps voleter en bourdonnant dans l'air, chercher une retraite commode, et s'attacher quelquefois comme une grappe à un tronc d'arbre ou à une branche. Il faut croire qu'il y a des députés d'entre elles, chargés d'aller à la découverte. Lorsqu'elles ont trouvé, ou un trou spacieux dans une muraille, ou le creux de quelque vieux arbre, ou un panier, que les gens de campagne attentifs ne manquent pas de leur présenter, après l'avoir frotté avec du thym, du serpolet, et d'autres herbes odoriférantes, la reine, sur le rapport qu'on lui vient faire,

ou sur ce qu'elle voit par elle-même, se met
en marche. Le peloton se détache et la suit.
Elle entre dans l'ouverture présentée, prend
possession de la place, et s'y loge avec tout
son peuple. Souvent, pour leur donner avis
qu'il y a une demeure préparée pour elles, on
sonne une clochette, ou l'on frappe sur un
bassin d'airain. Ce bruit fait impression sur
elles : il fixe un moment leur agitation, et
peut-être leur paraît-il un roulement de ton-
nerre qui va être suivi d'un dangereux orage.
Quoi qu'il en soit, dans ce moment de crainte
ou de tranquillité que ce bruit occasionne,
elles considèrent avec plus d'attention la retraite qu'on leur présente. Elles trouvent bon
qu'on les détermine à y entrer par quelques
légères secousses, ou même elles s'y sauvent
tout naturellement. Alors celui qui leur présente le panier, l'enlève doucement, et elles se
laissent transporter sans s'effaroucher. On pose
le panier sur une base, composée de plusieurs
planches bien unies et assemblées à languettes,
ou sur un siége de terre recouvert de ciment,

afin que ni les insectes, ni les vapeurs de la
terre n'y puissent entrer. On laisse un petit
trou au bas du panier : après quoi c'est à
elles à s'arranger comme elles l'entendent. Ce
qui se passe dans l'intérieur est plus du ressort
de Monsieur le Comte que du mien.

Le Comte. On peut considérer dans le travail
des mouches la matière qu'elles emploient
pour bâtir, la destination de ce bâtiment, et la
manière dont tout s'exécute. Les sucs qu'elles
trouvent sur les fleurs fournissent la matière du bâtiment. La destination de l'ouvrage est de s'y loger, elles et leurs petits.
Quant à la façon de travailler, voici une partie
de leur police. Je ne sais pas quelle langue on
parle dans le pays des abeilles ; mais c'est un
fait qu'elles s'entendent et se comprennent.
Quand on commence le travail de la ruche,
elles se partagent en quatre bandes : les unes
vont chercher en campagne les matériaux dont
l'ouvrage est construit : d'autres mettent les
matériaux en œuvre, et dégrossissent l'ouvrage
en ébauchant le fond et les cloisons des cel-

lules ; d'autres polissent le tout, rectifient les angles, enlèvent la cire qui est de trop, et amènent l'ouvrage à sa perfection ; les quatrièmes apportent à manger à celles qui ne peuvent pas quitter l'ouvrage. On ne donne rien à celles qui vont aux champs : on suppose qu'elles ne s'oublient pas. On ne donne rien non plus à celles qui commencent les cellules. A la vérité, c'est un ouvrage pénible, parce qu'il leur faut aplatir, étendre, couper, redresser la cire avec leurs mâchoires ; mais celles qui sont chargées de ce rude travail, ont ordre ou permission de s'en retirer bien vite. Elles vont chercher leur nourriture aux champs, et se délassent d'une occupation fatigante par cette autre qui l'est beaucoup moins. Celles qui succèdent à celles-là, passent et repassent leur bouche, leurs pattes, et l'extrémité de leurs corps sur tout l'ouvrage : elles ne quittent point prise que tout ne soit poli et parfait. Comme ces dernières ont besoin de manger de temps en temps, et ne doivent cependant point quitter, il y en a d'autres toujours prêtes à leur apporter de la nourriture, quand elles en demandent.

Le Chevalier. Les avez-vous vu servir?

Le Comte. Très-distinctement : on se parle par signe. L'ouvrière qui a faim baisse la trompe devant la distributrice ; cela signifie qu'il lui faut à manger. Celle-ci ouvre sa bouteille de miel, et en verse quelques gouttes, que j'ai vu rouler très-distinctement tout le long de la trompe de l'autre, qui devenait plus large partout où la liqueur passait. Le petit repas pris, on se remettait à l'ouvrage : on remuait les pattes et tout le corps comme auparavant.

Le Chevalier. Cet ouvrage est-il bien long à faire ?

Le Comte. Quoique la propreté et les proportions en soient admirables, la diligence des ouvrières est si grande, qu'un rayon à doubles logettes adossées les unes contre les autres, et qui a un pied de long sur six pouces de large, est expédié en un jour ; en sorte que trois mille abeilles y peuvent loger.

Il y a dans la structure de ces rayons une

symétrie encore plus parfaite que dans l'ouvrage des guêpes : car ici le fond des cellules,
non-seulement se termine en pointe pour y
recevoir les petits œufs, et y concentrer la chaleur, qu'ils n'éprouveraient point autant s'ils
étaient abandonnés sur un fond plat ; mais ce
fond est à facettes, ou composé de petits pans
triangulaires qui se réunissent proprement en
pointe, et s'emboîtent exactement pan contre
pan dans les extrémités semblables des cellules
opposées. Rompez quelques-unes de ces chambrettes, vous verrez tout ce que je vous dis.
Remarquez de plus qu'elles disposent et façonnent leurs rayons tout autrement que les
guêpes ; car tandis que ceux des guêpes sont
simples, n'ayant qu'un rang de maisons, et
posées horizontalement les unes au-dessus des
autres, les rayons des abeilles sont doubles, ou
composés de deux rangs de cellules, dont les
deux fonds se touchent. Ils sont suspendus
perpendiculairement, séparés par un intervalle
assez large pour donner aux mouches la
liberté du passage, et assez étroit pour conser-

ver partout la chaleur dont elles ont besoin.

Le Chevalier. Mais, Monsieur, je trouve ici à l'entrée de toutes les loges un rebord qui fait que l'ouverture de la porte est un peu moindre que la largeur de la cellule, au lieu que dans la cellule des guêpes l'entrée est tout aussi large que la chambre même.

Le Comte. C'est une précaution de plus. Comme les abeilles vivent sept et huit ans ou davantage, tandis que les guêpes passent à peine l'année, en quoi même la Providence est remarquable, et digne de notre reconnaissance ; les abeilles fortifient l'entrée de leurs cellules par ce bord, qui étant joint avec celui des cellules voisines, forme un tout difficile à ébranler : en sorte que l'ouvrage se maintient plusieurs années sans désordre, malgré les frottements, les entrées, les sorties et les efforts réitérés des mères qui y viennent pondre ; des travailleuses, qui y déposent la cire ou le miel ; des nymphes, qui, devenues abeilles, s'agitent et heurtent rudement pour se dégager.

Le Prieur. Monsieur le Chevalier, il en est de

ces maisons tout autrement que des nôtres.
Nos maisons périssent en vieillissant ; celles-ci
gagnent à vieillir au moins jusqu'à un certain
temps.

Le Chevalier. Comment cela ?

Le Prieur. Les fondements de nos maisons
s'affaissent avec les terres : les murs se jettent
peu à peu, se tourmentent, et perdent leur
aplomb. Les locataires ébranlent tout : le temps
y apporte toujours quelque nouvel affaiblissement. Tout au contraire, plus les maisons des
abeilles logent de nouvelles mouches, plus elles
se fortifient. Chaque vermisseau, avant de se
convertir en nymphe, attache sa peau aux parois de sa chambre ; mais de façon que la peau
s'y applique selon la figure des angles, et sans
en affaiblir le moins du monde la régularité.
En un été la même loge peut servir à trois, et
même à quatre vermisseaux de suite. L'été suivant elle sert à trois ou quatre autres. Chaque
vermisseau fortifie toujours les pans de sa
chambre par l'application qu'il y fait de sa
dépouille : la chambre voisine acquiert la

même augmentation de son côté. J'en ai quelquefois trouvé jusqu'à sept ou huit l'une sur l'autre ; de sorte que toutes les cloisons se trouvant incrustées de six ou sept peaux d'un côté et d'autant de l'autre, le tout bien desséché et mastiqué avec une forte glu, tout l'ouvrage acquiert de jour en jour quelque nouveau degré de solidité.

Le Chevalier. Mais, Monsieur, je trouve à cela un inconvénient : il peut y avoir enfin tant de peaux collées l'une sur l'autre, que la loge en soit bien diminuée.

Le Prieur. La difficulté est fort raisonnable. J'ai recours à Monsieur le Comte pour y répondre d'une manière satisfaisante.

Le Comte. En ce cas, savez-vous ce que font les abeilles ? elles changent l'emploi des cellules, elles vont mettre leurs petits où elles mettaient leur miel, et elles mettent leur miel où elles mettaient leurs petits : c'est le sentiment de quelques observateurs ; mais je ne le garantis pas. Au reste, vous voyez les abeilles assez bonnes ouvrières pour croire qu'elles savent au besoin nettoyer ou ôter ce qu'il y a de trop. Vous avez vu, mon cher Chevalier, combien elles sont savantes dans l'art de bâtir. Maintenant il faut que je vous instruise de leur ménage, et que nous promenions nos yeux sur tout ce qui se passe dans le magasin à cire, et dans le magasin à miel : la fabrique et l'usage vous en feront également plaisir. D'abord elles prennent la précaution de...

Le Chevalier. Ah, Monsieur, tout est perdu : voilà cinq ou six chasseurs qui descendent dans la cour, et dont on mène les chevaux à l'écurie.

La Comtesse. Rien ne nous presse de partir : ces Messieurs se font débotter, et on nous avertira. Monsieur le Prieur nous a montré les gâteaux, et tout ce qu'ils contenaient; mais il ne nous a pas fait voir ce qu'il y a dans ce panier.

Le Prieur. Vous connaissez les cellules à mettre les petits : vous voyez celles où on met la cire, et j'ai ici dans une feuille de papier blanc un morceau de rayon où est le miel.

Le Chevalier. N'y a-t-il pas quelque façon à donner au miel avant que de le manger ?

Le Prieur. Non. Voilà le miel dans toute sa pureté : il est beaucoup meilleur de la sorte, que quand il a été gâté par la main de l'homme. Mordez sans façon : jetez seulement la cire de côté.

Le Chevalier. Je n'ai jamais rien goûté de plus délicat. Je ne m'étonne plus que les auteurs qu'on me fait voir, parlent toujours du miel, quand ils veulent dire qu'une chose est agréable.

Le Prieur. Le miel était le sucre des anciens. Nous faisons aujourd'hui assez peu d'usage du miel, depuis que nous tirons le sucre des Indes Orientales et Occidentales, depuis surtout que la betterave nous en fournit une si grande quantité.

La Comtesse. Monsieur le Chevalier, il me semble que vous êtes assez du goût des anciens.

Le Chevalier. Madame, j'ai ignoré jusqu'aujourd'hui ce que c'était qu'un rayon de miel.

La Comtesse. Devenez, devenez savant, à la bonne heure. Vous le voyez, Monsieur le Prieur est toujours le même : il assaisonne tout ce qu'il fait. Au sortir d'ici, il s'en ira catéchiser dans quelque cabane, où, au lieu de miel, il ne manquera pas de porter son aumône.

Le Prieur. Je suis réjoui que ma méthode vous plaise. Je continuerai toujours à fournir l'instruction, et même à faire la dépense du miel tant qu'on voudra : celle de l'aumône est votre affaire, et je ne suis le plus souvent que votre commissionnaire.

Le Comte. Ces petits animaux que nous voyons vivre en société, s'entr'aident bien, se préviennent même avec une bonté merveilleuse, et nous pourrions laisser notre semblable dans le besoin ! Je trouve, au contraire, que le plus agréable de tous les plaisirs est celui d'empêcher qu'il n'y ait des malheureux : et c'est un plaisir qui peut croître à proportion de notre bien. Allons joindre la compagnie.

LES ABEILLES

(SUITE)

LE COMTE
LA COMTESSE.
LE PRIEUR.
LE CHEVALIER.

SOMMAIRE. — Education des jeunes abeilles : naissance des ouvrières et des reines. — Usages de la propolis et du pollen. — Fabrication de la cire et du miel; leurs usages. — Abeilles sauvages : leurs mœurs et leurs travaux.

Le Chevalier. Messieurs, vous voudrez bien vous souvenir que nous avons aujourd'hui deux grands laboratoires à visiter : la manufacture de cire, et la manufacture de miel. Monsieur le Prieur a vu toùt cela de près. Je voudrais bien savoir d'abord ce que c'est que la cire.

Le Prieur. Les abeilles ont deux sortes de

cire, l'une plus grossière, l'autre plus fine. La première est noirâtre, et ressemble plutôt à de la glu, ou à une poix très-épaisse. C'est un composé de sucs amers qu'elles vont recueillir sur certaines plantes, particulièrement sur les arbres verts, dans les boutons du peuplier sauvage, du saule et du marronnier. Cette matière résineuse se nomme *propolis*.

L'autre est une substance grasse, dure et cassante, et d'une bonne odeur. C'est la cire proprement dite. On a cru longtemps que les abeilles la préparaient avec le pollen des fleurs, c'est-à-dire avec ces petits grains qui tombent des étamines. Mais de nouvelles observations ont prouvé jusqu'à l'évidence, que les abeilles nourries de pollen ne produisent pas de cire, tandis que si on les nourrit avec du miel ou du sucre, elles en produisent beaucoup. Je vous en parlerai plus loin.

Le Chevalier. Alors, dites-moi déjà, je vous prie, à quoi cette propolis peut leur être bonne?

Le Prieur. Le voici. Quand elles ont trouvé

un panier ou un logement commode, la première chose qu'elles font, c'est de boucher
exactement tous les trous avec cette glu, et
d'en enduire tous les endroits faibles, **de façon**
que les vents n'y puissent trouver aucune entrée, et que les insectes qui voudraient piquer
cette glu, ne puissent ni en soutenir l'amertume, ni en attaquer la dureté.

Le Comte. Voici à ce sujet une histoire dont
j'ai été témoin. Un limaçon s'avisa, il y a
quelques jours, de se glisser dans la ruche de
verre qui est à ma fenêtre. Il n'y avait que la
place juste pour entrer : mais enfin il entra.
Les portières le reçurent mal. Quelques premiers coups d'aiguillon lui firent doubler le
pas. Mais le stupide animal, au lieu de rega-
gner la porte, crut se sauver en avançant toujours. Le voilà au beau milieu de la ruche.
Aussitôt une foule de mouches lui tombèrent
sur le corps. Il expira bientôt sous les coups.
L'embarras fut après cela parmi les mouches,
de se délivrer du cadavre. On tint conseil
là-dessus.

Le Chevalier. Et Monsieur entendit sans doute les délibérations.

Le Comte. D'un bout à l'autre. Voici ce qui fut représenté par les plus sensées. Vouloir jeter le limaçon dehors, c'était entreprendre l'impossible : la masse était trop lourde, et le cadavre d'ailleurs tenait par sa glu naturelle au plancher de la ruche. Le laisser là au milieu de la place, c'était attirer les mouches communes; c'était s'exposer à la corruption et aux vers. Ceux-ci, après avoir dévoré le limaçon, ne manqueraient pas de monter aux rayons, et de se jeter sur les vermisseaux des abeilles. Le mal était sûr et demandait un prompt remède. Vous ne devinerez pas le moyen dont on se servit pour s'en garantir. Mais vraiment, je voudrais savoir là-dessus votre sentiment, Monsieur le Chevalier. Qu'aurait-il fallu faire ?

Le Chevalier. Assurément, c'est une malice de me faire cette question. Il se trouvera que les mouches auront plus d'esprit que moi. Comment firent-elles, je vous prie ?

Le Comte. Elles enduisirent de propolis tout

le limaçon, et le mastiquèrent de façon que n'ayant air par aucun endroit, il ne pouvait ni recevoir de dehors les œufs d'aucun insecte, ni exhaler aucune mauvaise odeur, quand il se serait corrompu sous cette croûte.

Le Chevalier. Vous me montrerez, Monsieur, le tombeau du limaçon.

Le Comte. Je vous le montrerai dès aujourd'hui : il n'y manque qu'une épitaphe.

Le Chevalier. Quand tout le dedans de la ruche est bien enduit, et que les abeilles sont bien à couvert, comment bâtissent-elles leurs maisons ?

Le Prieur. Le fondement du bâtiment est tout en haut de la ruche. Là elles posent une couche de cire, sur laquelle elles attachent les premières loges de leurs rayons : elles continuent en descendant et s'élargissant jusqu'à ce que la place vienne à leur manquer. Les rayons sont partagés en trois cantons : celui où l'on élève la jeunesse ; celui où l'on met la cire en réserve pour les besoins ; et celui où l'on amasse la provision de miel pour l'hiver.

J'ai déjà quelques particularités à vous signaler sur l'éducation des petits. Vous vous rappelez que la reine a déposé un œuf dans chaque cellule ; cinq ou six jours après arrive l'éclosion du vermisseau ou larve que les ouvrières entourent de tous leurs soins. Au bout de six jours, lorsqu'il a atteint tout son développement, une mouche ferme sa loge avec un petit couvercle de cire. Alors la larve tapisse de soie l'intérieur de sa prison, passe à l'état de nymphe, et après douze jours de repos, elle est transformée en jeune abeille. Aussitôt elle ronge le couvercle de son alvéole, paraît au jour, et après avoir séché ses ailes, elle s'en va butiner sur les fleurs, sachant dès lors tout ce qu'il faut faire.

La Comtesse. Les larves destinées à donner naissance à des reines, ne reçoivent-elles pas des soins particuliers ?

Le Prieur. La réponse à cette question appartient à Monsieur le Comte ; il a pu faire dans sa ruche de verre des observations à ce sujet.

Le Comte. Voici ce que je crois avoir remar-

qué. Les œufs d'où naissent les reines occupent
dans la ruche une place spéciale et une alvéole
plus grande, qu'on pourrait appeler cellule
royale ; mais ils ne se distinguent en rien de
ceux qui doivent produire les abeilles ordinaires. Ce sont les ouvrières seules qui transforment un ver ordinaire en ver royal, en lui
donnant une nourriture particulière, de sorte
qu'avec les mêmes vers, elles peuvent faire à
volonté des mouches communes ou des reines,
suivant les besoins de la ruche. C'est ce qui
arrive lorsque la reine vient à périr ; aussitôt
les ouvrières s'empressent de porter la nourriture royale à un ver quelconque, et ce dernier,
qui ne s'attendait pas à tant d'honneur, devient
reine à son tour et remplace la défunte.

Le Chevalier. Alors les ouvrières ne nourrissent jamais qu'un seul œuf royal à la fois ?

Le Comte. Elles en nourrissent toujours plusieurs, afin de n'être jamais prises au dépourvu.
Mais quand les jeunes reines éclosent, la
vieille les tue, ou si elle n'est pas la plus forte,
elle s'envole avec une partie de ses sujets pour

aller fonder ailleurs une colonie. Les jeunes reines s'attaquent alors avec acharnement, jusqu'à ce qu'il n'en reste plus qu'une seule pour représenter l'unité monarchique.

La Comtesse. Et quelle est donc cette précieuse nourriture qui obtient de si heureux effets ?

Le Comte. Je ne saurais vous renseigner à ce sujet ; mais le fait me paraît certain. Il y a plus : je vous disais que les ouvrières deviennent quelquefois fécondes ; ne pourrait-on pas en conclure qu'elles ont participé de quelque façon à la nourriture royale ? A l'état de vers, elles ont pu être élevées dans le voisinage des cellules royales, et ramasser par hasard quelques miettes du festin, qui leur ont donné une certaine fécondité avec un commencement de royauté.

Le Prieur. Tout cela est admirable, et prouve que la Providence est grande jusque dans les plus petites choses.

Le Comte. Vous retrouverez les mêmes merveilles en étudiant la cire et le miel. La cire est

une provision aussi nécessaire pour elles, en
un sens, que le miel même. C'est avec cette cire
qu'elles se logent, qu'elles couvrent les alvéoles
des nymphes, et celles où elles enferment le
miel. Quand il arrive quelque accident, quelque fracture, ou une plus grande multiplication de l'espèce, il faut de la cire toute prète
pour tous ces cas. C'est à quoi aussi l'on pour-
voit de bonne heure. Elles ne trouvent pas la
cire toute faite, comme elles trouvent le miel,
mais elles la produisent elles-mêmes au moyen
du miel dont elles font leur nourriture. Cette
sécrétion se fait, non point par la bouche,
comme on l'a cru longtemps, mais par les anneaux du ventre, sous lesquels on la découvre
en forme de petites plaques. Chaque ouvrière
porte huit de ces plaques, et quand elle veut
les employer, elle les retire avec ses mâchoires,
les façonne en les divisant et les pétrit avec une
espèce de liqueur, pour donner à la cire toute
la souplesse désirable. Quand elle a déposé sa
provision, une autre lui succède, et ainsi de
suite, jusqu'à ce que la masse de cire ait

atteint le volume nécessaire. Alors d'autres ouvrières viennent creuser les cellules dans ce bloc primitif, se servent de leurs mâchoires, comme de ciseaux, pour tailler; de leurs antennes, pour mesurer; de leurs pattes et de l'extrémité de leur corps pour polir.

La Comtesse. Dans quel but vont-elles sur les fleurs chercher le pollen, si elles ne s'en servent pas pour confectionner leur cire? Elles doivent cependant en faire un grand usage, si l'on en juge par l'activité qu'elles mettent à le recueillir.

Le Comte. C'est quelque chose de réjouissant, en effet, que de les voir se rouler sur la poussière jaune qui tombe du haut des étamines dans le fond des fleurs, et s'en retourner toutes couvertes de ces mêmes grains. Mais le meilleur moyen qu'elles aient pour recueillir le pollen, surtout quand il n'est pas abondant, c'est d'en enlever toutes les particules avec leurs mâchoires et leurs pattes de devant, de les comprimer, de les amasser par petits paquets, et de les faire passer grain à grain par les pattes du milieu dans un enfoncement qu'elles ont aux pattes de derrière. Cet enfoncement est comme une cuiller pour recevoir la provision, et les poils qui couvrent les pattes servent à l'attacher et à la retenir jusqu'à ce qu'on soit arrivé au logis. Elles sont quelquefois troublées dans ce travail par l'agitation de l'air, et par la délicatesse de la tige des fleurs qui plie sous elles, ce qui empêche d'empaqueter leur butin. Alors elles se posent sur quelque endroit stable, où elles compriment et mettent la cire en masse autour de leurs pattes, retournent sur les fleurs à différentes reprises, et, quand la charge est suffisante, regagnent le logis sans délai. Deux hommes en une journée ne pourraient pas amasser la valeur de deux lentilles de pollen, et deux lentilles de pollen ne font que la charge et le voyage ordinaire d'une abeille. On donne des aides à celles qui font la cueillette sur les fleurs ; car il y en a qui les attendent à la porte, et qui les déchargent à leur arrivée, leur secouent les pattes, et font tomber les deux masses de pollen. Les premières retournent aux champs chercher de nouvelles richesses ; les secondes vont porter la charge au magasin. J'ai pourtant quelquefois vu les mouches qui venaient chargées, aller porter elles-mêmes leur provision dans une loge, en y présentant les pattes de derrière, et en y faisant glisser leur charge avec les pattes du milieu. Ce qui est apparemment une œuvre de surérogation, à laquelle on ne les oblige point. Les paquets de pollen demeurent quelques moments dans la loge, jusqu'à ce qu'il vienne d'autres ouvrières dont la mission est de pétrir cette poussière au moyen d'une liqueur qu'elles y versent, afin de la rendre propre à sa destination.

Le Chevalier. Et quelle est cette destination ?

Le Comte. Celle de nourrir les petits. On a cru que le miel était l'unique nourriture de ces derniers ; mais c'est une erreur que j'ai constatée moi-même. Dans une ruche bien close, j'ai renfermé des abeilles, des vers et du miel en abondance. Les mouches fort inquiètes cherchaient à sortir ; au bout de trois ou quatre

jours, cédant à leur impatience, j'ouvris la
porte, et toutes s'envolèrent. Je profitai de leur
départ pour examiner la ruche, et je trouvai
toutes les cellules vides : les larves étaient
mortes de faim. Je recommençai l'expérience
en sens inverse et j'obtins un résultat contraire, car en renfermant les mêmes abeilles
avec du pollen, et en leur confiant de nouvelles
larves, celles-ci ne souffraient aucunement.
Aussi font-elles une grande provision de pollen
comme de cire, afin de ne jamais se trouver
prises au dépourvu ; elles ménagent l'un et
l'autre d'une manière étonnante. On voit sensiblement qu'une Sagesse anime la conduite de
cette famille, et que tout y est réglé par un bon
gouvernement. On y accorde tout au nécessaire, mais rien du tout au superflu : il n'y a pas
la moindre parcelle de cire qui soit négligée.
Si elles la prodiguaient, il leur faudrait souvent employer à chercher la cire le temps dont
elles ont besoin pour faire la provision de
miel. Par exemple, lorsqu'elles décoiffent les
alvéoles à miel, elles enlèvent la cire dont

toutes les loges étaient fermées, et la rapportent au magasin. Jugez encore de leur économie par cet autre exemple. Quand une jeune abeille est sortie de sa prison en rompant la cloison de cire qui la couvrait, il vient deux vieilles mouches qui enlèvent toute la cire qui reste de la petite cloison, raccommodent proprement le bord de la loge, et vont porter au réservoir les parcelles de cire qui leur restent. Vous le voyez : rien n'est perdu.

La Comtesse. Mais, Monsieur, n'en est-il pas de cette économie comme de votre délibération sur le fait du limaçon ? Je crains que vous ne mettiez dans tout cela l'esprit que j'y admire.

Le Comte. Je leur ai supposé ce raisonnement de gaieté de cœur. Mais dans le fond la même Sagesse qui les a créées, leur fait faire pour leur conservation des choses qui sont aussi bien exécutées que si elles raisonnaient. Au reste, l'épargne dont je vous ai parlé est une chose que je vous ferai voir quand vous voudrez.

Le Chevalier. Et le miel, Monsieur, voudriez-vous me dire ce que c'est, et comme elles l'amassent ?

Le Comte. On croyait autrefois que le miel était un écoulement de l'air, une rosée qui tombait sur les fleurs, comme si elle avait commission de ne tomber que là. Mais on a découvert que la rosée et la pluie sont très-contraires au miel; le font couler, et empêchent les abeilles d'en trouver. Le miel est plutôt un écoulement ou une transpiration de ce qu'il y a de plus fin dans la séve des plantes, qui s'échappe par les pores et s'épaissit sur les fleurs et qu'on appelle leur nectar; et comme les pores sont plus ouverts au grand soleil qu'en tout autre temps, aussi ne voit-on jamais les fleurs plus riches en miel, et les abeilles plus ardentes et plus joyeuses, que quand le soleil est le plus brûlant. Je suppose d'ailleurs que la saison ait été favorable : car les pluies excessives emportent les meilleurs sels de la terre, ou altèrent les sucs les plus purs, comme de son côté la sécheresse qui dure trop longtemps tarit la source du nectar dans les fleurs.

Le Chevalier. Dès que nous savons ce que c'est que le miel, il me semble que nous pourrions bien nous-mêmes l'aller recueillir sur les fleurs.

Le Comte. Oui, sans doute, la chose est faisable. Il ne faut qu'un outil pour cela. Mettez-vous à l'atelier, mon cher Chevalier ; faites une trompe. Je vous en montrai deux hier.

Le Chevalier. J'ai bien mérité avec ma réflexion qu'on se moquât de moi. Mais voici la réflexion que j'aurais plutôt dû faire. L'abeille se contente-t-elle de sucer le miel sur les fleurs et de le rapporter au logis ? ou bien, pensez-vous que le suc des fleurs soit une matière qu'elle façonne, et qui se change en miel par son travail ?

Le Prieur. Pour moi, je croirais que l'abeille ne donne aucune façon au miel ; qu'elle recueille avec propreté ce sirop délicieux tel que la nature le produit ; qu'elle en remplit sa bouteille, et va ensuite la décharger au magasin.

Le Comte. Je pense comme vous là dessus, et n'ai point remarqué qu'elles pussent, comme

Virgile le prétend, épaissir le miel, lorsqu'il est trop liquide. Il se peut bien faire qu'en le recevant dans leur corps, elles l'épurent et lui donnent quelque consistance ; mais tout ce que j'ai vu sur l'article du miel se réduit à ceci. Elles le sucent avec leur trompe ; elles le vident en arrivant dans le quartier des rayons destinés pour cet usage ; et des loges qu'elles ont remplies de miel, elles ferment les unes avec de la cire, pour les décoiffer au besoin en hiver ; elles laissent les autres ouvertes, et tout le monde y va prendre ses repas avec une sobriété édifiante.

Le Chevalier. Assurément il y a plus d'ordre parmi les abeilles que parmi nous.

Le Prieur. Une ruche est une école où il faudrait envoyer bien des gens. La prudence, l'industrie, l'amour de son semblable, l'amour du bien public, l'amour du travail, l'économie, la propreté, la tempérance, toutes les vertus se trouvent chez les abeilles. Disons mieux : elles nous en donnent des leçons.

Le Comte. Ce qui me touche le plus dans ces

petits animaux, c'est de voir parmi eux cet esprit de société qui en a formé un corps policé, étroitement uni et parfaitement heureux. Voyez un essaim d'abeilles, et observez quel esprit conduit chacune d'elles. Toutes travaillent pour le profit commun : toutes sont soumises aux lois et aux règlements de la compagnie. Nul esprit particulier, nulles distinctions que celles que la nature ou le besoin de leur petit état a introduites entre elles. On ne les vit jamais se lasser de leur condition, ni abandonner la ruche, dégoûtées de se voir ou esclaves, ou sans bien. Elles se croient au contraire parfaitement libres et parfaitement riches, et elles le sont en effet. Elles sont libres, parce qu'elles ne dépendent que des lois. Elles sont heureuses, parce que le concours de leurs différents services produit à coup sûr une abondance qui fait la richesse de chacune d'elles. Comparons à cela les sociétés humaines. Elles nous paraîtront monstrueuses. Le besoin, la raison, et la philosophie les ont formées sous le prétexte louable de s'entr'aider par des services mutuels ; mais l'esprit particulier y ruine tout, et la moitié des hommes, pour se donner le superflu, ôtent à l'autre moitié le simple nécessaire.

Le Prieur. Tant que les hommes ne sont point conduits par l'esprit de Dieu, ils sont, sans contredit, les plus injustes et les plus corrompus de tous les animaux.

Le Comte. J'ai le cœur serré quand je vois jusqu'où notre espèce se dégrade, surtout par cette fureur de s'agrandir, et d'être à l'aise, sans se mettre en peine si les autres ont seulement un habit et du pain. Laissons là ce spectacle qui est affreux : et quoique nous trouvions la condamnation de nos mœurs dans ces petits animaux qui vivent si paisiblement en société, continuons à les examiner : la vue m'en plaît infiniment. Monsieur le Prieur, j'ai vu chez vous une ruche de verre où vous m'avez dit plus d'une fois que vous aviez rassemblé un essaim d'abeilles sauvages. Dites-nous-en, s'il vous plaît, des nouvelles.

Le Prieur. Comme je savais que vous obser-

viez les abeilles ordinaires, j'ai cru que je fe-
rais mieux d'observer les sauvages pour en
connaître la différence. Les abeilles sauvages,
que bien des gens appellent bourdons et frelons, ne sont pas, à beaucoup près, si indus-
trieuses, ni si économes que les domestiques.
Elles ménagent moins leur terrain : et leur
ouvrage en tout sens est inférieur à celui des
autres; mais il a cependant de la beauté. Le
nid est composé de feuilles sèches mêlées avec
de la cire. Ce nid, qu'elles placent ordinairement dans quelque trou de souris de campagne, est bien voûté pour être garanti de la
pluie et de la chute des terres. Elles travaillent
dans ma ruche, comme elles feraient en campagne : les principes de leur architecture ne
changent point. Ce nid est tout percé de trous
comme une éponge, en sorte qu'on voit aisément tout ce qui se passe au dedans. Chaque
frelon construit avec de la cire une petite cellule de la grandeur d'un gros pois qu'on cou-
perait par le milieu, ronde et creuse comme
une demi-coquille d'œuf. De ces différentes

coquilles réunies, il se forme une espèce de grappe, dont la vue est assez agréable. Les femelles qui paraissent ici comme chez les guêpes, et chez toutes les abeilles, en fort petit nombre, vont mettre leurs œufs dans les coques ouvertes, après quoi d'autres frelons ferment les cellules avec une lame de cire. Ils demeurent sur les couvertures des cellules, et y sont dans une agitation perpétuelle, soit pour échauffer les œufs, soit du moins pour en écarter le froid. Quand les vermisseaux sont sortis des œufs, ils tâchent de rompre la porte de la loge. Les frelons du dehors leur aident, en frottant et en amollissant la cire. Il vient ensuite un gros frelon qui dévore toute la couverture de cire.

Le Chevalier. Quoi ! il se nourrit de cire ?

Le Prieur. Non, Monsieur, mais il la coupe et l'emporte au réservoir, ou va l'employer ailleurs à un autre ouvrage. On s'est cependant aperçu que la cire entrait pour quelque chose dans la nourriture de toutes les abeilles, et que quand elles en manquaient, le miel seul les relâchait trop. Les vermisseaux éclos se transforment bientôt en nymphes, et sont alors comme autant de grains attachés les uns aux autres, et qui forment ensemble une petite grappe. Ensuite, de chaque coque de nymphe il sort un petit frelon, qui commence par se frotter les yeux avec les pattes de devant. Ses ailes encore couchées sur le dos et humides, se sèchent peu à peu à l'air. Un quart d'heure après il s'essaie, et s'en va courir à l'aventure avec ceux de son âge. On laisse jouer l'enfance. Tous ces petits frelons, les trois premiers jours, ne font que monter et descendre. Ils troublent l'ouvrage des gros qui se lassent de ce badinage, les chassent d'auprès d'eux, et les font descendre ; mais les petits, après avoir long-temps tourné, comme s'ils étaient ivres, commencent enfin à travailler, portent de la terre au nid pour en charger les couches de cire qui forment la voûte. Ils mastiquent cette terre et l'étendent en marchant à reculons. Ce sont les vieux qui travaillent en cire, et les jeunes ne sont que comme les aide-maçons.

Le Chevalier. Les frelons ont-ils aussi un roi ou une reine comme les abeilles?

Le Prieur. J'ai certainement vu parmi les miens, et même plusieurs fois, une grosse mouche beaucoup plus grande que les autres, sans ailes et sans poils. Elle était chauve comme un oiseau plumé, et noire comme du jais et de l'ébène poli. Ce roi va visiter les ouvrages de temps à autre. Il entre dans toutes les maisons : il semble en prendre les mesures et examiner si tout est bien symétrisé.

Le Comte. Je ne sais, Monsieur, si vous avez bien examiné ce point : je soupçonne fort que ce roi est une reine, comme chez les abeilles domestiques, et que les visites de chaque cellule tendent à y mettre des œufs.

Le Prieur. Je vous avoue mon inexactitude sur cet article. Vous êtes plus précis et plus attentif que moi dans tout ce que vous faites. Je continuerai cependant à vous dire ce que j'ai cru voir. Réformez, je vous prie, ce qui pourrait induire Monsieur le Chevalier en erreur. Quand ce roi paraît, les jeunes frelons qui se trouvent sur son passage, l'environnent de tous côtés, jouent des ailes, se jettent sur leurs pattes de devant, et après bien des sauts et des gambades, l'accompagnent jusqu'où il veut aller. Après quoi le roi se retire, et chacun se remet au travail. Il s'en faut bien que l'amour du travail soit aussi vif et aussi persévérant parmi eux, que parmi les abeilles. Le matin, les jeunes frelons sont paresseux, et ont mille peine à se mettre en train. Mais il y en a un des plus gros de la bande, qui, tous les jours à sept heures et demie du matin, met la moitié de son corps hors d'un trou destiné pour cet usage, et situé tout au haut de la ville. Là il bat des ailes pendant un quart d'heure, et fait un tel bruit qu'il éveille tout le monde. C'est là le signal du travail : c'est le tambour qui bat aux champs. J'ai fait remarquer plusieurs fois cette discipline à mes confrères, qui en riaient de bon cœur. Il y a un autre bourdon qui fait la garde pendant tout le jour. Je l'ai vu en faction, et s'acquittant de sa commission avec une vigilance qui me donnait de l'admiration. Quand je heurtais la ruche un peu rudement, la sentinelle sortait aussitôt de sa guérite, montait sur la voûte d'un air inquiet et ému, courant çà et là pour voir ce qu'il y avait à faire; et voyant qu'il ne paraissait ni ennemi, ni danger, s'en retournait à son poste. J'ai quelquefois jeté sur le nid une abeille commune en lui ôtant une aile. La sentinelle sortait aussitôt, se jetait sur l'abeille et la tuait.

Le Chevalier. Voilà qui rend bien croyable ce que j'ai vu dans mon Virgile, sur la garde qu'on fait chez les abeilles. Mais, Monsieur, quelle est, s'il vous plaît, la nourriture des abeilles sauvages?

Le Prieur. Elles se nourrissent d'un miel moins fin que les abeilles domestiques, et ce miel est tel apparemment, parce qu'elles le recueillent sur des fleurs d'un suc plus amer.

Le Chevalier. Font-elles des provisions?

Le Prieur. Tout comme les abeilles : elles emploient pour cela les coques d'où sont sortis les vermisseaux. Elles les remplissent de miel, puis ont soin de les cacheter avec de la cire. Il y a parmi les frelons bien des fainéants. C'est peut-être contre eux qu'on se précautionne.

Le Comte. Mais à quoi, Monsieur, avez-vous cru remarquer leur paresse ?

Le Prieur. Le voici. Tandis que tous les autres vont aux champs, on en voit qui ne font que rôder à quelque distance de la ruche. Ils font semblant de travailler ; puis ils rentrent et mangent sans avoir rien fait.

Le Comte. Permettez-moi de vous dire que l'habitude de voir le mal vous rend soupçonneux. Les fainéants, dont vous parlez, m'ont tout l'air d'être les mâles comme chez les abeilles : on paie leur service en les nourrissant un temps. Quand l'hiver vient, on les envoie très-probablement vivre ailleurs.

Le Prieur. Ce que vous me dites, Monsieur, me paraît très-croyable, et je ne vois point de raison de disconvenir que les abeilles sauvages n'aient comme les autres une reine, des mâles et des ouvrières. Mais c'est une chose qui est encore à examiner.

Le Comte. Je vous prie de continuer a observer tout ce qui se passe dans votre ruche, et de
nous en faire part. Tout cela est nouveau pour
moi.

Le Prieur. Ah ! Monsieur, il n'y a plus d'observations à faire. Il nous est arrivé un grand
accident.

Le Chevalier. Quoi donc, s'il vous plaît ?

Le Prieur. Il y a quatre jours que notre reine
sortit de grand matin : elle s'en alla toute
tremblante et cassée de vieillesse jusqu'aux
confins de ses états. Je la vis s'y coucher derrière une petite élévation, et après avoir langui
encore quelque temps...

Le Chevalier. Eh bien ?

Le Prieur. Elle mourut : toute la ville fut
dans la désolation : ce jour-là le tambour ne
donna point le signal : tout était morne : tout
paraissait dans une tristesse affreuse.

Le Chevalier. Monsieur le Prieur, vous me
fendez le cœur. Qu'arriva-t-il après cela ?

Le Prieur. Il faut qu'il soit survenu de grands
désordres dans l'état : le nombre des habitants

a toujours diminué depuis : ils délogent de jour en jour, et vont chercher retraite ailleurs. Avant-hier il y eut une bataille ou une rude expédition. Un frelon, plus entreprenant que les autres, eut la tête tranchée : je le vis sortir sans tête et chanceler sur la voûte, où il n'est mort qu'aujourd'hui. Il n'y a plus d'ordre, plus de signal, le matin plus de sentinelle, plus de travail réglé.

Le Chevalier. Pour le coup, je n'ai plus envie de pleurer, et ce bourdon décapité pour ses crimes est un objet fort réjouissant.

Le Prieur. C'en est fait de mes frelons : je doute qu'il en reste encore quelques-uns. Si Monsieur le Comte veut me confier Monsieur le Chevalier pour une heure ou deux, je lui ferai voir la structure du nid.

Le Comte. Faites encore mieux, s'il n'y a plus d'aiguillons à craindre, détachez-le, je vous prie, et envoyez-le-moi : ou bien, cédons l'un et l'autre toutes nos prétentions au Chevalier. Voilà de quoi embellir son cabinet : ce sera le pendant de son guêpier.

La Comtesse. Messieurs, je ne vous tiens pas quittes : vous nous montrez bien l'industrie des abeilles, mais vous ne nous instruisez pas assez sur l'usage que nous faisons de leur travail. Monsieur le Prieur, où ce profit peut-il aller ?

Le Prieur. Quand les saisons ne sont pas dérangées, un panier d'abeilles est un fort beau produit. S'il en sort deux essaims, le profit sera double l'année suivante, quoiqu'on ait fait mourir les premières mouches avec le soufre pour en emporter la cire et le miel. On ne les laisse guère travailler au-delà de sept ans, parce qu'elles s'affaiblissent, et que leur travail est exposé aux ravages d'une espèce de ver appelé teigne de la cire, qui trouve enfin le secret de se glisser dans ces peaux dont les vermisseaux tapissent les murailles de leur chambre. Mais je n'ai garde d'entrer ici dans le détail du gouvernement des ruches. C'est une chose qu'on peut apprendre du moindre jardinier.

Personne n'ignore non plus qu'on fait un

usage infini de la cire, tant de celle qui est encore vierge, ou telle qu'on la tire de la ruche, que de celle qu'on a lavée, fondue et blanchie en l'exposant tour à tour à la rosée et au soleil. On fait de cette cire non-seulement des flambeaux, des cierges, des bougies, des images, et cent autres choses connues; mais on l'emploie aujourd'hui avec succès à faire des représentations anatomiques, qui, en imitant parfaitement la nature, épargnent aux personnes qui n'ont pas besoin d'une étude profonde, cette horreur qu'inspire la présence d'un cadavre ou l'odeur d'une chair qui se corrompt.

Le miel des pays les plus gras n'est pas le meilleur. Il y a certaines terres maigres, dont les fruits, le gibier, la volaille, et généralement toutes les productions, sont d'un suc plus fin, et d'un goût plus relevé. Le miel y est alors exquis. Telles sont, par exemple, les terres des environs de la **Corbière**, à quelques lieues de Narbonne, et une grande partie de la Champagne. Le miel de ces deux pays est le plus es-

timé. On remarque même une chose assez singulière dans les contrées de la Champagne
situées le long des rivières, et par conséquent
plus grasses et plus fertiles que les autres ; c'est
que les abeilles qu'on y élève font de longs
voyages dans les pays voisins, et préfèrent les
fleurs qu'elles trouvent dans des terres sèches
et maigres, souvent même fort éloignées, aux
fleurs du pays où elles demeurent. Un riche
propriétaire avec qui je me trouvai un jour
en faisant le voyage de Châlons-sur-Marne à
Charleville, nous fit faire cette observation.
Nous étions arrivés à une lieue et demie
de sa terre, située sur le bord de la belle
prairie d'Attigny. On ne voyait encore que des
landes, et point de villages à plus d'une lieue à
la ronde. Voyez-vous, nous dit-il, en nous
montrant un coteau tapissé de thym, dont
l'odeur nous réjouissait ; voyez-vous mes domestiques répandus dans cette campagne ? On
travaille ici pour moi. Comme nous ne com-
prenions rien à son discours, voici le mot de
l'énigme, ajouta-t-il : ces abeilles qui bour-

donnent de toute part en cet endroit y viennent d'une et deux lieues. Nous les voyons tous les jours sortir de nos jardins, traverser la prairie, mépriser les fleurs qui couvrent notre-fertile vallée, gagner les monts et les plaines de Champagne, où elles trouvent du thym, de la lavande, du serpolet, de la marjolaine, du romarin, de la menthe et plusieurs autres plantes peu nourries, mais dont la séve est plus délicate. Vous trouverez des abeilles tout le long du chemin d'ici chez moi ; et des curieux ont cru apercevoir qu'elles faisaient jusqu'à trois fois par jour un voyage d'une et deux lieues pour être servies selon leur goût.

Le Chevalier. De sorte que si elles ne trouvent, ni de loin ni de près, des fleurs qui leur conviennent, elles sont réduites à composer un miel médiocre.

Le Prieur. Il est bien évident que la nature des plantes exerce une influence très-marquée sur la qualité du miel. Les plantes aromatiques que je viens de vous nommer fournissent le miel le plus excellent en Bretagne ; les abeilles n'ont à leur disposition que les fleurs des bruyères et du sarrasin ; aussi leur miel est-il peu agréable. Certaines plantes, comme l'if, le buis, l'absinthe, lui donnent de l'amertume ; il en est d'autres mêmes, telles que la jusquiame, l'aconit, qui peuvent lui communiquer des propriétés vénéneuses, de manière à empoisonner ceux qui le mangent, ou à leur donner le vertige.

Le Chevalier. Encore une question, je vous prie. Le miel n'a-t-il d'autre usage que celui d'être servi sur nos tables ?

Le Prieur. Outre qu'il nous offre un aliment très-agréable, il peut, si on le mélange avec de l'eau, et qu'on le laisse fermenter, donner une boisson aromatique très-agréable, appelée hydromel, fort en usage dans les contrées où l'on ne récolte pas de vin. La médecine l'emploie aussi comme remède adoucissant ; et en l'associant avec d'autres substances, elle en a composé plusieurs médicaments précieux.

La Comtesse. Monsieur le Chevalier, ce sont ces Messieurs qui font tous les frais de nos conversations. Quelque pauvres que nous soyons, il faut nous piquer d'honneur, apporter demain chacun l'histoire de quelque insecte, et nous faire valoir à notre tour.

Le Chevalier. J'irai faire ma cour à Monsieur le Prieur qui a un magasin de curiosités, et je prétends bien ne pas venir demain à l'assemblée les mains vides.

HUITIÈME ENTRETIEN

LES MOUCHES

Le Comte.
La Comtesse.
Le Prieur.
Le Chevalier.

La Comtesse. Messieurs, connaissons par avance nos richesses. Voyons ce que chacun doit fournir à l'entretien d'aujourd'hui.

Le Comte. Vous n'aurez de moi que la mouche et le moucheron.

Le Prieur. Je vous donnerai le Grillo-talpa et la fourmi.

Le Chevalier. Et moi le Formica-leo, ou l'ennemi le plus terrible de la fourmi.

La Comtesse. Voilà bien de la matière pour un seul entretien. Je pourrais fort bien réserver ma part pour un autre jour. Quand on n'est point riche, on se sauve par l'économie.

Le Comte. Commençons par la mouche commune.

Il n'y a presque point d'espèce de mouche, quelque faible et chétif que nous paraisse cet insecte, qui n'ait reçu pour pourvoir à tous ses besoins, cinq ou six commodités qui lui sont d'un secours perpétuel ; savoir, des yeux excellents, des antennes, une trompe, des ailes, des crochets, et des éponges ou des pelotes. Plusieurs espèces ont de plus ou une forte tarière, ou un poinçon, ou une serpette : quelques-unes sont armées de deux scies.

Les yeux de la mouche, aussi bien que ceux des escarbots et des demoiselles, sont d'une structure toute particulière. Ce sont deux petits

croissants ou deux bourlets immobiles; situés
autour de la tête de l'insecte, et composés d'une
multitude prodigieuse de petits yeux ou de petits cristallins qui sont rangés comme des lentilles sur des lignes croisées en forme de réseau.
On trouve dessous autant de filets ou nerfs optiques, qu'il y a de facettes au dehors : et d'ha-
biles observateurs prétendent en avoir compté
plusieurs mille de chaque côté. Quoi qu'il en
soit du nombre, il est certain que ces facettes
sont autant d'yeux, sur lesquels, comme sur
des miroirs, les objets viennent se peindre de
toute part. On y voit la figure d'une bougie al-
lumée répétée sans fin; on la voit monter et
descendre dans chaque œil, selon le mouvement que la bougie reçoit de la main de
l'observateur.

Le Chevalier. Quelle peut être la destination
de tous ces yeux? Tant d'autres animaux sont
bien contents d'en avoir deux.

Le Comte. Les yeux des autres animaux se
multiplient, pour ainsi dire, en se tournant de
tout côté. Les yeux des mouches sont immo-

biles, et ne peuvent voir que ce qui est devant eux. Ils ont donc été multipliés, et placés sur une surface arrondie, les uns plus haut, les autres plus bas, pour instruire la mouche de tout ce qui l'intéresse. Elle a bien des ennemis; mais à l'aide des yeux qui environnent sa tête, tout en courant vers sa proie qui est devant elle, elle voit ce qui la menace derrière elle, au dessus, et à côté : et le même objet, pour être vu de plusieurs yeux à la fois, n'en est pas plus confus qu'il ne l'est chez nous pour être vu de deux.

Je vous ferai voir dans mon microscope, au retour de la promenade, les nervures, l'étoffe glacée, et la frange de ses ailes. Nous observerons sept ou huit articulations, deux crochets et plusieurs pointes à chacune de ses pattes. Nous n'oublierons pas deux pelotes molles et membraneuses placées au bas à la jointure de ses crochets. Quelques naturalistes croient que quand elle marche sur un corps poli, où ses crochets ni ses pointes ne trouvent plus de prise, elle foule quelquefois ses pelotes et en exprime une colle qui l'attache suffisamment pour l'empêcher de tomber, sans lui ôter la facilité d'avancer. Peut-être n'ont-elles pas d'autre rôle que les pelotes charnues qui accompagnent les ongles du chien et du chat : celui d'aider la mouche à marcher plus mollement, et à conserver ses crochets, dont la pointe s'userait bien vite sans ce secours. Outre ces pelotes, elle a encore des poils le long de ses pattes qui lui servent comme de brosses, pour nettoyer ses ailes et ses yeux.

Le Chevalier. J'ai quelquefois pris bien du plaisir à lui voir faire cet exercice. Elle secoue d'abord ses brosses ; elle frotte une patte contre l'autre ; puis elle les passe toutes deux par-dessus ses ailes et par dessous. Elle ramène ensuite ses époussettes sur sa tête. Mais quel besoin a-t-elle de recommencer si souvent le même jeu ?

Le Prieur. La propreté lui a été bien recommandée, et elle n'ignore pas que, sans cette précaution, la fumée, la poussière, la pluie, le brouillard même obscurciraient ses yeux, chargeraient ses ailes et accableraient son corps délicat. Mais nous interrompons Monsieur le Comte.

Le Comte. Sa trompe est composée de deux pièces, dont l'une se plie sur l'autre, et toutes deux se retirent et s'emboîtent vers le cou. L'extrémité de cette trompe s'aiguise comme un couteau pour trancher ce qu'elle mange. Elle en forme deux lèvres pour amasser sa nourriture, et en tirant à elle l'air qui est dans cette trompe, elle en fait un tuyau pour pomper les liqueurs.

Plusieurs mouches ont enfin à l'autre **extrémité** du corps une tarière quelquefois longue de plus de trois lignes, avec laquelle elles percent ce qu'elles veulent, puis elles la retirent sous leur écaille. Cet instrument, dans quelques-unes, est composé d'abord d'une ou de deux scies très-pointues par le bout, et bien dentelées dans leur longueur ; en second lieu, d'un long étui pour renfermer la scie ; ensuite de muscles qui poussent les scies hors de l'étui, et qui les y ramènent tour à tour ; enfin, d'une liqueur brûlante pour creuser ce que la scie a commencé. Telle est la tarière des mouches qui piquent les feuilles de chêne.

Celles qui piquent l'écorce du rosier en ont une d'une structure toute différente : elle consiste en un long tuyau, terminé par une pointe courbée comme une serpette, et accompagnée dans toute sa longueur de plusieurs rangées de dents. La mouche avec sa serpette trace d'abord un sillon sur l'écorce d'une branche de rosier ; elle couche ensuite le long tuyau armé de scies ou de pointes sur ce sillon : puis en tournant et retournant l'instrument, elle ouvre de côté et d'autre plusieurs logettes qui se trouvent comme des rangées de dents disposées par paires le long d'une ligne qui les sépare. Le même tuyau lui sert à déposer un œuf dans chaque loge. Quand la chaleur a fait éclore le petit ver qui était dans l'œuf, il va ronger la feuille du rosier, et s'y grossit peu à peu comme une petite chenille. Au bout de cinq ou six semaines, après avoir changé de peau plusieurs fois, il cesse de manger, descend au pied du rosier, et s'enveloppe d'une petite coque qu'il file proprement autour de lui. La mouche, que ce ver contient, fait un effort pour rompre la peau du ver, elle y parvient peu à peu. La peau du ver se fend et se retire comme un chiffon avec la tête et les intestins devenus inutiles. La liqueur dont la mouche est inondée, et qui a peut-être aidé sa séparation d'avec le ver, se sèche autour d'elle, s'y convertit en une espèce de sac ou de coquille, qui fait que la mouche paraît sans vie comme sans action. Selon le degré de chaleur qu'elle éprouve, ou elle reste peu dans son état de chrysalide, ou elle y passe l'hiver entier. Par ce peu d'exemples vous pouvez juger des instruments dont chaque espèce est pourvue, et des états par où elle passe.

La mouche commune, au lieu d'une tarière propre à percer le bois, n'a qu'un tuyau avec lequel elle dépose ses œufs dans les chairs attendries par la chaleur, et dans tout ce qui est succulent ou laiteux, mais peu salé, l'action du sel étant plus propre à déchirer les tendres organes de ses petits qu'à les faire vivre. De leurs œufs il sort des vermisseaux qui deviennent ensuite chrysalides, et mouches en dernier lieu. Je passe sur les suites de leur extrême fécondité, et je remarquerai seulement que ni la gueule du lion, ni la dent du loup, ni toutes les cornes et les griffes des bêtes féroces réunies ensemble, ne font pas tant de tort à l'homme que le faible instrument qui dépose les œufs de la grosse mouche commune dans tous nos aliments. Il n'en est pas de même de la vrille des mouches luisantes et de plusieurs autres espèces. Nous en tirons des services importants. La plupart de ces espèces trouvent la vie et le couvert chacune sur une certaine plante particulière, et c'est au soin que des mouches ou d'autres insectes prennent d'y loger leurs petits, que nous devons l'invention et la matière des plus belles couleurs que l'on emploie dans la teinture et dans la peinture, comme le plus beau noir, l'encre commune, la laque et l'écarlate.

La Comtesse. J'ai toujours ouï dire que

l'encre se faisait avec des noix de galle, et avec du vitriol. La teinture en écarlate se fait avec de la cochenille. Je ne comprends point du tout quel usage on peut faire ici des mouches luisantes ni de leurs outils.

Le Comte. Le voici. Il y a une espèce de mouche qui choisit le chêne, par préférence à tout autre arbre, pour y poser ses œufs. Avec l'instrument dont je vous ai parlé, elle perce le disque ou la queue d'une feuille, et souvent même un bouton encore tendre, et fait pénétrer sa scie jusqu'à la moelle. Elle verse en même temps dans cette ouverture une goutte de sa liqueur amère, et y pond aussitôt un ou plusieurs œufs. Le cœur du bouton étant entamé de la sorte, le suc nourricier prend un autre cours, il s'en fait une fermentation ou effervescence avec le poison de la mouche, qui brûle les parties voisines, et altère en cet endroit la couleur naturelle de la plante. Le suc ou la sève détournée de son chemin, s'extravase et afflue autour de l'œuf, se sèche en dehors à l'air extérieur, et se durcit quelque peu en forme de voûte ou de noyau. Cette boule, semblable à une loupe charnue, se nourrit, végète, et grossit avec le temps comme le reste de l'arbre, et c'est ce qu'on appelle noix de galle.

Elles sont de la grosseur d'une demi-noix ordinaire, et fort dures. On en distingue trois espèces : les noires, récoltées avant la sortie de l'insecte qui les a produites et qui servent à teindre les étoffes; les blanches, percées d'un trou par où l'insecte est sorti, et qu'on utilise pour la préparation des maroquins; et les vertes intermédiaires aux deux variétés précédentes, et qui sont employées à la fabrication de l'encre.

Le vermisseau éclos sous ce toit spacieux, trouve dans la substance encore tendre de la boule une nourriture qui lui convient : il la ronge et la digère jusqu'à ce qu'il se change en nymphe, et de nymphe en mouche, si on lui en donne le temps. Alors, se sentant bien armé, l'animal perce l'enveloppe, et s'en va vivre au grand air.

Il vous est aisé de justifier la vérité de ce

que je vous dis. Examinez les noix de galle qui croissent au commencement de l'été. Vous les verrez bientôt percées, parce que le temps chaud a avancé l'œuf, la nymphe, et la mouche. Si en les ouvrant vous y trouvez une araignée, ne croyez pas qu'elle soit sortie de l'œuf d'une mouche. Quand la mouche quitte la noix de galle, la place n'est pas perdue; une petite araignée s'y glisse ordinairement : c'est une demeure toute préparée. Elle y tend des filets proportionnés à la grandeur de la place, et y attrape les moucherons imperceptibles qui y viennent chercher aventure.

Mais il n'en est pas de même de la noix de galle qui croît en automne. Souvent les froids surviennent avant que le vermisseau soit changé en mouche, ou que la mouche puisse sortir. La noix tombe avec les feuilles. La mouche qui est dedans vous paraît perdue. Il n'en est rien : elle n'est même si bien couverte, qu'afin qu'elle ne périsse point. Elle passe ainsi son hiver bien logée, bien calfeutrée sous la coque de la noix, et même enfoncée sous une jonchée de feuilles qui la mettent encore à l'abri. Mais cette maison, si commode pour l'hiver, devient une prison au printemps. La mouche, éveillée par les premières chaleurs, s'ouvre une porte et se met en liberté. Un assez petit trou lui suffit, parce que les boucles dont son corps est composé, s'allongent et se prêtent au passage.

Le Chevalier. Monsieur, vous m'aidez à comprendre comment on peut trouver un ver sous la dure coque d'une aveline ou d'une noisette. Il provient sans doute d'un œuf que la mouche y a inséré lorsque le fruit était encore tendre, et l'on voit toujours le trou de la vrille par où la mouche l'a fait entrer.

Le Comte. Si ce trou se referme, comme il arrive aux fruits, aux pois, aux fèves, c'est que l'écoulement de la séve dans la plaie bouche peu à peu l'ouverture. Là, le ver au sortir de l'œuf trouve sous la voûte du noyau, ou dans le cœur du fruit, une solitude où rien ne le trouble, et une provision de vivres que personne ne lui dispute. Il travaille là des pieds et des dents tout à son aise. Il acquiert un embonpoint merveilleux, jusqu'à ce que se sentant venir des ailes, l'amour de la liberté et du plaisir lui fasse faire un trou à la muraille pour aller chercher compagnie.

Le Chevalier. Vous faites de ce ver solitaire un fort plaisant personnage.

La Comtesse. Cette explication de l'origine de la noix de galle me tire d'un embarras; j'étais en peine de savoir si le chêne, qui produit du gland, portait un second fruit tout différent; mais je vois bien que ces noix ne sont que des excroissances occasionnées par la piqûre d'un insecte.

Le Comte. C'est sans raison qu'on leur a donné le nom de noix. Il est vrai qu'elles ont un air de fruit ou de graine, et qu'on les recueille sur un arbre; mais elles n'ont qu'une fausse apparence de noix ou de fruit, sans être ni l'un ni l'autre. Il n'y a presque point de plante qui ne soit de même piquée par un insecte, et qui ne produise de ces prétendues noix de toute couleur et de toute grandeur. Il y a des arbres dont les feuilles en sont toutes parse-

mées : mais on ne leur a point donné de nom,
parce qu'on n'en fait point d'usage ; et si l'on
voulait éprouver celles qui croissent sur le
plane, sur le peuplier, sur le saule, sur le rosier, sur le buis, sur le lierre, peut-être en
tirerait-on de très-riches couleurs.

La Comtesse. N'en serait-il pas de la cochenille comme de la noix de galle ?

Le Comte. La cochenille a été longtemps, en
effet, regardée comme un fruit, et portait le
nom de graine d'écarlate. Mais ce n'est ni un
fruit, ni même une noix de galle causée par la
piqûre d'un insecte ; c'est l'insecte lui-même
qui pique le cochenillier. Cette plante, originaire du Mexique, et qu'on appelle nopal, est
une sorte de cactus, dont les feuilles sont épais-
ses, charnues et attachées bout à bout. L'insecte qui l'habite est une espèce de punaise, au
corps aplati, qui se nourrit des feuilles du nopal et pond, quelques heures avant de mourir,
plusieurs centaines de petits œufs d'un rouge
foncé. Ce sont les œufs qui constituent spécialement la matière colorante ; aussi la récolte

de la cochenille se fait-elle un peu avant la ponte.

Au Mexique, la cochenille existe à l'état sauvage ; mais l'industrie a exploité ce petit insecte dans des plantations spéciales appelées nopaleries. On plante des nopals, à l'abri des vents, et quand ils sont assez forts, on sème les cochenilles sur les feuilles, c'est-à-dire qu'on y suspend de petits sachets contenant des cochenilles prêtes à pondre. La jeune couvée une fois éclose, se répand sur les jeunes rameaux, et au bout de deux mois, les larves sont assez grosses pour pondre à leur tour. On met en réserve un nombre suffisant de mères pour produire une seconde couvée ; puis on brosse doucement les feuilles du nopal pour en détacher les autres cochenilles qu'on reçoit sur une toile. On procède ainsi toute l'année, à l'exception du temps des pluies, où les larves exigent des soins spéciaux ; ce retard empêche de faire plus de trois récoltes par an.

Quand les cochenilles sont recueillies, on les tue dans l'eau bouillante ou dans des fours, ou sur des plaques de fer, dans lesquelles les américaines font cuire leur pain ou leurs gâteaux de maïs. La cochenille qu'on tue dans l'eau chaude est d'un rouge brun; celle qu'on tue au four est de couleur cendrée; celle qu'on fait sécher sur des plaques de fer chauffées est noire. On livre au commerce ces insectes tout desséchés et à demi pulvérisés; mais quand on les met dans l'eau bouillante, on voit reparaître, même sans microscope, un corps ovale et aplati, des pattes ou des débris de pattes, et une petite trompe aiguë. C'est avec la cochenille qu'est composé le carmin qui colore nos étoffes ; elle est donc l'objet d'un commerce important, car la France, à elle seule, en reçoit chaque année environ deux cent mille kilogrammes représentant une valeur de trois millions.

La laque est due aussi à un insecte du même genre que la cochenille, et originaire de l'Inde. C'est un mélange d'une substance gommeuse qui coule des branches percées par l'insecte, et d'une belle couleur rouge produite par l'insecte lui-même enchâssé après sa mort dans cette résine.

Le kermès, plus gros que la cochenille du nopal, se trouve sur le chêne vert dans le midi de la France et de l'Europe. Il fournit un rouge moins éclatant que les précédents, qui s'extrait des coques renfermant l'insecte et ses petits. Quand on diffère trop à recueillir les coques, certaines mouches les piquent, et y insinuent leurs œufs, d'où sortent des vermisseaux et des mouches qu'il ne faut point confondre avec la punaise ou le puceron qui vivait avec ses petits sous cette coque. Il y a aussi bien des mouches et d'autres insectes qui travaillent sur toutes nos plantes. Le chêne seul porte sept ou huit sortes de galles. Nous ne faisons aucun essai de ce qu'elles nous offrent, et peut-être allons-nous chercher aux Indes des commodités qui se présentent à nous tous les jours.

Le Chevalier. Monsieur, nous sommes char-més de vos mouches ; les moucherons sont-ils aussi curieux ?

Le Comte. L'utilité n'en est peut-être pas si

grande, mais les métamorphoses en sont plus merveilleuses. Avançons, je vous prie, le long des fossés du château : j'ai remarqué ici près ce qu'il nous faut. Monsieur le Chevalier, baissez-vous, je vous prie, vers la racine de cet arbre qui s'avance quelque peu dans l'eau. Qu'apercevez-vous sur la surface de l'eau tout près de la racine ?

Le Chevalier. J'y vois comme un petit crible allongé en forme de bateau, et arrêté contre ce bout de racine.

Le Comte. Ce crible est une petite pièce de glu qui se soutient sur l'eau. Les prétendus trous de ce crible sont des œufs proprement rangés côte à côte comme autant de quilles, et appuyés de leur plus gros bout sur la surface de l'eau, afin que le soleil les échauffe, et que le petit, au sortir de l'œuf, trouve l'eau qui est son élément.

Le Chevalier. Quel est l'animal qui a pris des précautions si sages ?

Le Comte. C'est là l'ouvrage du moucheron, autrement nommé cousin, si connu par son petit bourdonnement et par ses piqûres.

Le Chevalier. Quoi ! le moucheron qui vit dans l'air et sur la terre, pose ses œufs dans l'eau ?

Le Comte. N'avez-vous pas vu cent fois les moucherons voltiger le long des eaux dormantes ? Ils en aiment le voisinage, parce que c'est là qu'ils élèvent leur chère famille. Je conviens qu'il y a d'autres espèces qui paraissent naître dans le fond des bois, et peut-être bien loin de l'eau ; mais voici l'histoire de ceux que je connais.

Des œufs posés sur une couche de colle au bord de l'eau, il sort de petits animaux qui passent par trois différents états, par celui de ver aquatique, par celui de nymphe amphibie, et par celui de moucheron.

Le ver provenu de l'œuf du moucheron a une tête surmontée de deux antennes qui ensemble forment un croissant. Sa bouche est accompagnée de barbelettes qu'il agite pour amener à lui les grains de terre ou autres qu'il suce pour en tirer sa nourriture. La tête est suivie d'un corselet beaucoup plus gros qu'elle, et d'un corps partagé par neuf boucles ou anneaux qui vont en diminuant. Chose singulière, ils se pendent sur l'eau, la tête en bas, et maintiennent à fleur d'eau l'extrémité d'un tube placé sur le dernier anneau du corps, et par lequel ils respirent. Les antennes, la tête, le corselet, les entre-deux des neuf boucles, et les deux tuyaux, sont accompagnés de bouquets de poils.

En quinze jours ou trois semaines il change trois fois de peau, et paraît sous une nouvelle forme. Quoiqu'on lui voie encore ses anneaux, et qu'il puisse aller et venir, il les tient roulés autour de sa tête, et a pour lors la figure d'un limaçon ou d'une volute. Il n'a plus le tuyau par lequel il respirait; mais il reçoit l'air par deux cornets ou entonnoirs situés en arrière de la tête.

Le moucheron caché sous cette enveloppe de nymphe, la brise au bout de six à sept jours, et s'allonge peu à peu dans l'air, en se précautionnant pour ne point tomber dans l'eau où il périrait. Enfin, des débris de l'animal amphibie, il s'élance en l'air un petit animal ailé, dont toutes les parties sont d'une agilité et d'une finesse surprenante. Sa tête est ornée d'un panache, et tout son corps couvert d'écailles et de poils pour le garantir de l'humidité et de la poussière. Il fait résonner ses ailes en les frottant contre son corps et sur deux bassins creux qu'il porte à ses côtés : à moins qu'il ne frappe ses bassins avec deux petits maillets fort agiles, qu'on lui voit sous ses ailes comme aux mouches. On admire la bordure des petites plumes dont ses ailes sont parées.

Mais le moucheron n'a rien de plus précieux que sa trompe ; et on peut dire que ce faible instrument est une des grandes merveilles de la nature. Elle est si fine, que des bons microscopes nous en découvrent à peine l'extrémité. Ce qu'on voit d'abord n'est qu'un étui fort long au moyen duquel il tâte l'endroit où il veut piquer. Le long de cet étui est une rainure par laquelle il fait jouer au dehors cinq épées, et les retire ensuite dans l'étui. De ces cinq épées il y en a une, qui toute aiguë et toute agissante qu'elle est, tient encore lieu d'un nouvel étui à trois autres qui y sont couchées et emboîtées dans une autre rainure. Ces trois traits sont barbelés ou hérissés de dents tranchantes vers la pointe, qui est un peu crochue et d'une finesse inexprimable. Lorsque tous les aiguillons agissent dans les chairs des animaux, et travaillent de concert, en partant, tantôt l'un après l'autre, tantôt tous ensemble, et en différents sens, il faut nécessairement que le sang ou la lymphe des parties voisines s'extravase et cause une tumeur dans la plaie, dont la petite ouverture est refermée par l'élasticité de la peau.

Quand le moucheron, du bout de son étui, qui lui tient lieu de langue, a senti et découvert les fruits, les chairs, ou les sucs qu'il cherche; si c'est une liqueur, il suce sans faire jouer ses lancettes; et si c'est une peau qui lui résiste, il dégaîne et pique fortement. Il retire ensuite les aiguillons dans l'étui qu'il applique à l'ouverture de la plaie, pour en tirer, comme par un chalumeau, la liqueur qui s'y trouve.

Les vêtements ne peuvent pas toujours mettre à l'abri de ses piqûres, car sa trompe passe fort loin à travers les étoffes légères.

Voilà l'instrument qui a été donné au moucheron pour travailler en été; il a sa vie gagnée durant l'hiver; car alors il ne mange plus. Il passe la triste saison dans les carrières ou dans les caves, d'où il sort au retour de l'été pour aller chercher une eau croupissante, où il puisse perpétuer sa famille, qui serait bien vite emportée par le mouvement d'une eau courante. Les vermisseaux qui en proviennent, sont quelquefois en si grand nombre, que l'eau en prend la couleur, selon l'espèce. Elle est verte, s'ils sont verts ; et elle paraît changée en sang, s'ils sont rouges. Monsieur le Prieur, il est temps de vous laisser venir au grillotalpa.

La Comtesse. Grillotalpa ! celui-là choque l'oreille. Que ne lui donnez-vous un air français ? N'est-ce pas cet animal qui est au fond de votre cabinet sous un seau de cristal, dans un peu de terre, et qui a au moins deux pouces de long,

deux antennes devant lui, et deux autres derrière, pour l'avertir de tout dans les ténèbres
où il vit, à peu près comme le bâton du Quinze-
vingt sert à l'informer de ce qui est autour de
lui ; avec cela deux ailes fort courtes et deux
autres fort longues, une large cuirasse sur le
dos, et deux bras armés de deux scies effroya-
bles ?

Le Comte. C'est lui-même ; c'est cet animal
qui fait tant de ravages dans nos jardins, en
creusant ses galeries et en rongeant tout sur
son passage.

La Comtesse. Eh bien ! je l'ai déjà entendu
nommer courtilière ou taupe-grillon, parce
qu'il habite sous terre comme la taupe, et
imite le bruit du grillon. Voilà le nom que je
lui voudrais donner.

Le Prieur. Les dames ont plus de privilége
que nous dans l'usage des nouveaux mots.
Madame peut faire la fortune de celui-ci, et
nous le risquerons.

Le Comte. Monsieur le Prieur, gagnons le
coin du parterre, vous y trouverez un nid de

taupe-grillon. Je sais, comme vous voyez, tout ce qui se passe ici : tout le monde y travaille pour moi. Voici l'endroit.

Le Prieur. Prenons une bêche, et montrons à Monsieur le Chevalier un morceau de terre mastiqué dans le cœur duquel il trouvera une chambrette capable de contenir deux avelines, où sont logés tous les œufs. Ouvrons doucement, et ne rompons rien : tenez, Monsieur le Chevalier, voilà la motte dont je vous parle : c'est ce morceau gros comme un œuf que vous voyez couché là et environné d'un petit fossé. Prenez cette masse et fendez-la par la moitié avec un couteau, vous verrez que l'entrée de la chambrette a été rebouchée.

Le Chevalier. Il est vrai : voilà une multitude de petits œufs dans la logette qui était au cœur, permettez-moi de les compter.... J'en trouve cent cinquante. Mais pourquoi sont-ils là ?

Le Prieur. Si ces œufs étaient moins bien couverts, et prenaient tant soit peu l'air, la chaleur convenable y manquerait. Il n'y aurait plus de postérité à espérer. Une autre raison

qui oblige le taupe-grillon à boucher si
exactement la loge où il met ses œufs, et à
l'environner d'un fossé, c'est qu'il y a un petit
animal noir, ennemi de son espèce, qui court
sous terre, et qui tâche de dévorer les œufs ou
les petits. Mais il y a toujours quelqu'un de la
famille en sentinelle sur le bord du fossé. Et
quand la bête noire vient à rouler dedans pour
aller chercher sa proie, on s'élance sur elle, et on
s'en délivre. Si le taupe-grillon se trouve atta-
qué à la fois par trop d'ennemis, il fait alors
usage de ces retraites et de ces détours que
vous voyez qu'il a pratiqués sous terre, et se
délivre du danger. Mais voici le trait le plus
singulier que nous ayons remarqué dans la
conduite de ces animaux, à l'aide d'une cloche
de verre où nous en avons élevé quelques-uns
dans une quantité de terre suffisante pour faire
nos observations.

Aux approches de l'hiver, ils emportent le réservoir qui contient les œufs : ils le descendent
fort avant dans la terre, et toujours au-dessous
de l'endroit jusqu'où la gelée parvient : à me-

sure que le temps s'adoucit, on remonte le magasin, et on l'approche enfin assez près de la superficie du sol pour y faire sentir l'impression de l'air et du soleil. Revient-il une gelée? on regagne le bas. La même méthode est en usage chez les fourmis, dont il me reste à vous parler ; car je ne connais pas assez le taupe-grillon pour vous en entretenir davantage. Mais avant d'en venir à la fourmi, je voudrais demander à Monsieur le Chevalier si nous irons à elle en qualité de paresseux pour nous instruire, ou en qualité de curieux pour admirer.

Le Chevalier. J'entends, Monsieur, ce que vous voulez dire. J'ai appris dans les proverbes de Salomon, que le paresseux devait aller à l'école de la fourmi pour apprendre d'elle à devenir prévoyant. Je ne suis peut-être pas paresseux ; mais qui est-ce qui n'a pas besoin de devenir prévoyant?

Le Prieur. Il y a réellement beaucoup de profit à voir les fourmis. C'est encore un petit peuple réuni comme les abeilles, en un corps de république, qui a, pour ainsi dire, ses lois et sa police. Elles ont une espèce de ville plus longue que large, et partagée en différentes rues qui aboutissent à différents magasins. Il y a certaines fourmis qui affermissent les terres, et en empêchent l'éboulement par un enduit qu'elles y répandent. Celles que nous voyons ordinairement , amassent plusieurs brins de bois , qui leur servent comme de poutres pour traverser le haut de leurs rues et en soutenir la couverture : elles chargent les poutres d'autres bois de longueur, et amassent par-dessus un tas de joncs, d'herbes et de pailles sèches, qu'elles amoncellent en ménageant une pente pour détourner les eaux de leurs magasins, dont les uns servent à renfermer leurs provisions, les autres à placer leurs œufs et les vermisseaux qui en sortent.

Quant aux provisions, tout leur est bon : elles s'accommodent de tout ce qui peut se manger. On les voit se charger avec un empressement merveilleux, l'une d'un pépin de fruit, l'autre d'un moucheron mort. Plusieurs ensemble se mettent sur une carcasse de hanneton ou d'autre insecte. On mange ce qui ne se peut enlever : on transporte au logis ce qui peut se conserver. Il n'est pas permis à tout ce petit monde de courir çà et là à l'aventure. Il y en a qui sont chargées de battre la campagne et d'aller à la découverte. Sur leur rapport, tout le peuple se met en route pour aller donner l'assaut à une poire bien mûre, ou à un pain de sucre, ou à un pot de confiture. On court du fond du jardin à un troisième étage pour parvenir à ce pot. C'est une carrière de sucre, c'est un Pérou qu'on leur a découvert. Mais pour y aller et pour en revenir, la marche est réglée. Tout le monde a ordre de se rassembler par un même sentier. Ces ordres sont moins sévères, et il y a liberté de courir, quand elles trouvent du gibier dans la campagne. Les pucerons verts qui gâtent une infinité de fleurs, et qui recoquillent les feuilles des pêchers et des poiriers, jettent autour d'eux, par l'extrémité de leur corps, une liqueur miellée que les fourmis cherchent avec avidité. On ne voit pas qu'elles en veuillent ni à la plante, ni aux pucerons. Ceux-ci font souvent à nos arbres tout le mal que l'on met sur le compte des fourmis, et ils leur attirent une persécution aussi injuste qu'inutile.

Leur grande passion après celle-là est, dit-on, d'amasser du blé ou d'autres graines qui sont de garde : et de peur que ce blé ne germe à l'humidité dans leurs cellules souterraines, on assure qu'elles rongent le germe qui est à la pointe du grain.

J'ai vu des fourmis porter ou pousser des grains d'orge ou de froment plus gros qu'elles. Mais je n'ai pu parvenir à trouver le grenier. Tous les anciens en parlent, et plusieurs assurent l'avoir vu. Les ouvrages et les habitudes peuvent varier selon les espèces. Mais j'ai vu des grains de blé germer dans une fourmilière, et il se peut faire qu'on ait pris leurs chrysalides, qui sont quelquefois de couleur jaune, pour des grains de blé sans germe, et gonflés à l'humidité.

Les fourmis, après avoir passé l'été dans un travail et une agitation continuelle, se tiennent l'hiver closes et couvertes, jouissant en paix des fruits de leurs peines. Il y a cependant grande apparence qu'elles mangent peu dans l'hiver, et qu'elles sont engourdies alors, ou endormies comme bien d'autres insectes. Ainsi leur ardeur à faire des provisions tend moins à se précautionner pour l'hiver, qu'à se pourvoir durant la moisson de ce qui est nécessaire à leurs petits. Elles les nourrissent au sortir de l'œuf, avec une attention qui occupe la nation entière. Le soin de la jeunesse y est regardé comme une affaire d'état.

Les petits, au sortir de l'œuf, ne sont que des vermisseaux pas plus gros que des grains de sable. Après avoir reçu pendant un temps la nourriture qu'on leur apporte en commun, et qui leur est distribuée par portions égales, les petits font un fil et s'enveloppent d'une toile blanche, quelquefois jaune, cessent de manger et deviennent chrysalides. Bien des gens les prennent en cet état pour des œufs de fourmis ; mais ce sont les nymphes d'où doivent sortir les jeunes fourmis. Quoique ces

enfants ne mangent plus, leur éducation coûte
encore bien des peines aux parents. Pour l'ordinaire, elles ont plusieurs maisons, et elles
transportent leurs petits de la maison du novi-
ciat dans une autre qu'elles veulent peupler.
On approche ou on éloigne les chrysalides de
la superficie de la terre, selon que le temps
est chaud ou froid, sec ou pluvieux. On les en
approche dans un temps serein : on les étale
quelquefois, après la pluie, à un beau rayon
de soleil, ou à une douce rosée après une
longue sécheresse. Mais aux approches de la
nuit, de la pluie et du froid, elles reprennent
leurs chers nourrissons avec leurs pattes, les
descendent si avant, qu'il faut alors creuser
un pied et plus de profondeur pour pouvoir
trouver ces chrysalides.

Il y aurait encore bien des choses à dire sur
leur manière de se répandre dans la campagne ; sur l'usage où elles sont d'emporter les
morts hors de leur demeure ; sur la manière
prévenante avec laquelle elles s'entr'aident,
soit dans le transport des fardeaux, soit dans

l'attaque de l'ennemi ; sur les combats achar-
nés qu'elles livrent aux fourmis voisines, et
les prisonnières qu'elles font ; sur le petit
aiguillon qu'elles portent à l'extrémité du
corps, avec une glande remplie d'une liqueur
venimeuse qui fait venir de petites enflures :
on pourrait parler des ailes que les mâles et
les femelles acquièrent à un certain âge pour
aller butiner plus facilement, et qui sont refu-
sées aux ouvrières, afin qu'elles soient plus
sédentaires et plus occupées des soins domestiques. Mais le sujet que Monsieur le Chevalier
a pris pour sa part est si agréable, que ce serait
faire tort à la compagnie d'en retarder plus
longtemps le plaisir.

La Comtesse. Je voudrais auparavant demander à Monsieur le Prieur si son admiration
pour les fourmis ne lui ferait pas oublier les
dégâts qu'elles nous causent.

Le Prieur. Il est vrai que les fourmis, malgré
leur industrie et leur adresse, ne nous inspirent pas autant d'intérêt que les abeilles. Elles
ne produisent rien, ni pour notre utilité, ni

pour notre agrément, et souvent même elles nous incommodent beaucoup, je l'avoue. Les unes s'attaquent à nos fruits, d'autres nuisent à nos arbres ou envahissent nos maisons ; mais, malgré ces inconvénients, il nous reste beaucoup à admirer en elles. D'ailleurs, si elles sont trop incommodes, il est assez facile de nous débarrasser d'elles, soit en les éloignant de nos habitations au moyen de certaines odeurs, telles que celle du marc de café séché ou de la lavande ; soit en les écartant de nos arbres, en mettant au pied de la suie, du goudron ou de la glu ; soit en détruisant la fourmilière elle-même, en y versant de l'eau bouillante, de la chaux vive ou une décoction de feuilles de noyer. Maintenant, Monsieur le Chevalier, nous sommes heureux de vous écouter.

Le Chevalier. Après l'histoire de la fourmi, rien ne se présente plus naturellement que celle du formica-leo, ainsi appelé parce qu'il est le lion ou l'ennemi le plus redoutable de la fourmi.

La Comtesse. Nommez-le plutôt fourmi-lion. Nous sommes maîtres des termes, au moins dans notre académie.

Le Chevalier. Le nom de fourmi-lion n'a rien qui ne fasse plaisir. Je ne le nommerai plus autrement. J'en vis hier chez M. le Prieur une fort jolie peinture, dans laquelle on voit tous les états par où il passe. J'en sais assez toute la suite ; mais dans l'appréhension de fatiguer la compagnie en hésitant, ou d'oublier quelque circonstance nécessaire, j'ai mis le tout par écrit, et l'ai montré ce matin à M. le Prieur, qui y a mis du sien, je vous en avertis.

La Comtesse. Voilà un air naturel qui vaut par avance la plus belle histoire.

Le Chevalier. Le fourmi-lion est de la longueur d'un cloporte commun. Il est plus large, a une tête assez longue, et le corps arrondi en s'allongeant vers la queue : il est d'un gris terne et marqueté de points noirs. Son corps est composé de plusieurs anneaux plats qui glissent l'un sur l'autre. Il a six pieds, dont quatre tiennent à sa poitrine, et deux à son

cou. Sa tête est petite et plate : il en sort par
devant deux petites cornes lisses, dures, longues
de deux lignes, et crochues par le bout. Il a
vers la base de ses cornes deux petits yeux
noirs, très-vifs, qui le servent fort bien, car il
fuit au moindre objet qu'il aperçoit. Les autres
animaux ont reçu des ailes, ou du moins des
pieds, pour s'avancer sur leur proie. Celui-ci,
quoique pourvu de six pattes, a une démarche
trop lente pour atteindre sa proie à la course ;
aussi n'essaie-t-il pas de courir après elle : il
faut que sa proie viennent le trouver. Il a le
secret de la faire tomber dans une embuscade
qu'il lui dresse. C'est l'unique moyen qui lui
ait été donné pour vivre : c'est toute sa science ;
mais elle lui suffit.

Il choisit un sable sec au pied d'une muraille ou de quelque abri, afin que la pluie ne
renverse pas son ouvrage. Le sable, et surtout
le sable sec lui est nécessaire, parce qu'une
terre liée ou un sable humide n'obéirait point
à ses efforts. Quand il veut creuser la fosse où
il prend son gibier, il commence par courber

la partie inférieure de son corps, qui est en pointe, et qu'il enfonce comme un soc de charrue en labourant le sable à reculons. Il trace ainsi à plusieurs reprises et à petites secousses un sillon circulaire, dont le diamètre se trouve toujours égal à la profondeur qu'il veut donner à sa fosse. Sur le bord de ce dernier sillon, il en creuse un second, puis un troisième, et d'autres toujours plus petits que les précédents : il s'enfonce de plus en plus dans le sable, qu'il rejette avec ses cornes sur les bords pour vider l'intérieur de sa fosse. Plus sûr dans ses opérations que les ingénieurs mêmes, il décrit un cercle parfait, sans le secours du compas. Il donne à la pente du terrain qu'il creuse, la plus grande raideur qu'il est possible, sans en attirer l'éboulement. Telle est l'industrie et la manœuvre par laquelle il achève sa fosse, qui ressemble assez bien à un cône renversé, ou plutôt à l'intérieur d'un entonnoir.

Quand le fourmi-lion est nouvellement éclos, la fosse qu'il fait est fort petite. Il grossit peu

à peu : alors il fait une fosse plus spacieuse,
qui peut avoir deux pouces et plus de diamètre
à son ouverture, sur autant de profondeur.
L'ouvrage fait, il se met en embuscade, en se
cachant tout en bas sous le sable, de manière
que ses deux cornes occupent précisément le
centre de l'entonnoir. Il attend, et pour lors,
malheur au cloporte, à la fourmi, au puceron,
à tout insecte mal avisé qui vient rôder sur les
bords de ce précipice, qu'on n'a fait en pente
et dans le sable, que pour faire rouler en bas
tous ceux qui s'y présenteraient. C'est sur la
fourmi que le fourmi-lion fonde sa cuisine.
Elle n'a point d'ailes, comme la plupart des
insectes, pour se tirer de ce trou : mais d'autres
y périssent aussi bien qu'elle, grâce à l'adresse
du chasseur. Dès qu'il est averti par la chute
de quelques grains de sable qu'il y a une capture à faire, il se découvre quelque peu, et
ébranle par son mouvement la couche inférieure du sable qui détermine un éboulement,
et fait rouler la proie jusqu'au fond du précipice. Si cette proie est agile, si elle remonte

vite, et surtout si elle a des ailes, le fourmi-
lion fait jaillir avec sa tête et ses mâchoires
une grande quantité de sable qu'il lance plus
haut qu'elle. C'est une véritable grêle pour un
corps tel qu'un moucheron ou qu'une fourmi.
Aveuglée ou accablée de la sorte sous des
pierres qui pleuvent de toutes parts, et entraî-
née par la mobilité du sable qui s'écroule sous
ses pieds, la pauvre fourmi tombe entre les
deux serres de son ennemi, qui les lui plonge
dans le corps, l'attire violemment sous le sable,
et en fait son repas. Quand il ne reste plus que
le cadavre sans suc et sans humeur, il se garde
bien de le laisser chez lui. La vue d'un cadavre empêcherait de nouvelles visites, et ferait
une mauvaise réputation à sa demeure. Il
l'étend donc sur ses cornes, et d'un mouvement brusque il le jette à plus d'un demi pied
loin du bord de sa fosse. Si sa fosse est un peu
dérangée par cette expédition, si elle s'est remplie, et que l'ouverture, étant devenue trop
grande pour la profondeur, il n'y ait pas assez
de pente, il remanie le tout : il arrondit, creuse,

évide, et enfin se remet à l'affût pour une seconde chasse.

Le métier de chasseur est, dit-on ordinairement, un métier de patience. Aussi le fourmilion n'est-il pas moins patient que rusé. Il passera quelquefois les semaines et les mois entiers sans remuer; et ce qui est plus étonnant, sans manger.

Sa sobriété, qui lui est d'un grand secours, est telle que j'en ai vu vivre six mois et plus dans une boîte exactement fermée, où il n'y avait que du sable. Je leur voyais faire leur ouvrage à l'ordinaire, et ensuite se changer en nymphes comme les autres que j'avais bien nourris. Il est vrai que ceux qui mangent deviennent plus gros et plus forts.

Quand le fourmi-lion est parvenu à un certain âge, et qu'il veut se renouveler, pour paraître sous sa dernière forme, alors il ne fait plus de fosse; mais il se met à labourer le sable, et à y tracer une multitude de routes irrégulières; ce qu'il fait apparemment pour se mettre en sueur : après quoi il se met sous le sable. La

sueur qui lui sort de tout le corps, réunit peut-
être tous les grains qu'elle touche. Je soupçonne cependant qu'il attache tous ces grains
avec un fil gluant, et qu'il s'en forme une croûte
qui l'environne et le couvre de toute part,
comme une petite boule sous laquelle l'animal
conserve encore la liberté de se mouvoir. Mais
il ne se contente pas d'une muraille toute nue
qui le refroidirait; il fait un autre usage de ce
fil, dont la finesse surpasse de beaucoup celle
que nous avons admirée dans le fil du ver à
soie. Il attache sa soie à un endroit, puis la
mène à un autre, et cela en tout sens, croisant
et recroisant ses fils, et les collant l'un sur l'autre. Il tapisse et drape tout l'intérieur de sa retraite d'une étoffe de satin, de couleur de perle,
d'une délicatesse et d'une beauté parfaite. Dans
cet ouvrage, toute la propreté et la commodité
sont pour le dedans. Il ne paraît au dehors
qu'un peu de sable : on confond le logis du
fourmi-lion avec la terre voisine, et bien lui en
prend. Par là il se met à couvert de la recherche des oiseaux malintentionnés. Il gagne à

être oublié : il vit en repos ; tandis qu'il serait perdu si des dehors plus éclatants attiraient les yeux sur lui.

Il demeure enfermé de la sorte quinze ou vingt jours, quelquefois plus : il se défait de ses yeux, de ses cornes, de ses pattes et de sa peau. Toute sa dépouille se retire au fond de la boule comme un chiffon. Il reste de lui une nymphe ou une poupée, qui a d'autres yeux, d'autres pattes, d'autres entrailles, et des ailes ; le tout empaqueté sous une pellicule qui paraît n'être autre chose qu'une liqueur desséchée autour d'elle, comme il arrive à tous les papillons lorsqu'ils se défont de la dépouille de ver, pour devenir chrysalides. Quand les membres du nouvel animal ont acquis la consistance et la vigueur nécessaires, il déchire la tapisserie de sa chambre, et perce la muraille de sa maison. Il emploie pour cela deux dents semblables à celles des sauterelles. Il fait effort : il élargit l'ouverture ; il passe la moitié du corps ; il sort enfin. Son long corps, qui est replié circulairement comme une volute, et qui n'occupe pas un centimètre d'espace, se développe, s'étend, et acquiert en un instant plus de trois fois cette longueur. Ses quatre ailes qui étaient serrées à petits plis, et qui n'occupaient dans l'étui où elles étaient emboîtées que l'espace d'un demi-centimètre, se défroncent, et en deux minutes deviennent plus longues que le corps. Enfin, le chétif fourmi-lion devient une grande et belle demoiselle, qui, après avoir été quelque temps immobile et comme étonnée du spectacle de la nature, secoue ses ailes, et va jouir d'une liberté qu'elle n'avait pas connue dans l'obscurité de sa vie précédente. Avec les lambeaux de sa première nature, elle a quitté en même temps sa pesanteur, sa barbarie et ses inclinations sanguinaires; tout est nouveau en elle : on n'y aperçoit plus que gaieté, qu'agilité, que noblesse, et que dignité.

Il y a encore le long des étangs d'autres demoiselles, semblables à celles-là pour la forme, mais dont les couleurs sont beaucoup plus claires et plus vives. L'origine en est aussi toute autre. Celle qui vient du fourmi-lion pose ses œufs dans le sable, afin que le petit trouve de quoi vivre au sortir de l'œuf. Il ne vit pas de sable ; mais le sable lui facilite le moyen de vivre. Il y fait aussitôt une petite fosse bien compassée, et en moins de rien il devient chasseur et géomètre. L'autre demoiselle qui voltige le long des étangs, pose l'extrémité de son corps dans l'eau et y met ses œufs. L'animal qui en sort vit quelque temps dans l'eau : il change de figure, et vient habiter sur terre sous la forme d'une chrysalide ; mais je ne suis pas suffisamment instruit de la manière de vivre, et de la métempsycose de cette dernière, dont il y a plusieurs espèces.

La Comtesse. Je vous conseille d'en étudier aussi l'histoire : elle ne pourra qu'être très-divertissante, si elle plaît autant que celle du fourmi-lion, et je vous remercie de nous avoir choisi un si joli sujet.

Le Chevalier. C'est à Monsieur le Prieur que ce compliment s'adresse : je tiens tout de lui.

La Comtesse. Il est juste de m'acquitter à

mon tour. Mais ce que j'ai à vous donner pourrait déranger la promenade du Chevalier: Fai-
tes-moi donc crédit jusqu'à demain ; la séance
se tiendra, s'il vous plaît, dans mon cabinet.

LES COQUILLAGES

Le Comte.
La Comtesse.
Le Prieur.
Le Chevalier.

SOMMAIRE. — Moules et pinnes-marines filandières de la mer. — Limaçon : son anatomie, son habitation, sa manière ingénieuse de faire, d'agrandir, de réparer sa coquille. — Digression sur les coquillages : explication des raies colorées et des aspérités qu'on y rencontre. — Perles. — Coquillages fossiles.

La Comtesse. Entrons.

Le Comte. Qu'est-ce que Madame veut faire de tous ces verres si bien rangés ?

La Comtesse. C'est une collation que je vous ai servie moi-même.

Le Comte. Quoi donc ! ce sont des moules de mer que je vois dans cette eau sur un peu de gravier ; des moules au lieu d'huîtres fraîches ? le régal est nouveau.

La Comtesse. Il est beaucoup meilleur que vous ne pensez, et je suis bien sûre qu'on m'en remerciera. Ne voyez-vous pas ce qui accompagne les moules ?

Le Prieur. En voici une toute ouverte, attachée avec plusieurs filets sur un galet. On la prendrait pour une tente avec ses cordes et ses piquets.

Le Comte. J'en vois deux autres qui tiennent aussi à la vase par un moindre nombre de fils. Voilà qui est bien extraordinaire : apparemment ce sont encore ici quelques filandières, que Madame a voulu nous faire voir.

La Comtesse. Voilà l'affaire. La pensée m'en vint avec l'occasion le jour même que vous entretîntes le Chevalier du travail des chenilles ou des araignées. Ce sont là les fileuses de la terre ; mais la mer a aussi les siennes. On m'en montra par hasard ce jour-là, et je fus bien aise de vous les faire voir à votre tour.

Le Chevalier. Madame, pour le coup, vous

voilà hors de votre ménage. Ceci n'est ni de
votre jardin, ni de votre basse-cour.

La Comtesse. Il est vrai : mais la cuisine me
l'a fourni, et à ce point de vue, je ne sors pas
de mes attributions. Il y a six ou sept jours
que mon maître-d'hôtel payait au chasse-ma-
rée, qui passe régulièrement toutes les semaines, les huîtres et le poisson qu'il avait pris.
Je m'arrêtai un moment à considérer un tas de
moules qu'on n'avait pas encore livrées au
cuisinier. J'y vis avec surprise une multitude
de petits paquets de filasse. Sur quoi le chasse-
marée me dit, avec la politesse ordinaire aux
gens de son métier, que les moules ne pouvaient se passer de fil, et que cela leur servait
de cordeau pour s'amarrer. Je compris qu'il
y avait là de quoi vous faire plaisir, et lui re-
commandai de m'apporter au premier voyage
deux cruches de grès pleines d'eau de mer
avec un peu de vase, et quelques moules vivantes par dessus. Il m'a fort bien servi, et
même plutôt que je n'espérais. J'ai fait distribuer l'eau, le sable, et les fileuses dans diffé-

rents verres pour voir comment elles s'y prennent, et en voilà déjà trois ou quatre qui se
sont mises à l'ouvrage. Elles filent très-certai-
nement les cordelettes que vous voyez, et qui
n'y étaient pas avant-hier. Elles s'attachent
avec ces fils sur le galet ou sur le gros gravier,
apparemment par habitude, et dans l'appréhension que le flot ne les emporte. Mais je ne
comprends rien à la manière dont elles forment leur fil.

Le Comte. Monsieur le Prieur démêle-t-il
quelque chose dans ce travail ?

Le Prieur. Je remarque dans ces trois premiers verres, que la moule avance hors de ses
écailles une trompe, ou une langue avec laquelle elle paraît sonder et essayer l'endroit
propre pour attacher un nouveau fil.

Le Comte. J'avais bien ouï dire que tous les
coquillages qui tiennent de la nature de la
moule, avaient une sorte de trompe, et je l'ai
remarquée très-souvent dans les moules, même
toutes cuites. Je savais que cette trompe leur
sert de jambe pour avancer ; qu'elles l'éten-

dent hors de l'écaille de plus d'un pouce et
demi, la collent, je ne sais comment, sur la
vase, puis la raccourcissent tout d'un coup, en
attirant par ce moyen leur petite maison : ce
qui les met en état d'aller successivement d'un
endroit à un autre. Mais je vois que cette
trompe leur est encore d'un autre usage.
Madame me paraît l'avoir très-bien deviné. Ce
n'est pas assez pour l'animal d'avoir trouvé
des sucs propres à le nourrir ; il faut qu'il
puisse s'y arrêter pour en tirer son aliment.
Mais sans défense, comme il est, le premier
coup de vent, ou la vague qui est presque toujours en mouvement le long des côtes sur lesquelles il cherche sa nourriture, pourrait l'emporter bien loin en un instant. Les cordes, de
quelque manière qu'elles se façonnent, lui ont
été données pour s'ancrer et demeurer stable.
Voyons si l'on pourrait apercevoir le mécanisme de son ouvrage. Il me semble que je
l'entrevois. Un peu de patience. A l'aide de
cette loupe, j'espère vous en rendre raison. Je
viens de remarquer le long de la trompe une

cannelure ou une longue raie qui va d'un bout à l'autre. La moule a ensuite rapproché les lèvres de cette rainure, et l'a fermée en entier. Remarquez, je vous prie, qu'il vient de sortir une goutte de liqueur par l'extrémité qui touche le galet.

Le Prieur. Cela est sensible : la goutte s'est étendue en rond ; et je la vois qui se fige et s'épaissit.

Le Comte. Je soupçonne que toute la trompe se plie comme une lame de plomb en s'arrondissant dans sa longueur, et que les bords étant rapprochés, il se forme en dedans un tuyau vide, ou un canal dans lequel la gomme, dont la corde est formée, se fige et se façonne comme une bougie dans son moule.

Le Prieur. Ce que vous me dites est certain, car voilà toute la trompe qui s'ouvre de haut en bas et s'aplatit. La liqueur qui s'est épaissie dans ce canal, se dégage, et voilà une nouvelle corde faite, qui par un bout tient à l'estomac d'où elle part, et de l'autre au galet où elle est attachée.

Le Comte. L'animal n'est pas encore bien ancré apparemment; car je vois la trompe qui s'allonge de nouveau, et qui cherche la place pour y attacher une autre corde. Suivons-la dans tous ses mouvements.

Le Chevalier. Voilà une trompe qui fournit à la moule bien des commodités : elle lui sert de jambes pour avancer, de langue pour savourer les sucs qu'elle rencontre, et de moule pour façonner le fil qui la doit attacher.

Le Comte. Je ne doute plus que la fabrique de ces cordes ne soit telle que nous avons dit, et je comprends à présent comment la pinne-marine, qui est une très-grande moule de mer, peut avec un instrument plus fin former des fils plus estimés que la soie, et dont on fait en Sicile des étoffes de la beauté la plus parfaite.

Le Chevalier. Mais voici un embarras. Quand la moule a mangé ou sucé tout ce qui peut lui convenir dans un endroit, comment fait-elle pour se détacher? Ces fils alors doivent lui être à charge.

Le Comte. Le Chevalier raisonne juste. Je

n'ai pas encore vu la suite de cette manœuvre, et je ne puis rien assurer de positif pour bien répondre à la difficulté. Mais il est certain que les moules ont un mouvement progressif, et qu'elles changent de place. D'où je conclus que, comme elles ont un réservoir de matière gluante avec laquelle elles forment leur fil, et l'attachent par le bout sur la pierre, la nature leur a aussi donné une eau dissolvante qu'elles versent au besoin sur l'extrémité de leurs cordes, ou quelque autre industrie pour les détacher, se mettre en liberté, et aller planter le piquet dans un autre endroit. Peut-être, quand elles se trouvent bien placées, passent-elles toute leur vie attachées au même endroit, comme les huîtres. Je voudrais être plus voisin de la mer. C'est un autre monde, qui nous est encore bien inconnu. Par le succès de l'expérience que Madame nous a procurée, je vois qu'on pourrait découvrir bien des choses curieuses.

La Comtesse. Si nous étions dans le voisinage des côtes qui donnent des pinnes-marines, au lieu d'ouvrières en gros fil, je vous aurais fait voir des travailleuses en soie. Ce serait une de mes grandes curiosités que de voir leur ouvrage, et le profit qu'on en peut faire.

Le Comte. J'ai vu des gants de cette soie. On en fait à Palerme, et il n'est pas impossible de vous en procurer.

Le Prieur. On a même fait des gants d'une soie encore toute différente.

La Comtesse. De quelle soie?

Le Prieur. De soie ou de fil d'araignée. Ce furent les membres de l'Académie de Montpellier qui les envoyèrent à examiner à l'Académie des Sciences. Quelque temps après on en fit aussi des bas et des mitaines, qui furent présentées à Madame la Duchesse de Bourgogne.

La Comtesse. Puisque ce fil est si commun, n'a-t-on pas essayé d'en établir une manufacture?

Le Prieur. C'est une des tentatives de M. de Réaumur, qui a presque toujours eu des vues

nouvelles, souvent heureuses et intéressantes
sur les sujets les plus communs et les plus
négligés. Il essaya de mettre ensemble bon
nombre de ces insectes. Il leur fit donner des
mouches, et des bouts de jeunes plumes de
poulets et de pigeons tout nouvellement arra-
chées ; parce que ces plumes sont pleines de
sang, qu'elles sont faciles à avoir, et que les
araignées en paraissent fort friandes. Mais il
trouva bientôt que, quelque soin qu'on prenne
de les nourrir de ce qu'elles aiment le mieux,
elles sont si méchantes quand on les met
ensemble, quelles quittent tout pour s'entre-
dévorer. Voilà donc des gens qu'on ne peut
mettre en communauté. Et quand il serait possible de les réunir en un corps de manufacture,
il faudrait trop de place et de soin pour en
nourrir une quantité suffisante. D'ailleurs le
fil est quatre et cinq fois plus fin que celui des
vers à soie. Il faudrait, en somme, près de
soixante mille araignées pour donner une livre
de soie. Encore n'est-il pas sûr qu'on puisse
employer leur fil ordinaire. On ne s'est encore

servi que du fil avec lequel elles font l'enveloppe de leurs œufs, qui est trois ou quatre
fois plus fort que celui de leur toile. Enfin, le
résultat de toutes ces expériences, c'est qu'il ne
faut pas s'attendre à cette manufacture pour
être bien ganté.

La Comtesse. Je vois bien qu'il faudra faire
ma provision ailleurs.

Le Chevalier. Je comprends assez bien comment la moule, avec le secours de sa trompe,
peut marcher et s'arrêter comme il lui plaît.
Mais voilà un limaçon que je viens de trouver
à la fenêtre sur une feuille de la treille, et que
j'ai vu marcher, sans qu'il ait ni trompe, ni
jambes pour avancer. Comment cela peut-il se
faire ?

La Comtesse. Je suis en peine aussi de savoir
comment le limaçon, la moule et tous les
coquillages construisent cette petite maison
qu'ils portent partout avec eux, et où ils se
retirent dès qu'on les touche le moins du
monde.

Le Prieur. J'ai quelquefois examiné le limaçon avec assez de soin, et je vous prie tout d'abord de ne pas le confondre avec la limace qui ne porte point de coquille. On l'appelle encore escargot ou hélice. Je puis vous faire son histoire , à l'exception de la formation de son écaille, que je réserve à Monsieur le Comte.

Nous ne voyons plus ici ni plumes, ni poils, ni coque de fil. C'est un nouvel ordre. Ce sont des vues toutes différentes. Dans la nature, chaque animal a sa demeure, et chaque appartement a ses beautés et ses commodités particulières. Le toit, sous lequel le limaçon loge, réunit deux avantages qu'on ne croirait pas pouvoir associer ; une extrême dureté, avec la plus grande légèreté , moyennant laquelle l'animal est à couvert de toute injure, transporte sans peine son logis où il veut, et se trouve toujours chez lui en quelque pays qu'il voyage. Aux approches du froid, il se retire dans quelque trou. Là il laisse couler de son corps une certaine colle qui s'épaissit à l'ouverture de la coquille, et qui la ferme entièrement. Retiré sous cet abri, il passe comme bien d'autres la mauvaise saison sans peine et sans besoin. Quand le printemps ramène les beaux jours, le limaçon ouvre sa porte et va chercher fortune. Avec l'appétit tous les besoins renaissent ; mais rampant comme il le fait, sa maison par-dessus lui, s'il avait les yeux aussi bas que le corps, qu'il traîne à terre, il ne verrait pas les objets qu'il doit fuir ou rechercher ; il serait du moins exposé à les salir sans cesse dans la fange. C'est pourquoi la nature l'a pourvu de deux lunettes d'approche pour l'informer de tout ce qui l'environne.

Le Chevalier. Monsieur le Prieur a-t-il vu les tuyaux de ces lunettes ?

Le Prieur. La chose est sérieuse. De ses quatre prétendues cornes, les deux supérieures sont des tuyaux terminés par un verre ou, si vous voulez, deux nerfs optiques sur chacun desquels se trouve un très-bel œil ; et non-seulement il lève la tête pour voir de loin, mais il porte encore bien plus haut ses deux nerfs, et les yeux qui les terminent ; il les allonge, il les dirige comme il veut. Ainsi, ce sont de vraies lunettes d'approche, qu'il tire, qu'il tourne, et qu'il renferme ensuite selon son besoin. Les deux cornes inférieures ne servent qu'à l'exercice de l'odorat ou du toucher. Quoi qu'il en soit, voilà le limaçon logé et éclairé. Il est en état de découvrir ce qui l'accommode ; mais dépourvu de pieds, comment l'ira-t-il chercher ? A défaut de jambes, il rampe sur un disque charnu placé sous son ventre ; ce disque consiste en deux membranes musculaires qui s'allongent en se déplissant successivement, de manière que quand les plis de devant se serrent, ils entraînent ceux de derrière, ainsi que tout le bâtiment qui pose dessus. Il se présente un nouvel embarras. Toujours collé contre terre, et n'ayant ni ailes pour s'élever en l'air, ni fil pour se soutenir en cas de chute, il sera sans cesse exposé ou à se briser en tombant de quelque hauteur, ou à se noyer dans la première eau qui l'inondera. L'humidité seule sera capable de le pénétrer et de le tuer. La nature l'a délivré de tous ces inconvénients

en le remplissant d'une humeur grasse ou
visqueuse qui le garantit des chutes par sa
tenacité, et qui le rend impénétrable à l'humidité, par le moyen de l'huile dont elle bouche
tous les pores de sa peau. Il ménage cette huile
qui lui est si précieuse ; il évite le soleil, qui
la dessécherait, et il la conserve aisément dans
les lieux humides où elle lui est d'un grand
secours.

Rien ne l'empêche à présent d'aller chercher
sa nourriture. Quand il l'a trouvée, il met en
œuvre, pour la couper, deux os armés de dents
avec lesquelles il fait quelquefois bien du dé-
gât sur les meilleurs fruits, sur les tendres
boutons des plantes, et même sur les feuilles,
de la conservation desquelles dépend aussi
celle du fruit. Vous voyez que tout méprisable
que nous paraît cet animal, la nature ne l'a
point négligé, et lui a même donné des prérogatives fort singulières.

Mais ce qu'il y a de plus surprenant dans les
limaçons, c'est qu'il sont hermaphrodites, et
ont à la fois les deux sexes. Ils cachent leurs

œufs dans la terre, ou les déposent sur nos fruits dans une couche de glu. De-là les taches que nous attribuons quelquefois à des coups de grêle. Ma grande curiosité serait présentement de savoir si l'écaille du limaçon est formée dans l'œuf même, et comment cette écaille s'augmente et se répare au besoin.

Le Comte. Monsieur, j'ai votre affaire. J'ai fait là dessus cinq ou six expériences qui m'ont très-bien réussi, et qui vont me fournir la réponse à vos questions.

Le limaçon vient au monde ou sort de son œuf avec une coquille toute formée et d'une petitesse proportionnée à celle de son corps, et à la coque de l'œuf qui la contenait. Cette coquille est la base d'une autre qui ira toujours en augmentant. La petite coquille, telle qu'elle est sortie de l'œuf, occupera toujours le centre de celle que l'animal, devenu plus grand, se formera en ajoutant de nouveaux tours à la première ; et comme son corps ne peut s'allonger que vers l'ouverture , ce ne sera que vers l'ouverture que la coquille recevra de nouveaux accroissements. La matière en est dans le corps de l'animal même. C'est une liqueur ou une colle à laquelle vient s'ajouter une matière calcaire composée de carbonate de chaux. Ces éléments passent par une multitude de petits canaux, et arrivent jusqu'aux pores, dont la surface de leurs corps est toute criblée. Trouvant tous les pores fermés sous l'écaille, elles se détournent vers les parties du corps qui sortent de la coquille, et qui se trouvent à nu ; elles transpirent au dehors, et s'épaississent en se séchant au bord de la coquille. Il s'en forme d'abord une simple pellicule, sous laquelle il s'en assemble une autre, et sous celle-ci une troisième. De toutes ces couches réunies, se forme une croûte toute semblable au reste de l'écaille. Quand l'animal vient encore à croître, et que l'extrémité de son corps n'est pas suffisamment vêtue, il continue à sécréter des matériaux et à bâtir par le même moyen. Il est certain que c'est de cette façon qu'il construit, et qu'il répare son logement. Il y a quelque temps que je pris plu-

sicurs limaçons, et que je cassai légèrement
quelque portion de leur écaille sans les blesser
eux-mêmes. Ensuite je les mis sous des verres
avec de la terre et des herbes. J'aperçus bientôt que la partie de leur corps qui était sans
couverture, et qu'on voyait par la fracture, se
couvrait d'une espèce d'écume ou de sueur qui
coulait à la fois par tous les pores. Je voyais
ensuite cette écume poussée peu à peu par une
autre qui coulait dessous ; bientôt enfin je la
vis amenée au niveau de la première ou de
l'ancienne.

Le Prieur. Mais, Monsieur, êtes-vous sûr que
ce suc réparateur vienne du corps de l'animal
et non des extrémités de l'écaille voisine ?

Le Comte. J'en suis sûr, autant qu'on puisse
l'être. Voici ce que je fis pour m'en convaincre.
Après avoir fait une fracture à la coquille d'un
limaçon, je pris une petite peau qu'on trouve
sous la coque d'un œuf de poule, et je la glissai proprement entre le corps du limaçon et
les extrémités de la fracture. Si l'écaille tra-
vaillait elle-même à se rétablir, le suc qui en

aurait coulé se serait répandu sur la petite peau, et l'aurait cachée à mesure que le trou se serait rempli. Si le suc, au contraire, venait du corps même du limaçon, la petite peau devait l'empêcher de couler au dehors, et le suc en ce cas devait s'épaissir entre la pellicule et le corps de l'animal, et c'est ce qui arriva.

Le Prieur. A cela je n'ai plus rien à opposer.

Le Comte. Je fis encore autrement. Des quatre ou cinq tours que fait la coquille d'un limaçon, je cassai et enlevai tout le dernier. Puis entre l'écaille et le corps j'insinuai une peau de gant des plus fines, que je renversai ensuite, et que je collai sur le dehors de la coquille. Si le suc réparateur coulait de celle-ci, il aurait poussé et chassé la petite peau ; mais elle resta en place. Le tiers et plus du limaçon qui était à l'air fut bientôt couvert d'une sueur, dont il se forma un nouveau tour d'écaille qui se joignit à l'ancienne, de façon que la peau de gant était partout incrustée entre les deux.

Le Prieur. J'aime à voir éclaircir cette matière, parce que expliquer la formation de l'écaille du limaçon, c'est en même temps rendre raison de celle de tous les différents coquillages de la mer et des rivières. Permettez-moi donc, je vous prie, de vous proposer encore une difficulté : je suis sûr qu'elle nous attirera de nouvelles lumières. Si les écailles se forment comme Monsieur le Comte vient de le dire, les fractures faites à ces écailles sont réparées par une matière qui passe précisément par les mêmes pores par où avait passé celle qui remplissait d'abord l'espace depuis fracturé : la pièce qui répare le mal devrait donc être exactement de la même couleur que ce qui est cassé, et que tout le reste de l'écaille. Cependant j'ai vu plusieurs limaçons maltraités raccommoder leur couverture, de manière que la pièce était visible, étant d'une couleur différente du reste.

Le Comte. Ce que vous dites ne détruit point du tout ce que j'ai avancé, et vous me donnez lieu d'expliquer d'où viennent ces raies et ces marbrures que nous voyons avec surprise sur les écailles des limaçons, et de la plupart des coquillages.

Le Chevalier. Je serai fort aise d'en savoir l'origine; car j'ai souvent vu des coquillages où l'on trouvait des raies toutes unies depuis une extrémité jusqu'à l'autre, et d'autres où ces raies étaient interrompues, ou mélangées de petites taches qui ne ressemblaient pas mal à des notes de musique. D'où peut provenir cette diversité ?

Le Comte. Elle provient de la différente disposition de leur collier, c'est-à-dire, des dernières parties du corps de l'animal qui se présentent à l'ouverture de la coquille. Il y a souvent des raies à ce collier ou des parties qui sont d'une autre couleur que le reste. Cette différence de couleur montre qu'en cet endroit le tissu des chairs est différent des parties voisines : ainsi les sucs ou les viscosités qui y arrivent, passant par des couloirs percés autrement que ceux du voisinage, acquièrent en cet endroit une couleur particulière : et comme la partie où est cette raie, sécrète et travaille comme toutes les autres parties du collier, et qu'elle contribue à la formation et à l'agrandissement successif de l'écaille, tous les points de l'écaille qui répondront à cette partie auront toujours une même couleur entre eux, mais différente de celle des parties voisines : d'où il doit arriver que ces couleurs soient placées par bandes et par raies, et qu'elles continuent de même tant que l'animal continuera doucement à se mouvoir lui-même, et fera de petites augmentations à son écaille en s'avançant toujours un peu vers le dehors.

Mais pour comprendre encore mieux cet ouvrage, on pourrait penser avec quelques observateurs, que quand l'animal grossit, il retire sa queue du fond de son écaille, devenue trop petite pour lui. Il monte plus haut, et pose sa queue vers le second tour de sa coquille, ou vers le troisième, et agrandit sa maison vers l'ouverture. Quand il fait ces changements petit à petit et en montant toujours de proche en proche, les parties de son collier qui causent des changements de couleurs dans l'écaille

par la diversité des sucs qu'elles sécrètent,
forment une raie suivie et sans interruption.
Mais quand l'animal en se déplaçant laisse un
intervalle entre le point que sa queue quitte, et
le nouveau point où elle s'arrête, toutes les
autres parties du corps se déplacent dans les
mêmes proportions. Alors les parties du collier
qui produisaient des taches se trouvant placées
à quelque distance de la tache précédente,
teignent l'écaille, de façon qu'il y a un intervalle plus ou moins grand entre une tache et
l'autre, et voilà l'origine de vos notes de musique. D'autres croient que la coquille est toujours pleine, et que l'accroissement successif
du collier suffit pour expliquer tout. Différentes
causes peuvent encore concourir à tacher et à
marbrer tous les dehors par des couleurs plus
ou moins vives. La qualité de la nourriture, la
bonne ou la mauvaise santé de l'animal, l'inégalité de son tempérament selon les âges, et
enfin les altérations qui peuvent arriver aux
différents pores de sa peau, mille accidents
peuvent tantôt changer, tantôt affaiblir cer-

taines teintes, et diversifier le tout à l'infini.

Si la coquille imite par la variété de ses couleurs la diversité des pores de l'animal, à plus forte raison doit-elle imiter la forme du collier sur lequel elle est moulée. Aussi voit-on dans toutes les coquilles de mer, que si l'animal a sur le collier quelque tubérosité ou inégalité, il se forme aussi une tubérosité ou une tumeur à la partie correspondante de l'écaille. Quand l'animal vient à faire une augmentation à sa demeure, la même tumeur qui avait déjà enflé l'écaille en un endroit, l'enfle de nouveau un peu plus loin : ce qui fait que vous voyez la même espèce d'inégalité paraître sur une ligne tout autour de la coquille. Quelquefois les plis du collier sont si gros ou si pointus, que ceux qui se forment à l'extérieur de l'écaille, ressemblent à des cornes. L'animal remplit ensuite l'extérieur, et par de nouvelles sécrétions, il se donne de nouvelles cornes, qui lui servent de défenses contre les poissons qui pourraient être friands de sa chair. De même, si un collier est cannelé et fraisé, l'écaille qui le couvre est cannelée et fraisée ; si le collier est arrondi comme un bourrelet, l'écaille de même a des enfoncements et des renflements qui tournent comme une spirale depuis la naissance de la coquille jusqu'au bord. Du reste, je ne prétends pas vous expliquer toutes les aspérités, quelquefois si fines, qui hérissent certaines coquilles.

Le Prieur. L'exactitude de tout ce que Monsieur le Comte vient de nous dire sur la formation des coquillages, se trouve confirmée par ce que nous voyons très-souvent à l'ouverture d'une coquille de limaçon, et le long des bords des deux écailles d'une moule : c'est une petite pellicule qui n'est que l'ébauche ou le commencement d'une augmentation que l'animal voulait faire à sa maison. D'ailleurs, quand on jette au feu des écailles de moules, de limaçons, ou d'huîtres, le feu sépare les différentes couches de substance calcaire dont cette écaille avait été composée, et les fait apercevoir en desséchant ou consumant la matière qui unissait ces couches.

Le Chevalier. Puisque nous en sommes sur les coquillages et sur les huîtres, Monsieur le Comte voudrait-il m'apprendre d'où peuvent provenir ces deux petites perles que nous trouvâmes dans une des huîtres qu'on nous servit hier à dîner ?

Le Comte. Ce que je pense là-dessus, mon cher Chevalier, se réduit à vous dire que cette huître avait la gravelle.

Le Chevalier. Ce que Monsieur dit est-il sérieux ?

Le Comte. Très-sérieux.

Le Chevalier. Quoi ! Monsieur, ces perles que nous admirons tant, et que nous achetons si cher, sont l'effet d'une maladie de l'animal qui le produit ?

Le Comte. Si la chose n'est pas certaine, elle est du moins fort vraisemblable. La liqueur dont se servent les huîtres et les pinnes-marines pour former par transpiration leur écaille, s'extravase quelquefois hors de son réceptacle naturel : elle s'amasse par gouttes ; elle s'épaissit par petits globules de la couleur de l'écaille, et voilà des perles toutes faites.

Le Prieur. Il est sûr qu'il y a un rapport parfait entre la couleur de la perle et celle de l'écaille : ce qui donne lieu de penser que la matière de l'une est la même que celle de l'autre. Dans un voyage que je fis, il y a douze ans, vers le midi de la France, j'eus occasion de voir le port de Marseille et celui de Toulon. Dans ce dernier on nous montra des pinnes-marines dont l'écaille était de plus de deux pieds de long. En les ouvrant, nous y trouvâmes des perles rouges et des perles de couleur de nacre. Mais les perles rouges étaient attachées à l'écaille du côté peint en rouge, et les perles de couleur de nacre étaient du côté où l'écaille avait la couleur de la nacre. Ce qui montre le parfait rapport qu'il y a entre la liqueur qui forme l'écaille et celle qui forme la perle. D'ailleurs pour une perle qu'on trouvera dans le corps de l'huître, on en trouvera mille attachées à la nacre où elles sont comme autant de globules.

Mais disons contre ce système tout ce qu'on

y peut opposer. Tous les ans les écrevisses se
défont de leur écaille, et sécrètent à la place
une liqueur qui leur couvre tout le corps :
puis se séchant et se durcissant peu à peu elle
devient une écaille aussi forte que la précédente. Aux approches de cette mue, on trouve
dans le corps de l'écrevisse certaines pierres
qu'on appelait autrefois bien à tort des yeux
d'écrevisses, et auxquels on attribuait des
propriétés médicinales. Ces pierres diminuent
à mesure que la nouvelle écaille se fortifie, et
l'on n'en trouve plus dans l'écrevisse, lorsque
l'écaille est entièrement formée : ce qui a
donné lieu à un célèbre académicien de penser que ces pierres étaient l'amas ou le réservoir de la matière que les écrevisses emploient
pour réparer la perte de leurs écailles. N'en
serait-il point de l'huître comme de l'écrevisse,
et de la perle comme de l'œil d'écrevisse? La
perle ne serait-elle pas le réservoir de la matière qui sert à réparer l'écaille au besoin?

Le Comte. La comparaison que vous faites
de l'écrevisse avec l'huître paraît d'abord em-

barrassante ; mais vue de près elle tourne à
mon avantage. Ce qui fait une partie essen-
tielle d'un animal, se trouve dans tous ceux de
son espèce : et il n'est point vraisemblable que
la nature ne leur accorde qu'en quelques endroits une chose dont ils ne peuvent se passer
nulle part. Au contraire, ce qui n'est qu'un
défaut dans l'animal, ne se trouve que dans
quelques-uns de son espèce : un défaut n'est
pas universel. Les pierres des écrevisses qui
paraissent une partie nécessaire pour la répa-
ration de leur écaille, se trouvent dans toutes
les écrevisses dans le temps de la mue. Mais il
y a une multitude d'huîtres où l'on ne trouve
jamais de perles : d'où l'on peut inférer que
la perle est un défaut dans l'huître, et un défaut qui n'est pas commun. Si les perles étaient
le réservoir de la matière avec laquelle les
huîtres renouvellent ou réparent leurs écailles,
elles auraient toutes ce réservoir

D'ailleurs on a remarqué dans les relations
des voyageurs, que les côtes où l'on fait la
pêche des perles sont malsaines, ce qui fait

croire avec raison que les huîtres qu'on y trouve ne renferment des perles que parce qu'elles sont malades. Les Espagnols ont abandonné la pêche des perles de l'Amérique. C'est une chose certaine que l'air et les eaux de l'île de Baharen, dans le golfe Persique, où les plongeurs vont recueillir la nacre, sont insupportables à ceux qui y vont faire le trafic des perles. Les paysans mêmes ne veulent pas manger l'huître où ils les trouvent, tant la chair leur en paraît mauvaise. Tout au contraire, plus nos huîtres sont exquises, moins y trouve-t-on de perles. D'où il est assez naturel de conclure que les eaux où l'on trouve le plus de perles sont malsaines ; et qu'au contraire les huîtres qui sont dans les eaux saines, ou qui se nourrissent de sucs bienfaisants, ne donnent que peu ou point du tout de perles, parce qu'il n'y a aucune maladie ni aucun désordre dans leur tempérament. Si même, comme le prétendent certains observateurs, la qualité de l'eau n'est pour rien dans la production des perles, et si elles sont le résultat de la piqûre d'un petit ver que le mollusque a emprisonné par mégarde dans sa coquille, vous voyez toujours que la perle est un produit accidentel, qui suppose quelque désordre ou quelque blessure dans l'animal.

Le Prieur. Je me rends. Ce que vous dites me paraît satisfaisant.

Le Comte. Quoique les coquillages ne soient pas inconnus à Monsieur le Chevalier, s'il veut passer dans mon cabinet, il y verra dans les tiroirs de ma commode une première série de coquilles dont la variété et les riches couleurs le réjouiront. Il y verra dans ce petit espace des curiosités des quatre parties du monde. Bien des gens en font collection et les rangent en différentes classes, en donnant à chaque coquille le nom de la chose avec laquelle elle se trouve avoir le plus de ressemblance. Ce n'est pas une science fort importante que de pouvoir donner un nom à chaque sorte de coquillage ; mais elle n'est pas inutile. On éloigne par ce moyen la confusion, et l'on met en ordre cette partie de l'histoire naturelle. On est infiniment touché de voir cette prodigieuse diversité d'espèces qui se produisent toujours les mêmes dans toute la suite des siècles. Elles sont toutes faites pour le même but, qui est de mettre l'animal à couvert. Mais quelle variété dans l'exécution de ce but si simple ! Elles ont toutes une perfection, des grâces et des commodités qui leur sont propres : on trouve partout une industrie et des ressources que rien ne peut épuiser. D'autres amateurs moins occupés de ce qui a rapport à l'histoire naturelle, que des différents effets que ces coquillages peuvent produire par l'assortiment de leurs belles couleurs, en amassent de toutes les façons et de toutes les tailles, pour en former différents ouvrages d'un goût singulier. Ils en font des bouquets, des guirlandes, des antres, des paysages, de l'architecture, des figures d'hommes et d'animaux ; le tout composé de grandes et de petites coquilles. Il entre dans ce travail beaucoup de patience, quelquefois beaucoup d'adresse et de goût. Ce que je souhaite en vous montrant les miennes, c'est de vous mieux faire comprendre ce que je vous ai dit de la manière dont elles se forment.

Le Chevalier. Je serai ravi de répéter moi-même, et de trouver sur les coquillages l'application de ce que vous m'en avez appris. Mais j'oubliais de vous en montrer trois ou quatre que j'ai depuis longtemps dans ma poche. Elles sont assez jolies. Les voilà.

Le Comte. Celles-ci sont pétrifiées.

Le Chevalier. Pétrifiées ? Qu'entendez-vous par là, je vous prie ?

Le Comte. C'est-à-dire, que la coquille ayant été imprégnée des substances calcaires qui forment les pierres, a été transformée en pierre, sans changer de figure. C'est un ancien coquillage marin.

Le Chevalier. Mais, Monsieur, je ne l'ai pas trouvé dans la mer, mais sur une montagne. Un peu avant que mon père partît pour Amiens, il fit sabler ses parterres et ses allées. A côté de sa propriété sont deux collines où l'on va chercher deux sortes de sable de la plus belle couleur ; l'un gris, l'autre d'un jaune tirant sur le rouge. Toutes les fois que j'allais voir travailler les ouvriers qui chargeaient le sable, ils me donnaient de ces coquilles, qu'ils trouvaient assez souvent par monceaux. Il faut bien croire que ces coquillages sont d'une autre espèce que ceux de la mer.

Le Prieur. Fort bien, Messieurs : je vous vois venir. Adieu les insectes et les coquillages : vous allez vous jeter tout de suite dans l'histoire de la terre telle qu'elle était avant le déluge. Vous voyez que cela va loin : je m'en vais prendre congé de vous.

Le Comte. Non, je vous prie : demeurez encore un moment ; nous avons besoin de vous. Une courte digression sur la demande que me fait le Chevalier, vaudra mieux pour lui que les nacres les plus brillantes et que les perles de la plus belle eau. Mon cher Chevalier, je vous ferai voir tout à l'heure dans ma collection trois coquillages qui sont précisément de la même espèce que les trois vôtres : les uns comme les autres ont pris naissance dans l'eau de la mer.

Le Chevalier. Qui a donc pu les apporter auprès de chez nous dans le cœur d'une montagne ?

Le Comte. C'est la mer même qui les y a portés ou qui les y a laissés.

Le Chevalier. J'ai cependant ouï dire que la mer ne passait pas certaines bornes jusqu'où on la voit venir. Et quand, par l'effet d'une tempête ou autrement, elle inonderait quelques plaines voisines, elle ne peut pas s'étendre jusqu'à vingt lieues et plus de distance : car il y a tout autant de chez nous à la mer.

Le Comte. Quoi ! Chevalier, vous ne voyez pas quand la chose a pu se faire ? Votre difficulté sera-t-elle plus grande, si je vous dis qu'au milieu de l'Afrique on trouve des campagnes pleines de coquillages à plus de trois cents lieues de la mer, et qu'on en rencontre même de grandes couches entassées les unes sur les autres au plus haut des Alpes ? Voilà donc la mer par-dessus les montagnes. Comment nous tirer de là ?

Le Chevalier. Je commence, au contraire, à

y trouver moins de difficulté. Il faut nécessairement que dans cet amas de coquillages, les
plus anciens aient été abandonnés par les eaux,
lorsqu'aux diverses périodes géologiques elles
couvraient une partie de nos continents et que
les plus récents aient été apportés par elles,
quand à une époque moins reculée, elles ont
inondé toute la terre, et surpassé de quinze
coudées les plus hautes montagnes. Rendez-
moi, s'il vous plaît, mes coquilles : ce sont des
curiosités d'avant le déluge, sans qu'il me soit
possible de mieux préciser leur âge.

Le Prieur. Il est certain que toutes les nations
ont conservé le souvenir du déluge, dernière
perturbation qu'a éprouvée notre globe ; que
les poëtes mêmes ne l'ont point perdu de vue
au travers de leurs fictions. Toute la terre est
couverte de monuments ineffaçables qui attes-
tent partout le passage des eaux : et le déluge
universel est un événement dont nous avons
encore les preuves en main, de quelque façon
qu'il soit arrivé, et quelque incompréhensible
qu'il paraisse. D'où il résulte une grande vé-

rité, que je prie Monsieur le Chevalier de bien
retenir : c'est qu'il y a dans la nature et dans la
sainte Ecriture des choses inconcevables à l'esprit humain, et qui ne laissent pas d'être certaines et démontrées.

LES OISEAUX

Le Comte.
La Comtesse.
Le Prieur.
Le Chevalier.

Sommaire. — Les nids : adresse des petits architectes, matériaux dont ils se servent, variété de leurs travaux. — Les œufs :
description, étude sur le développement du poussin. — Les
petits : soins qu'ils exigent; admirable dévouement des parents. — Structure et vol des oiseaux : description et usages
des ailes et de la queue.

La Comtesse. Vous voilà bien embarrassés,
Messieurs, de savoir sur quoi roulera votre
conversation. Prenez les oiseaux. Voulez-vous
toujours ramper sur terre avec vos limaçons
et vos reptiles ?

Le Prieur. Allons, Monsieur le Chevalier,

quittons la fange : prenons l'essor et allons reconnaître les habitants de l'air. Tout l'univers, comme vous voyez, est plein de vie. Chaque partie de la nature a son action et ses animaux propres. Vous ne pouvez faire un pas sans trouver de nouveaux traits d'une Sagesse qui est aussi inépuisable dans la diversité des plans de ses ouvrages, que féconde, libre et sûre dans l'exécution. Jetez la vue sur cet oiseau qui vole. Rien de plus naturel aux yeux de l'habitude : rien de si étonnant aux yeux de la raison. On voit bien que la route de l'air qui a été fermée aux autres animaux, a été ouverte à celui-ci. Le fait est certain, et cependant il paraît impossible. Un oiseau qui vole est une masse qui s'élève dans l'air malgré le poids de cet air, malgré cette action puissante qui fait graviter tous les corps, et qui les pousse vers la terre. Cette masse est emportée, non par une force étrangère, mais par un mouvement qui lui est propre et qui l'y soutient longtemps avec vigueur et avec grâce. Voici un autre sujet d'étonnement. Je considère tous ces oi-

seaux : je ne leur vois à tous que deux ailes,
et je leur trouve à tous une différente manière
de voler. Les uns s'élancent par reprises ou
avancent par bonds ; d'autres semblent glisser
dans l'air, ou le fendre d'une course égale et
uniforme. Ceux-ci vont toujours terre à terre ;
ceux-là sont capables de s'élever jusqu'aux
nues. Vous en verrez qui savent diversifier leur
vol, monter en ligne droite, oblique ou circulaire, se suspendre et demeurer immobiles
dans un élément plus léger qu'eux, planer ensuite, puis s'écarter à droite, à gauche, rebrous-
ser chemin, remonter et se précipiter tout d'un
coup, comme une pierre qui tombe ; enfin se
transporter partout, sans obstacle et sans risque, au gré de leur besoin ou de leur plaisir.
Rendus chez eux, je ne les trouve pas moins
admirables. Je suis enchanté de la structure
de leur nid, des soins qu'ils prennent de leurs
œufs, du mécanisme même de l'œuf, de la
naissance et de l'éducation du petit.

La Comtesse. Monsieur le Prieur, dans son
enthousiasme, nous a fort bien rangé les ma-

tières de notre entretien. Je me charge du nid et des occupations domestiques de l'oiseau. Car je veux quelquefois apporter mon tribut à l'entretien, comme les autres. Savez-vous où j'ai fait mes études? auprès de mes pigeons, de mes tourterelles et de mes serins. Je les sais tous par cœur.

Le Comte. Madame, ce sont là les meilleurs livres. Les portraits que vous ferez d'après nature seront toujours les plus vrais.

Le Chevalier. Madame a pu apprendre bien des particularités curieuses dans ce beau cabinet de verdure que Monsieur le Comte a fait entièrement environner de fil de fer. Je crois avoir vu dans cette charmante volière toutes les espèces imaginables de petits et de moyens oiseaux.

La Comtesse. Monsieur le Chevalier, cette volière est un peu de mon invention ; et c'est moi-même qui la gouverne le plus ordinairement. Mes peines sont payées par des plaisirs qui varient tous les jours. Les querelles de ces petites gens, leurs caresses, leurs chants, leur travail, les honnêtetés qu'ils me font la plupart quand je leur rends visite, tout cela me divertit extrêmement. Je porte mon ouvrage auprès d'eux. Je n'y suis point seule : on y passe les heures et les soirées entières sans que la conversation tombe. Il me semble aussi que c'est l'endroit de la maison le plus chéri du Chevalier.

Le Chevalier. Je suis surpris qu'on ne se donne nulle part un amusement si facile. Mais, Madame, qui nous empêche d'aller tenir notre séance auprès de la volière? C'est le lieu le plus propre pour parler d'oiseaux. Nous les reconnaîtrions tous, lorsqu'ils viennent tour à tour badiner ou boire sur les bords du filet d'eau qui passe au travers de ce cabinet.

La Comtesse. J'y ai remarqué depuis peu deux nouveaux ménages, quoique la saison soit fort avancée. J'y mets de l'importance, parce que ce sont deux espèces que j'ai à cœur de conserver. Or, les visites un peu longues les dérangent, et leur font souvent abandonner leurs œufs. Mais sans troubler la liberté de nos solitaires, je vous rendrai compte de la structure de leurs nids comme si vous les aviez sous les yeux.

Je ne me lasse point de remarquer la parfaite ressemblance qui se trouve dans tous les nids des oiseaux d'une même espèce ; la diversité qui se trouve entre le nid d'une espèce, et celui d'une autre ; l'industrie, la propreté, et les précautions qui règnent partout. Comme mes petits prisonniers ne peuvent aller chercher les matériaux nécessaires pour construire leur bâtiment, je leur fais porter tout ce que je crois pouvoir leur faire plaisir. J'observe avec soin de quoi sont composés ces nids que les enfants m'apportent de toute part, et je fais jeter dans un coin de la volière des brins de bois sec, des écorces, des feuilles sèches, du foin, de la paille, de la mousse, de la bourre, du crin, du coton, de la laine, de la soie, des toiles d'araignées, des plumes, et cent autres petites provisions : tout sert en ménage. Vous ririez de voir tous les habitants venir faire emplette à cette foire. Celui-ci a besoin d'un brin de mousse ; celui-là demande une plume; il faut à cet autre un brin de paille. Deux autres mettent l'enchère à un toupet de laine, et il y a quelquefois de grandes querelles. Communément on tranche le différend : chacun tire de son côté, et emporte au nid ce qu'il peut.

Rien ne leur manque non plus pour nourriture. Je leur ai donné un maître-d'hôtel ou un pourvoyeur qui leur apporte des vers, des chenilles, des mouches, des œufs de fourmis, des graines, et qui les traite tous selon leur appétit dans chaque saison. On gagne beaucoup à les élever ainsi sous la verdure. Ils se portent mieux : ils agissent librement, et on reconnaît mieux la diversité de leurs caractères et de leurs travaux.

Une espèce place son nid au sommet des arbres. Une autre aime mieux le mettre à terre, en le cachant sous l'herbe. Mais en quelque endroit qu'ils le logent, c'est toujours sous quelque abri. On cherche ou des herbes, ou une branche épaisse, ou des feuilles doublées, sur lesquelles la pluie s'écoule comme sur un toit sans entrer dans la petite ouverture du nid qui est caché dessous. Les dehors du nid sont des matières grossières pour servir de fondement. On y emploie les épines, les joncs, le gros foin, la mousse la plus épaisse. Sur cette première assise, qui est assez informe, ils étendent et plient en rond des matériaux plus délicats, et qui étant bien serrés les uns contre les autres, ferment l'entrée aux vents et aux insectes. Mais chaque espèce a son goût, ou une façon particulière de se loger et de se meubler. Le logis fait, ils ne manquent point de tapisser le dedans de petites plumes, ou de l'étoffer avec de la laine ou même avec de la soie, pour entretenir une chaleur bienfaisante autour d'eux et de leurs petits. Quand ces secours leur manquent, il n'est rien qu'ils n'imaginent pour y suppléer : c'est ce que j'ai appris des premiers serins que j'ai nourris. Je ne leur avais donné que du foin pour faire leur nid. Faute de coton ou de soie, la femelle eut recours à un expédient qui me surprit. Elle se mit à plumer l'estomac du mâle, sans trouver aucune opposition ; puis elle revêtit fort proprement de ce duvet tout son appartement.

Le Chevalier. Voilà qui est étonnant. Qui avait appris à cette mère qu'elle aurait des œufs et des petits, et que ces œufs ne pouvaient se passer de chaleur ?

Le Prieur. Avec la prévoyance que vous admirez dans cette mère, admirez aussi chez elle la science et l'industrie. Ou, si vous ne les admettez pas en elle, reconnaissez-les dans celui qui a donné à l'homme une raison qui s'étend à toute chose, et aux animaux une imitation de la raison, bornée, à la vérité, à un seul point, mais merveilleuse en ce point. Car n'est-ce pas une raison infinie qui dirige le travail de cet oiseau quand il fait son nid ? Où a-t-il appris qu'il aurait des œufs ; qu'il fallait un nid à ces œufs pour les empêcher de tomber et pour les échauffer ; que la chaleur ne se concentrerait pas autour de ces œufs, si le nid était trop grand ; que tous les petits n'y pourraient pas tenir, s'il le faisait plus petit ? Comment connaît-il la juste proportion de l'étendue du nid avec le nombre des enfants qui doivent naître ? Qui lui a réglé son almanach pour ne se point tromper sur le temps, et pour empêcher que la ponte des œufs ne prévienne la structure du nid ?

Le Comte. Il y a quelque chose qui m'étonne encore plus. Un vannier qui fait une corbeille, a des doigts et des outils. Un maçon a son auge, sa truelle, son plomb et son équerre. Mais les habitants de ma volière, qui font des ouvrages de toute espèce, n'ont pour outil que leur bec.

La Comtesse. Passez-moi une idée qui me vient. Imaginons-nous Dédale ou tel autre architecte qu'il vous plaira, métamorphosé en oiseau. Plus de bras, plus d'outils, plus de matériaux. Il ne lui reste plus que la science et le bec. Que fera-t-il de cette science et de ce bec ? L'oiseau n'a que le bec et point de science, et il fabrique cependant des ouvrages où l'on trouve la propreté du vannier et l'industrie du maçon. Car il y a de ces nids dont les poils, les crins et les joncs sont adroitement croisés et entrelacés. Il y en a dont toutes les pièces sont proprement attachées, et liées avec un fil que l'oiseau se fait avec de la bourre, du chanvre, du crin, et plus ordinairement avec les toiles d'araignées, qu'il trouve sans peine, surtout dans les habitations peu fréquentées. On voit d'autres oiseaux, comme la grive et la huppe, qui, après avoir fait leur nid, en enduisent le dedans d'une petite couche de sciure de bois ou de mortier, qui colle et maintient tout ce qui est dessous, et qui forme par dedans une muraille d'une propreté parfaite ; disons plutôt un appartement bien meublé, bien garni et propre à conserver la chaleur. Cent fois j'ai vu de ma fenêtre l'hirondelle commencer ou rétablir son nid. C'est un ouvrage d'une structure toute différente des autres. Il ne lui faut ni bois, ni foin, ni lien. Elle détrempe une espèce de boue, ou plutôt de ciment, avec lequel elle se fait, et à toute sa famille, un logement également propre, sûr et commode. Elle n'a ni sceau pour puiser de l'eau, ni brouette pour voiturer le sable, ni pelle pour mêler le mortier. Mais je la vois passer et repasser sur le bassin du parterre : elle tient ses ailes élevées, et se mouille, ce me semble, l'estomac sur la superficie de l'eau ; puis de la rosée qu'elle fait rejaillir sur la poussière, elle la détrempe et s'en sert pour maçonner ensuite avec son bec. Mais je vous ennuie, Monsieur le Chevalier : j'en dis trop. Les oiseaux sont un peu ma folie.

Le Chevalier. Madame, je vous supplie de continuer. Je suis charmé de vous entendre. Eh bien ! quand le nid est fait ?

La Comtesse. Quand le nid est fait, la femelle y pond ses œufs, dont le nombre varie suivant les espèces. Il y en a qui ne donnent que deux œufs à la fois : d'autres en donnent quatre ou cinq, et quelques-unes jusqu'à dix-sept ou dix-huit. Les œufs venus, la femelle et le mâle les couvent tour à tour. Plus ordinairement c'est la femelle qui prend ce soin. C'est ici qu'on ne peut s'empêcher d'admirer l'impression puissante d'une raison supérieure sur ces petites créatures. Elles ne savent assurément ni ce que contiennent leurs œufs, ni la nécessité qu'il y a de les couver pour les faire éclore, ni comment le tout s'exécute. Cependant cet animal, si agile, si inquiet, si volage, oublie en ce moment son naturel, pour se fixer sur ses œufs pendant le temps nécessaire. La mère se gêne, renonce à tout plaisir, et demeure quinze ou vingt jours de suite collée sur sa couvée, avec une affection si grande qu'elle oublie de manger. Le père, de son côté, partage et adoucit le travail. Il apporte à manger à sa fidèle compagne : il réitère ses voyages sans se rebuter ; il lui met dans le bec la nourriture toute préparée : il accompagne ses services des manières les plus polies. S'il interrompt ses soins auprès d'elle, c'est pour la réjouir par son chant, et il met tant de feu, tant d'enjouement et tant de grâces dans les allées et les venues qu'il fait pour son service, que l'on ne sait ce qu'on doit admirer le plus, ou de l'assiduité pénible de la petite mère, ou de l'inquiétude officieuse du mari. Monsieur le Chevalier ne serait peut-être point fâché que je lui parlasse des soins que leur coûte l'éducation des petits ; mais serait-il hors de saison de lui apprendre auparavant ce que contient l'œuf de l'oiseau, et la manière dont le petit s'y forme et en sort? C'est un mets bien commun qu'un œuf; mais apprêté d'une certaine façon, ce peut être un régal. Messieurs les savants, pouvez-vous nous dire ce que c'est qu'un œuf?

Le Comte. Je pourrais vous fatiguer par une anatomie trop exacte. Contentons-nous d'une description grossière, mais vraie. On peut juger des œufs des plus petits oiseaux par celui d'une poule, où les parties sont plus sensibles. Nous y distinguons facilement un globe central nommé le jaune ou vitellus, qui nage dans un liquide épais, transparent et coagulable appelé le blanc ou albumine. Le jaune, assez mou de sa nature, est enveloppé d'une fine membrane qui l'empêche de se mêler au blanc; et en même temps il est maintenu au milieu des couches d'albumine par deux espèces de ligaments, qui le tiennent suspendu au centre de ce liquide. Le blanc à son tour est renfermé dans une peau fine et résistante, et la coque vient re-

couvrir et protéger le tout. C'est l'intérieur de
l'œuf qui se façonne le premier ; la coque se
forme la dernière et se durcit d'un jour à l'autre.
C'est une matière calcaire, composée de carbonate de chaux, sécrétée par la mère, et que la
chaleur fixe et recuit autour de l'œuf pour y
former une croûte dont l'usage est double :
1° de mettre la mère en état de se délivrer de
l'œuf sans l'écraser ; 2° de mettre le petit à couvert de tout accident jusqu'à ce qu'il soit formé,
et en état de sortir. On peut donc dire que l'œuf
tient lieu aux petits oiseaux de la mamelle et
du lait qui nourrit les petits des autres animaux, parce que le poulet qui est dans l'œuf
se nourrit d'abord du blanc de l'œuf, et ensuite
du jaune, lorsqu'il est un peu fortifié, et que
ses organes commencent à s'affermir. C'est sur
la membrane qui environne le jaune, que se
trouve la cicatricule ou petite tache blanche
qui est seule le véritable germe où réside le
poulet en petit, et grossièrement ébauché,
comme la graine contient en miniature les organes principaux de la plante qu'elle doit pro-

duire. La mère, par l'incubation, développe bientôt ce germe ; de sorte qu'au bout de dix ou douze heures on commence à apercevoir sur la cicatricule un petit point rouge qui deviendra le cœur, et d'où partiront les ramifications des veines. Sous l'influence de la chaleur, le cœur commence bientôt à battre, et la vie à rayonner autour de lui. Car il en est de ce battement du cœur, comme de celui du balancier dans une horloge. Dès que cette partie marche, toute la machine marche. Dès que le cœur bat, l'animal est en vie, comme lorsqu'il s'arrête, l'animal meurt. Il ne cesse alors de recevoir par le cordon ombilical de nouveaux sucs nutritifs, qui se répandent dans les vaisseaux, dont les branches les distribuent à tout le corps. Tous ces petits canaux d'abord aplatis et rudimentaires se gonflent, s'élargissent et s'allongent. Les pattes, les ailes se développent graduellement, et le poulet est en pleine croissance.

Il est difficile, au milieu des liqueurs qui l'environnent, d'apprécier les progrès et les

changements qui lui arrivent de jour en jour
jusqu'à ce qu'il perce sa coquille. Mais n'omet-
tons pas une précaution aussi sensible qu'admirable, qu'on remarque dans la situation de
la cicatricule où il se forme. Cette petite tache
ronde, qui est sur l'enveloppe du jaune, se
trouve toujours placée presqu'au centre de
l'œuf et vers le haut du côté de la mère, pour
en recevoir la chaleur dont il a besoin : comme
la mèche d'une lampe de matelot se tient toujours vers le haut par la mobilité des pivots de
la lampe, et par la pesanteur du vase d'huile
qui gagne toujours le bas, malgré l'agitation
du vaisseau. Voici ce qui fait que le petit n'est
jamais renversé quand on remuerait l'œuf.
Le jaune, ai-je dit, est soutenu par deux ligaments qu'on trouve toujours à l'ouverture de
l'œuf, et qui s'attachent de part et d'autre à la
membrane commune qui est collée sur la
coque. Si on tirait une ligne d'un ligament à
l'autre, elle ne passerait pas juste par le milieu
du jaune, mais au dessus du centre, et coupe-
rait le jaune en deux portions inégales ; en

sorte que la moindre partie du jaune où le germe est posé, demeure nécessairement élevée vers le ventre de l'oiseau qui couve l'œuf ; et que l'autre partie étant plus grosse et plus pesante, descend toujours vers le bas, autant que les liens le permettent. Si l'œuf se déplace, le petit n'en souffre point, et il jouit, quoi qu'il arrive, de la chaleur qui met tout en action chez lui, et qui perfectionne peu à peu le développement de ses parties. Ne pouvant plus glisser en bas, il se nourrit à l'aise, d'abord de ce blanc liquide et délicat qui est à portée de lui ; ensuite il tire sa vie et son accroissement du jaune, qui est une nourriture plus forte. Lorsque son bec est durci, qu'il commence à s'ennuyer de sa prison, et que du reste ses provisions sont épuisées, il cherche à percer sa coquille, et la perce en effet. Le jaune dont il a encore l'estomac tout rempli, lui tient lieu de nourriture encore quelque temps, jusqu'à ce qu'il puisse s'affermir sur ses pattes, pour aller lui-même chercher des vivres, ou que le père et la mère viennent lui en apporter.

Le Prieur. Sur ce que Monsieur le Comte vient de dire, qu'il y a des petits que le père et la mère nourrissent au sortir de la coquille, et d'autres qui vont chercher eux-mêmes à manger, il me vient une pensée que je veux proposer à Monsieur le Chevalier. Les oiseaux qui nourrissent leurs petits n'en ont ordinairement qu'un fort petit nombre ; ceux, au contraire, dont les petits mangent seuls dès qu'ils voient le jour, en ont des bandes de dix-huit et vingt, quelquefois plus. Telles sont les cailles, les faisans, les perdrix et les poules. Pourquoi la mère qui nourrit ses petits n'en a-t-elle communément que peu ? Pourquoi celle qui conduit ses petits sans les nourrir elle-même, en a-t-elle un si grand nombre ? Attribuez-vous cette différence à la prudence de la mère ou à la bizarrerie du hasard ?

Le Chevalier. Il n'y a point là de bizarrerie, mais une sagesse très-grande, et qui ne peut venir que de Celui qui a tout réglé pour un bien. La mère qui est chargée d'aller chercher la nourriture n'a qu'un petit nombre d'enfants ; si elle en avait beaucoup, le père et la mère seraient accablés, et les petits fort mal nourris. Quand la mère conduit ses enfants sans les nourrir elle-même, elle en peut conduire vingt comme quatre. Cela saute aux yeux.

La Comtesse. Oui, Chevalier, cela saute aux yeux. Mais qui est-ce qui a des yeux ? Vous me faites ouvrir les miens sur une autre vérité que je n'apercevais pas. Vous nous parlez des petits que les parents nourrissent, et d'autres qui vont eux-mêmes chercher leur nourriture ; mais comment ceux-ci trouvent-ils ce qu'il leur faut ? Ont-ils un marché où ils soient sûrs de trouver leur provision ? Et comment les cris des premiers, qui ne peuvent sortir, sont-ils exaucés sur-le-champ ? Le père de ces petits a-t-il un magasin où il trouve d'heure en heure de quoi contenter toute sa famille ?

Le Chevalier. Ils ont tous un père commun qui les nourrit.

Le Prieur. Il ouvre le grand réservoir de la campagne, où ils se pourvoient tous selon

leurs besoins. Ils y trouvent des chenilles et
des vers. L'air leur fournit jusqu'à une assez
grande hauteur des mouches et des moucherons sans nombre, la plupart imperceptibles à
nos yeux. Quand l'humidité de l'air fait descendre ces petits moucherons, les oiseaux bais-
sent leur vol et descendent à proportion. La
terre leur offre encore des scarabées, des limaçons, des graines de toute espèce, dont ils
vivent souvent, quand ils sont devenus forts.
Les grenouilles, les lézards, les serpents mêmes, et les animaux qui nous paraissent les
plus nuisibles, sont des mets délicieux pour
les cigognes et pour bien d'autres familles.
Dieu ouvre sa main, et tous les animaux vivent.

La Comtesse. Voici un autre trait de sa libéralité et qui nous regarde personnellement. Les
oiseaux qui nous sont nuisibles, et ceux dont
nous nous passons aisément, multiplient le
moins. Ceux, au contraire, dont la chair est la
plus saine et dont les œufs sont plus nourris-
sants, ont une fécondité qui tient du prodige.

La poule seule est un trésor pour l'homme.
Elle lui fait tous les jours, pendant près de
huit mois, un présent, mais un présent très-
estimable. Si elle cesse quelquefois de garnir
la table de son maître, c'est pour mieux peupler sa basse-cour. Elle ne lui demande pour
des services, si souvent réitérés, que les restes
les moins utiles de sa table et de son grenier.
Il y aurait de l'ingratitude à ne pas sentir ce
que vaut un pareil domestique. Mais laissons
là notre ménage, et revenons à celui des oiseaux.

Je suppose les œufs éclos. Voilà les poussins
venus. Que de nouveaux soins pour le père
et pour la mère, jusqu'à ce que la nouvelle
troupe se puisse passer d'eux ! Ils sentent alors
ce que c'est que d'être chargé de famille. Il
faut trouver à vivre pour huit au lieu de deux.
La fauvette et le rossignol travaillent alors
comme les autres. Adieu la musique : on n'a
plus le temps de chanter ; du moins le fait-on
plus rarement. Le besoin les stimule. Ils sont
toujours en quête, tantôt l'un, tantôt l'autre,

quelquefois tous deux ensemble. On est sur
pied avant le lever du soleil ; on distribue la
nourriture avec beaucoup d'égalité, en donnant à chacun sa portion tour à tour, jamais
deux fois de suite au même. Cette tendresse
des mères pour leurs petits va jusqu'à changer
leur naturel. De nouveaux devoirs amènent de
nouvelles inclinations. Il n'est pas seulement
question de nourrir, il faut veiller, il faut défendre, prévoir, faire tête à l'ennemi et payer
de sa personne en toute rencontre. Suivez une
poule devenue mère de famille : elle n'est plus
la même, l'amitié change ses humeurs et corrige ses défauts. Elle était auparavant gourmande et insatiable ; présentement elle n'a
plus rien à elle. Trouve-t-elle un grain de blé,
une mie de pain, ou même quelque chose de
plus abondant et qu'on pourrait partager, elle
n'y touche pas. Elle avertit ses petits par
un cri qu'ils connaissent. Ils accourent bien
vite, et toute la trouvaille est pour eux. La
mère se borne frugalement à ses repas. Cette
mère naturellement timide ne savait que fuir

auparavant. A la tête d'une troupe de poussins, c'est une héroïne qui ne connaît plus de danger, qui saute aux yeux du chien le plus fort. Elle affronterait un lion avec le courage que sa nouvelle dignité lui inspire.

Il y a quelques jours que j'en vis une dans une autre attitude qui n'était pas moins réjouissante. J'avais fait mettre sous elle des œufs de canne, qui vinrent à souhait. Les petits, au sortir de la coque, n'avaient pas la forme de ses enfants ordinaires ; mais elle s'en croyait la mère, et par cette raison elle les trouva fort à son gré. Elle les conduisait comme s'ils eussent été les siens, de la meilleure foi du monde. Elle les rassemblait sous ses ailes, les réchauffait, les menait partout avec l'autorité et les droits que donne la qualité de mère. Elle avait toujours été parfaitement respectée, suivie et obéie de toute la troupe. Malheureusement pour son honneur un ruisseau se trouva sur son chemin : voilà aussitôt tous les petits canards à l'eau. Elle était dans une agitation extrême : elle les suivait de l'œil le long du bord ; elle leur donnait des avis, et leur reprochait leur témérité ; elle demandait du secours, et contait ses inquiétudes à tout le monde. Elle retournait à l'eau et rappelait ces imprudents ; mais les canards ravis de se trouver dans leur élément, la tinrent quitte de tout soin dès ce moment ; et comme ils étaient déjà forts, ils ne revinrent plus auprès d'elle.

Le Prieur. Madame me permettra de l'interrompre un moment pour demander à Monsieur le Chevalier à quelle école les petits canards avaient appris que l'eau était leur élément. Ce n'était assurément pas à l'école de la poule.

Le Chevalier. J'entends. Cette inclination pour l'eau est dans la nature même du canard. C'est l'ouvrage de Dieu.

Le Prieur. On ne peut méconnaître là cette impression du Créateur qui prévient les leçons, et qui corrige même l'éducation.

La Comtesse. Il faut que j'apprenne encore au Chevalier une autre inquiétude de mère dont je suis témoin assez souvent. Qu'on

observe une poule d'Inde à la tête de ses petits :
on lui entend quelquefois pousser un cri lugubre dont on ignore la cause et l'intention.
Aussitôt tous ses petits se tapissent sous les
buissons, sous l'herbe, sous ce qui se présente,
ils disparaissent tous : ou s'il n'y a pas de quoi
les couvrir, ils s'étendent par terre et contre-
font les morts. On les voit dans cette posture
sans remuer, pendant des quarts d'heure entiers, et souvent beaucoup plus. La mère cependant porte ses regards en haut d'un air alarmé :
elle redouble ses soupirs ; elle réitère ce cri
qui effraie tous ses petits. Les personnes qui
remarquent l'embarras de cette mère, et son
attention inquiète, cherchent dans l'air ce qui
peut y donner lieu ; et enfin on aperçoit sous
les nues qui traverse l'air un point noir qu'on
a peine à distinguer. C'est un oiseau de proie
que son éloignement dérobe à notre vue, mais
qui n'échappe ni à la vigilance, ni à la pénétration de notre mère de famille. C'est ce qui
cause son effroi, et qui a mis l'alarme au camp.
J'en ai vu une demeurer dans cette agitation,

et ses petits se tenir collés contre terre pendant quatre heures de suite que l'oiseau tournait, montait et descendait au-dessus d'eux. Enfin, l'oiseau disparaît-il, la mère change de note : elle pousse un autre cri, qui rend la vie à tous ses petits. Ils accourent tous auprès d'elle ; ils battent des ailes ; ils lui font fête : ils ont cent choses à lui dire : on se raconte apparemment tous les dangers qu'on a courus. On donne des malédictions à la vilaine bête qui... Mais ceci devient trop peu sérieux pour vous en occuper davantage.

Le Prieur. Madame, il n'y a rien dans tout ce que vous avez dit qui ne soit très-digne d'être remarqué. Qui peut, en effet, avoir fait connaître à cette mère un ennemi qui ne lui a jamais fait aucun mal, qui n'a encore fait aucun acte d'hostilité dans le pays ? Et comment distingue-t-elle cet inconnu à une pareille distance ? D'ailleurs, quelles leçons a-t-elle données à sa famille pour reconnaître, selon son besoin, les différents sens de ses cris, et pour régler leurs actions sur son langage ? Ces merveilles sont tous les jours sous nos yeux, sans que nous y pensions. La peinture que Madame en a faite, m'intéresse assurément beaucoup plus que certaines dissertations fort sérieuses.

La Comtesse. Il faut pourtant que Monsieur le Prieur nous en donne une sur la structure et sur le vol des oiseaux.

Le Prieur. Je le veux bien. C'est un sujet qui est parfaitement de mon goût.

Le corps d'un oiseau n'est ni extrêmement massif, ni également épais partout ; mais bien disposé pour le vol, aigu par devant, grossissant peu à peu jusqu'à ce qu'il ait acquis son juste volume. Par là il est plus propre à fendre l'air et à se faire un chemin au travers de cet élément.

Pour le mettre en état de faire des voyages de long cours, où l'on ne trouve pas toujours des provisions toutes prêtes, et de passer les longues nuits d'hiver sans manger, la nature lui a placé sous le gosier une large poche qu'on nomme le jabot, où il met sa nourriture en réserve. Voilà sa provision faite : il peut dormir ou voyager en sûreté. Les graines descendent successivement, par un cordon où elles s'imprégnent des sucs digestifs, dans une autre poche appelée gésier, dont l'épaisseur est considérable, et les fibres extrêmement fortes qui broient ces graines. On y trouve souvent de petits cailloux que l'oiseau avale, pour faciliter sans doute cette opération.

Les os des oiseaux, quoique assez solides pour soutenir l'assemblage de leur corps, sont cependant si creux et si minces, qu'ils n'ajoutent presque rien au poids des chairs.

Toutes les plumes sont construites et rangées avec art, tant pour soutenir l'oiseau, que pour le défendre contre les injures de l'air. Le tuyau d'une plume est tout à la fois ferme et léger. Il est ferme pour fendre l'air avec la force convenable ; il est léger et creux, surtout à mesure qu'il grossit, pour ne pas accabler l'oiseau au lieu de lui permettre de s'élever. En un mot ce tuyau vide, ou plutôt rempli d'un air dilaté et plus léger que l'air extérieur, occupe beaucoup de surface avec peu de poids, ce qui met l'oiseau presque en équilibre avec l'air. Les plumes sont renversées en arrière, et couchées les unes sur les autres dans un ordre régulier. Du côté du corps elles sont garnies d'un duvet mou et chaud ; du côté de l'air, elles sont garnies d'un double rang de barbes plus longues d'un côté que de l'autre. Ces barbes sont une série de petites lames minces et plates, couchées et serrées dans un alignement aussi juste que si on en avait taillé les extrémités avec des ciseaux. Chacune de ces lames est elle-même un tuyau ou une base qui soutient deux nouveaux rangs de lames d'une petitesse qui les rend presque imperceptibles, et qui ferment exactement tous les petits intervalles par où l'air pourrait se glisser. Les plumes sont avec cela disposées de façon, que le rang des petites barbes de l'une se glisse, joue, et se découvre plus ou moins sous les grandes barbes de l'autre plume qui est au dessus. Un nouveau rang de plumes plus petites sert de couverture aux tuyaux des plus grosses. L'air ne peut passer nulle part, et par

suite, la pression des plumes sur ce fluide devient très-puissante.

Mais comme cette économie si nécessaire
pourrait souvent être troublée par la pluie,
l'auteur de la nature leur a fourni le moyen de
rendre leurs plumes impénétrables à l'eau,
aussi bien qu'elles le sont à l'air par leur structure. Tous les oiseaux ont une bourse pleine
d'huile, faite comme un mamelon, et située à
l'extrémité de leur corps. Ce mamelon a plusieurs petites ouvertures ; et lorsque l'oiseau
sent ses plumes desséchées, entr'ouvertes ou
prêtes à se mouiller, il presse ou tiraille ce
mamelon avec son bec : il en exprime une
huile ou une humeur grasse qui est en réserve
dans des glandes; et faisant glisser successivement la plupart de ses plumes le long de son
bec, il les passe à l'huile : il les lustre, il remplit tous les vides avec cette matière visqueuse :
après quoi l'eau ne fait plus que rouler sur
l'oiseau, et trouve toutes les avenues de son
corps parfaitement fermées. La volaille de nos
basses-cours, qui vit à couvert, est moins four-

nie de cette liqueur que les oiseaux qui vivent au grand air. D'où il arrive qu'une poule mouillée est un spectacle risible. Au contraire, les cygnes, les oies, les canards, les macreuses, les poules d'eau, et tous les animaux destinés à vivre sur l'eau ont la plume passée à l'huile dès leur naissance. Leur réservoir contient une provision de cette huile, proportionnée au besoin de l'entretien qui revient continuellement. Leur chair même en contracte le goût, et chacun peut remarquer que le soin d'en humecter leurs plumes est leur exercice ordinaire.

S'il y a tant d'intelligence dans la structure des plumes, il n'y en a pas moins dans le jeu de l'aile et de la queue pour traverser l'air. Rien de mieux placé que les ailes ; elles forment de part et d'autre deux leviers qui tiennent le corps en équilibre. Ce sont en même temps deux rames, qui, en s'appuyant sur l'élément qui leur résiste, font avancer le corps dans un sens contraire.

La queue sert à faire contre-poids à la tête et au cou. Elle tient lieu de gouvernail à l'oiseau, tandis qu'il rame avec ses ailes. Mais ce gouvernail ne sert pas seulement à maintenir l'équilibre du vol, il sert aussi à hausser, baisser, et tourner où l'oiseau veut ; car la queue ne se porte pas plutôt vers un côté, que la tête se porte vers le côté opposé.

Le Chevalier. Quoique je ne comprenne pas comment les oiseaux volent, il me semble que l'homme pourrait voler. Les oiseaux lui montrent comment il faut faire.

Le Prieur. Il est certain que nous avons dans nos jambes et dans nos bras le principe du mouvement. Nous avons dans les plumes des oiseaux, dans nos toiles et dans nos huiles des matières propres en apparence pour faire des ailes capables de frapper et de pousser l'air sans en être pénétrées. Nous avons dans les oiseaux le modèle de l'action. Il semble d'abord que ce soit une invention qui s'offre d'elle-même, et qu'il n'y ait plus qu'un pas, ou que quelques réflexions à faire pour y parvenir.. Mais je crois que Dieu y a mis un obstacle naturellement insurmontable par un effet de sa providence sur le genre humain. En sorte que cette tentative, qui a été si souvent réitérée, n'a jamais réussi. L'art de voler serait le plus grand malheur qui pût arriver à la société.

Le Chevalier. Il me semble, Monsieur, tout au contraire, que cette invention nous épargnerait bien des peines. On serait plus tôt instruit de ce qu'on veut savoir. Si on avait une fois trouvé une petite machine, on en fabriquerait bientôt une grande. Non-seulement on traverserait l'air, mais on transporterait les marchandises à travers les airs. Par là le commerce...

Le Prieur. Monsieur le Chevalier, vous avez une pénétration charmante : vous devinez le mieux du monde les avantages qui nous reviendraient de cette invention. Mais ces avantages ne seraient pas capables de compenser les désordres qui en naîtraient.

Le Comte. Assurément, s'il était au pouvoir des hommes de traverser l'air, il n'y aurait plus d'avenue fermée à la vengeance ni à la cupidité. Les habitations des hommes deviendraient un théâtre de massacres et de brigandages. Comment nous garantir alors d'un ennemi qui nous pourrait surprendre le jour et la nuit? Comment conserver notre argent, nos meubles, nos fruits, contre l'avidité d'une troupe de voleurs, pourvus de bonnes armes pour forcer nos maisons, et de bonnes ailes pour se dérober avec leur butin à notre poursuite? Ce métier deviendrait la ressource de tous les indigents et de tous les scélérats.

Le Prieur. J'ose dire plus : cet art changerait entièrement la face de la terre. Nous serions contraints d'abandonner le séjour des villes et des campagnes, et de nous creuser des antres sous terre, ou d'imiter les aigles et les oiseaux de proie. Nous nous retirerions comme eux dans les rochers inaccessibles et sur les montagnes escarpées, d'où nous irions fondre de temps en temps sur les fruits et sur les animaux qui servent à nos besoins, et de la plaine nous regagnerions bien vite nos tanières et nos charniers.

La Comtesse. Ah ! Messieurs, vous me faites trembler avec votre art de voler. Je donne par avance ma malédiction à quiconque s'en avisera. Ne me parlez ni d'antres, ni de charniers. Voyez-vous, Monsieur le Chevalier, à quoi vous nous exposez avec vos inventions ?

Le Comte. Tranquillisez-vous sur ce point. L'art de voler n'est pas à craindre : il est, pour ainsi dire, impossible. La nature même y a mis un obstacle en quelque sorte invincible, par l'extrême disproportion qu'il y a entre le poids de l'air et le poids du corps de l'homme. La machine creuse qu'il faudrait imaginer pour soutenir le corps de l'homme et le mettre en équilibre avec l'air, serait si démesurément grande et embarrassante, que la direction et l'usage en ont paru aux inventeurs les plus adroits des tentatives totalement désespérées, et aussi interdites à l'homme que le mouvement perpétuel.

La Comtesse. Voilà des savants qui me plaisent. On a, ce me semble, autant d'obligation à ceux qui nous empèchent de donner dans

des projets chimériques, qu'à ceux qui nous
aident à en exécuter de raisonnables. A quoi
bon souhaiter des ailes ? N'avons-nous pas des
moyens de transport assez rapides ? nos pieds
ne nous mènent-ils pas où nous voulons ? Messieurs, faisons-en usage, et traversons aujourd'hui la prairie. Demain nous reviendrons aux
oiseaux, s'il vous reste encore quelque chose
à en dire.

Le Comte. L'abondance ne nous manque pas.
L'embarras est de nous borner. A quoi nous
en tiendrons-nous ?

Le Prieur. Que chacun choisisse celui des
oiseaux qui sera le plus de son goût, et qu'il
le serve à la compagnie.

Le Chevalier. Si Monsieur le Prieur veut être
ma caution, je m'acquitterai comme un autre.

La Comtesse. Pour moi, Messieurs, je vous
promets par avance un oiseau qui ne se trouve
qu'en Afrique : c'est le plus petit et le plus
beau de tous les oiseaux. Et s'il ne vous suffit
pas, pour vous dédommager, je vous servirai
l'autruche.

LES OISEAUX

(SUITE)

———

LE COMTE.
LA COMTESSE.
LE PRIEUR.
LE CHEVALIER.

SOMMAIRE. — Le moineau, le pivert, le héron, la cigogne, le cygne et le canard, le colibri, l'oiseau-mouche, l'autruche, le rossignol, le paon, le faucon excellent chasseur, l'aigle qui fait le pourvoyeur. — Migrations des cailles, des hirondelles, des grues. — Oiseaux de nuit.

Le Chevalier. Hier je me glissai sur le soir dans le cabinet de Monsieur le Comte, où je trouvai tout ouvert sur son bureau un magnifique album rempli d'oiseaux gravés et coloriés au naturel. Je me mis à parcourir ces différentes espèces d'oiseaux, et elles m'ont trotté toute la nuit dans la tête. Mais j'ai surtout été frappé du bec démesuré et des jambes extraordinairement longues que je remarquai à quelques-uns, tandis que d'autres avaient le bec fort court, et étaient si ramassés, qu'à peine leur voyait-on le bout des pattes. Après tout, il n'est question pour les uns et pour les autres, que de traverser l'air et de trouver leur nourriture. Pourquoi donc une si prodigieuse diversité dans leurs ailes, dans leurs becs, dans leurs ongles, et dans toutes leurs parties ? N'est-ce qu'un jeu de la nature ? ou bien ces formes différentes tendent-elles à quelque fin particulière ?

Le Comte. Il n'en est pas de la différence que vous trouvez entre le bec d'un oiseau, et celui d'un autre, comme de celle que vous voyez entre le nez d'un homme, et celui d'un autre homme. Ici un ou deux centimètres de plus ou de moins font toute la différence du plus long nez au plus court : du reste, c'est la même structure, et le même usage, tandis que dans les différentes espèces d'animaux, le bec, les

ongles, la longueur des ailes, et généralement
toutes les parties de leur corps ont été réglées
sur leurs besoins. Ce sont des outils proportionnés à la nature de leur travail, et à leur manière de vivre. Deux ou trois exemples suffi-
ront pour justifier ma pensée. Le moineau et la
plupart des petits oiseaux vivent des menus
grains qu'ils trouvent ou dans nos maisons, ou
à la campagne. Ils n'ont point d'efforts à faire,
ni pour rencontrer leur nourriture, ni pour la
mettre en pièces. Aussi ont-ils le bec petit, le
cou et les ongles assez courts, et cela leur suffit. Il n'en est pas de même de la bécasse, de la
bécassine, du courlis, et de beaucoup d'autres
qui vont chercher leur nourriture bien avant
dans la terre et dans le limon, d'où ils tirent les
coquillages et les vers dont ils vivent. La nature les a pourvus d'un cou et d'un bec fort
longs. Avec ces instruments ils creusent, ils
fouillent, et ne manquent de rien.

Le pivert, qui a une tout autre façon de
vivre, est tout différemment construit. Il a le
bec assez long et extraordinairement fort et

dur, la langue aiguë, démesurément longue, armée outre cela de petites pointes, et toujours enduite de glu vers son extrémité. Il a les jambes courtes, deux ongles par devant, deux ongles par derrière ; les uns et les autres sont crochus. Les plumes de sa queue sont très-résistantes et un peu recourbées. Tout cet appareil a rapport à sa manière de chasser et de vivre. Cet oiseau tire sa subsistance des petits vers ou insectes qui vivent dans le cœur de certaines branches, et plus communément sous l'écorce du vieux bois. C'est une chose très-commune que de trouver sous l'écorce de nos grosses buches, qui se détache facilement, les retraites de ces vermisseaux, creusées même fort avant. Le pivert avait besoin d'ongles crochus pour saisir les branches où il s'attache. Des jambes longues lui étaient inutiles pour atteindre ce qui est sous l'écorce. Il lui fallait une queue solide, pour s'en servir comme d'un arc-boutant, en grimpant sur les arbres. Un bec aigu et fort lui était nécessaire, parce qu'il est obligé d'essayer par les coups de bec qu'il donne le long des

branches, les endroits qui sont cariés et vides :
il s'arrête où la branche sonne le creux, et brise
avec son bec l'écorce et le bois, puis l'enfonce
dans le trou qu'il a fait, et pousse un grand cri
ou une sorte de sifflement dans le creux de
l'arbre, pour détacher et pour mettre en mouvement les insectes qui y dorment. Alors il
darde sa langue dans le trou, et à l'aide des aiguillons dont elle est hérissée, et de la colle
dont elle est enduite, il emporte ce qu'il trouve
de petits animaux, et en fait son repas.

Tout au contraire du pivert, le héron est haut
monté. Il a les jambes et les cuisses très-lon-
gues, et entièrement dégarnies de plumes, un
long cou, un bec démesuré, fort aigu, et den-
telé par le bout. Quelles sont les raisons d'une
figure en apparence si bizarre ? Le héron vit des
grenouilles, des coquillages, et des poissons
qu'il peut trouver dans les marais ou au bord
de la mer ou des rivières. Il ne lui fallait point
de plumes sur les cuisses pour marcher dans
l'eau et dans la fange. Mais des jambes fort hautes lui sont d'une grande commodité pour cou-

rir dans l'eau plus ou moins avant, le long des
bords où les poissons ont coutume de venir
chercher leur nourriture. Un long cou et un
long bec lui servent à pouvoir poursuivre et
atteindre sa proie bien avant. La dentelure et
les barbes de son bec, qui sont comme des
crochets recourbés en arrière, lui servent à
retenir le poisson qui pourrait lui échapper en
glissant. Enfin, ses grandes ailes qui paraissent
devoir être incommodes à un animal aussi
petit qu'est le héron par le corps, lui sont d'un
secours infini pour faire de grands mouvements dans l'air, et pour pouvoir emporter de
lourds fardeaux dans son nid, qui est quelquefois à une et deux lieues de l'endroit où il
pèche. Un de mes amis, qui a une propriété du
côté d'Abbeville, et qui s'étend le long d'une
petite rivière où les anguilles ne manquent
pas, vit un jour un héron qui en emportait une
des plus grosses dans sa héronnière, malgré
l'obstacle que les frétillements de l'anguille
devaient apporter à son vol. Ce que nous
avons dit du héron, on peut l'appliquer à

plusieurs autres espèces qui lui ressemblent.

La Comtesse. Voilà la première fois que j'entends faire quelques réflexions sur la destination de tous ces becs, qui, jusqu'à présent, m'avaient paru fort peu raisonnables. Mais je vois bien que c'est moi qui ne l'étais guère, et que toutes les critiques que nous faisons de la nature sont réellement un aveu de notre ignorance. Je ne sais pas, par exemple, à quoi peut servir le gros bec de la cigogne ; mais je ne m'aviserai plus d'y trouver à redire.

Le Prieur. C'est avec cet instrument qu'elle met en pièces les reptiles dont elle se nourrit, ou qu'elle porte à ses petits ; aussi devons-nous la respecter à cause des services signalés qu'elle nous rend.

La Comtesse. Je comprends. En raisonnant de la même façon, je devinerai, ce me semble, pourquoi ces cygnes que nous voyons là-bas sur ce canal, ont le cou long et le bec large. Les cygnes, les oies, et les canards fouillent sans cesse au fond de l'eau : apparemment qu'ils y trouvent de ces insectes ou vermisseaux dont vous parliez, il y a quelques jours. Nageant toujours et ne pouvant enfoncer, il leur faut un long cou pour atteindre jusqu'au fond. Et n'auraient-ils pas, tout à l'opposé des autres oiseaux, le bec fort large pour prendre à la fois une plus grande quantité de limon ou de gravier, et y saisir ce qui se trouve de vermisseaux en éparpillant le reste? Je soupçonne même que le dessus de leur bec est percé pour rejeter l'eau par cette ouverture, en avalant seulement le poisson ou l'insecte qu'ils ont pris. Au lieu de ces ongles crochus avec lesquels les oiseaux carnassiers peuvent attraper, tourner et retourner leur proie, et s'affermir sur les branches où ils se posent, les cygnes, les oies, et les canards ont des pieds plats ou de grandes pattes garnies de toiles ou de membranes, qu'ils étendent en forme de nageoires, et avec lesquelles ils poussent l'eau d'un côté, pour avancer de l'autre. Monsieur le Prieur, je suis subtile, comme vous voyez. Tout ceci était bien difficile à expliquer.

Le Prieur. Madame, le mérite des physiciens,

parmi lesquels nous vous comptons à présent,
ne consiste pas toujours à deviner des choses
difficiles ; mais à ouvrir les yeux sur ce que les
autres n'aperçoivent pas, et qu'ils foulent aux
pieds le plus souvent. Rien de plus rare que
des gens qui pensent et qui réfléchissent.

La Comtesse. Nous autres femmes, nous
sommes déchargées de ce soin. Il semble que
les hommes communément ne demandent pas
de nous que nous pensions. Parmi eux un peu
de brillant nous tient lieu de tout.

Le Prieur. Il faut avouer que leur indulgence
est grande en ce point, et les dames n'ont point
à se plaindre d'eux.

La Comtesse. Permettez-moi de vous dire
que nous avons, au contraire, infiniment à
nous en plaindre. Cette indulgence mal enten-
due nous fait un tort irréparable ; car c'est ce
qui nous rend vaines, inappliquées, incapables
d'élévation, sans connaissances, sans discernement, sans fermeté ; et nous pouvons assurer
que les hommes, par la conduite qu'ils tiennent
a notre égard, travaillent à former en nous

tous les défauts qu'ils y reprennent. N'est-ce pas une des maximes de leur politesse de ne nous parler que de bagatelles ? Dans le langage qu'ils nous tiennent, dans les attentions qu'ils nous témoignent, on voit qu'ils nous regardent ou comme des enfants, ou comme des idoles. La conversation qu'ils ont avec nous se borne toujours aux modes, au jeu, et à de fades compliments. C'est une espèce de miracle quand quelqu'une d'entre nous sauve son esprit du naufrage, et montre un peu de justesse et de solidité. Ce n'est pas, par exemple, une grande perte pour nous de n'avoir pas appris les anciennes langues : je suis assurément dans la plus parfaite indifférence pour ces recherches savantes et pour ces sciences sombres, qui, en nous appliquant trop, nous rendraient inutiles à la société; mais notre sort est à plaindre de n'avoir la plupart aucune connaissance solide de notre religion, d'ignorer l'histoire du genre humain, qui est aussi l'histoire du cœur humain, et de ne savoir presque rien des ouvrages de Dieu

Pour moi, je vous avoue que je n'ai trouvé
que des gens qui semblaient avoir conjuré la
ruine du peu de bon sens qui se pouvait trouver en moi. Monsieur le Comte est le premier
qui m'a rendu la justice de croire que je tenais
comme les autres à la raison. Il paraît par les
discours qu'il me tient, qu'il est persuadé que
je puis penser ; et n'est-ce pas me faire honneur, que de ne me pas croire indigne d'entendre parler des choses qui s'offrent partout
à nos yeux, ou qui sont les plus nécessaires
à la vie ; de savoir les raisons de la taille d'un
arbre, les soins qu'on donne à la terre, les
propriétés d'une plante qui se rencontre à la
promenade sous nos pieds ? Depuis que Monsieur m'a mise dans l'habitude de réfléchir et
de m'occuper, ma maison de campagne me
paraît un paradis terrestre. Je jouis des beautés
et des richesses dont la nature est pleine, mais
qui étaient des richesses perdues pour moi,
lorsque le nom même ne m'en était pas connu.

Le Comte. Les plaintes que vous faites des
hommes sont assurément très-bien fondées. Il

n'en est pas de même de l'aveu que vous faites des mauvaises qualités des dames. Il y en a certainement beaucoup dont le bon sens est la qualité dominante, et qui ont l'esprit aussi judicieux que délicat : soit qu'elles doivent cette solidité à une heureuse culture, soit que leur bon naturel répare en elles les défauts d'une faible éducation. Mais, tandis que nous faisons, vous des lamentations sur le sort des dames, et moi leur apologie, nous ne voyons pas que le pauvre Chevalier ne fait que bâiller.

La Comtesse. Il n'a pas tout à fait tort : je lui avais promis deux oiseaux étrangers, et je lui donne de la morale : ce n'est pas son compte. Ce que je m'en vais vous dire, Monsieur le Chevalier, je le tiens d'un marchand de Saint-Malo, grand navigateur, avec qui mon mari est en relation pour fournir son cabinet des curiosités étrangères. Il y a six mois qu'il nous vint voir, au retour d'un nouveau voyage qu'il venait de faire en Amérique et sur les côtes de Guinée. Il me fit présent de deux colibris, de deux oiseaux-mouches, et de deux œufs d'autruche, et nous raconta quelques particularités amusantes sur ces oiseaux.

Le colibri est un oiseau d'Amérique, qui peut passer pour une petite merveille de la nature à cause de sa beauté, de sa façon de vivre, et de sa petitesse. Plus petit que l'oiseau-mouche, il l'emporte sur lui par l'éclat et par la variété de ses couleurs, qui imitent l'arc-en-ciel. Il a un rouge si vif sur le cou, qu'on le prendrait pour un rubis. Le ventre et le dessous des ailes sont jaunes comme de l'or, les cuisses vertes comme une émeraude, les pieds et le bec noirs et polis comme de l'ébène, les deux yeux comme des diamants en ovale et de couleur d'acier bruni, la tête verte, avec des reflets d'or d'un éclat surprenant. Les mâles ont sur la tête une petite huppe où se rassemblent toutes les couleurs qui brillent dans le reste du corps. Ces oiseaux volent si brusquement, qu'on les entend toujours plutôt qu'on ne les voit. Ils ne vivent, dit-on, que de la rosée et du suc des fleurs, qu'ils puisent avec leur petite langue plus longue que leur bec. Cette langue leur tient lieu d'une trompe, qu'ils renferment et retirent dans leur bec comme dans un étui. Le bec, qui n'est guère plus gros qu'un aiguillon, les rend redoutables à de gros oiseaux qui cherchent à surprendre les petits du colibri dans leur nid. Dès que celui-ci paraît, le voleur fuit en criant de toutes ses forces, parce qu'il sent à quel ennemi il a affaire. Le colibri se met à ses trousses, et s'il peut l'atteindre, il s'attache avec ses petites griffes sous son aile et le pique avec son bec pointu jusqu'à ce qu'il l'ait mis hors de combat. Voici dans une très-petite boîte deux de ces jolis oiseaux, qui ne laissent pas, étant proprement desséchés, de conserver encore une partie de leurs riches couleurs. Ces deux autres que vous voyez attachés ou suspendus par les pattes à un petit anneau d'or, sont deux oiseaux-mouches : on en a fait deux pendants d'oreilles, et il faut avouer qu'il n'y a point de perles qui en égalent la beauté.

Le Chevalier. Voilà des oiseaux en miniature. Vos papillons n'ont pas de couleurs plus éclatantes. Mais, Madame, je voudrais bien savoir si cette charmante odeur leur est naturelle.

La Comtesse. Bien des gens croient qu'elle leur vient du suc des fleurs dont ils se nourrissent ; mais mon marchand m'a avoué qu'il croyait qu'on mettait un peu d'ambre gris ou de gomme odoriférante dans le coton dont on les remplit pour les conserver.

Le Comte. Le moyen le plus sûr pour les avoir sous les yeux, sans les exposer à être rongés par les mites ou par d'autres insectes, est de les conserver dans des boîtes composées de plusieurs lames de verre, dont on unit proprement les extrémités avec des bandes de parchemin trempées dans une colle amère ou pleine de verre pulvérisé.

Le Chevalier. La dent ni la tarière des insectes n'y trouveront plus d'avenue. Madame nous a, ce me semble, promis l'histoire de l'autruche.

La Comtesse. L'autruche est le plus grand des oiseaux qu'il y ait au monde. On la trouve plus en Afrique que partout ailleurs. Elle a la tête autant et souvent plus élevée que celle d'un homme qui est à cheval. Sa tête et son bec tiennent de ceux du canard, son cou de celui du cygne, mais il est beaucoup plus long. Son corps a quelque chose du chameau, ayant comme lui le cou fort long et le dos élevé. Les deux ailes de l'autruche sont fortes, mais trop courtes pour la soulever de terre : elles lui servent seulement de voiles ou de rames pour fendre et pour pousser l'air, ce qui donne une grande vitesse à sa course. Elle a les jambes et les cuisses d'un héron, proportion gardée, et le pied appuyé sur trois doigts armés d'une corne aiguë, pour mieux marcher.

Ses œufs sont gros comme la tête d'un enfant, et pèsent environ trois livres. La coque en est marbrée, parfaitement polie et très-résistante. Je vous montrerai ceux dont on m'a fait présent. On a fait sur le compte de l'autruche bien des calomnies ; on lui reproche de déposer ses œufs dans le sable, et de laisser au soleil le soin de les faire éclore. Cette indifférence, dont on l'accuse, ne lui a pas fait une belle réputation; et dans les pays où elle habite, quand on veut parler d'une mère qui aime peu ses enfants, on la compare, dit-on, à l'autruche.

Mais rien ne justifie ces reproches. La Providence ne se dément jamais dans ses œuvres, et ce serait croire qu'en donnant aux autres animaux l'instinct et l'amour maternel, elle a oublié l'autruche. Il est certain, au contraire, que celle-ci prend un grand soin de ses œufs, et qu'elle ne les perd jamais de vue. Si elle s'éloigne pour quelque temps, c'est pour aller chercher sa nourriture, qui, consistant en matières végétales, ne se rencontre pas partout dans le désert, et exige quelquefois une assez longue course. Elle sait du reste que la chaleur du soleil ne permet pas à ses œufs de se refroidir, et elle est sans inquiétude. Mais quand le soir arrive, ou que la saison devient froide, elle couve ses œufs alternativement avec le mâle, avec autant d'assiduité que tous les autres oiseaux.

Elle pousse même la prévoyance plus loin. Quelques voyageurs assurent que l'autruche dépose en dehors de son nid plusieurs œufs qu'elle ne couve pas, afin que les petits, après leur éclosion, dans un moment où leurs pattes ne sont pas encore assez fermes pour aller chercher au loin leur nourriture, trouvent pendant quelques jours encore des vivres tout prêts, dans le voisinage de leur berceau.

Le Chevalier. Cette explication me réconcilie avec l'autruche; mais s'il faut lui reconnaître du cœur, il faut dire aussi que la cervelle ne domine pas chez elle. Il paraît que, quand elle est poursuivie par les chasseurs, elle court se cacher la tête derrière un arbre. Tout son gros corps reste à découvert; mais comme elle ne voit plus le chasseur, elle se croit invisible et à l'abri de tout danger.

Le Comte. Cette accusation me paraît une absurdité. L'autruche, confiante dans la rapidité de sa course, cherche toujours son salut dans la fuite, et ne songe point à se cacher. Et même, quand elle est fatiguée, et cernée par les chasseurs, elle se défend avec courage, et donne de vigoureux coups de pattes à ses agresseurs.

Le Chevalier. Je n'ose plus guère m'avancer ; je vous demanderai cependant si les autruches mangent et digèrent le fer, comme on le dit.

Le Comte. Il est vrai qu'elles sont d'une voracité peu commune. Chez elles, le sens du goût est si peu développé, qu'elles s'accommodent de tout, et avalent tout ce qui est à leur portée, surtout dans l'état de domesticité. Le fer, le cuivre, le bois, la pierre, le verre, tout leur convient, mais elles ne les digèrent pas. Si elles mangent ces matières grossières, ce n'est pas pour en tirer quelque nourriture : c'est tout d'abord chez elles une question de gloutonnerie ; mais peut-être aussi que ces matières les aident à broyer leurs aliments, ou que leur poids facilite le passage de ces aliments dans l'intestin.

La Comtesse. Avant de quitter l'autruche, disons un mot de son utilité pour nous. Elle nous donne de très-belles plumes, fort larges et fort longues ; les unes blanches, les autres noires, mais qu'on teint de toutes sortes de couleurs. On en embellit l'impériale des lits, le coin du dais des grands seigneurs, et les toques des enfants. Les cavaliers en parent leurs chapeaux; les dames en font faire de jolis éventails. Les acteurs de tragédie en rehaussent leur taille; et il faut convenir qu'on ôterait bien du grandiose à nos héros de théâtre, si on leur ôtait les plumes d'autruche.

Messieurs, je vous ai donné le plus petit et le plus grand de tous les oiseaux. Entre ces deux extrémités, vous avez à choisir : le champ est grand.

Le Prieur. Il est si grand, que je m'y perds : l'abondance même fait mon embarras.

La Comtesse. Puisque tout vous est égal, laissez-moi vous distribuer vos rôles. Monsieur le Prieur, en homme de bon goût, devrait se charger de vous faire valoir les oiseaux qu'on estime, ou pour la douceur de leur chant, ou pour la beauté de leur plumage ; mais il en sera quitte pour nous dire deux mots sur le rossignol et sur le paon. Il ne se plaindra pas d'être **mal** partagé. Monsieur le Comte, en grand chasseur, nous doit donner les oiseaux de proie. Monsieur le Chevalier m'a dit à l'oreille qu'il nous réservait les oiseaux de passage. En voilà, ce me semble, de toutes les espèces, à moins que quelqu'un ne veuille y ajouter la chauve-souris et le hibou.

Le Prieur. De tous les oiseaux, il n'y en a point qui tiennent meilleure compagnie à l'homme que ceux qui ont reçu le don du chant et de la parole. Mais quelque plaisir que ceux-ci puissent faire, le rossignol les efface tous, et plaît autant à lui seul que tous les autres ensemble. Après qu'on a entendu la plus belle symphonie, on se trouve agréablement surpris d'entendre un excellent violon sans accompagnement. Qu'un artiste en renom, au milieu du plus beau concert, commence à jouer seul et à faire vibrer quelques-uns de ces coups d'archet qui le distinguent, chacun se réveille. On admire l'habileté extraordinaire avec laquelle il tire et module tous ses sons. On n'est pas moins touché de la douceur extrême qui en est inséparable. Il sait continuellement varier ses accords ; ce qu'il joue actuellement reçoit un relief infini de ce qui a précédé, et donne par avance de l'agrément et du prix à ce qui va suivre. Il mène l'oreille de surprise en surprise. Il n'y a personne qui ne soit attaché par la beauté du chant, et les connaisseurs les plus difficiles sentent partout une multitude et une justesse d'accords qui leur font trouver, pour ainsi dire, un orchestre entier dans un seul instrument. Il en est de même du concert des oiseaux. Après qu'on leur a entendu célébrer en grand chœur l'auteur de la nature, et publier les bienfaits de celui qui les nourrit, c'est une agréable nouveauté sur le soir que d'entendre le rossignol commencer à chanter seul et continuer bien avant dans la nuit. On croirait qu'il sait combien valent ses talents, et que c'est par complaisance pour l'homme, autant que pour sa satisfaction propre, qu'il se plaît à chanter quand tous les autres se taisent. Rien ne l'anime tant que le silence de la nature. C'est alors qu'il compose et exécute sur tous les tons. Il va du sérieux au badin ; d'un chant simple au gazouillement le plus varié ; des tremblements et des roulements les plus légers, à des soupirs languissants et plaintifs, qu'il abandonne ensuite pour revenir à sa gaieté naturelle. On est souvent tenté de connaître l'aimable musicien qui nous amuse si obligeamment le matin et le soir. On le cherche, et il se cache : les grands génies ont leurs caprices. A l'entendre seulement, on lui prêterait une grande taille. Il semble qu'il faudrait une poitrine vigoureuse et des organes infatigables pour fournir et soutenir sans aucun affaiblissement, pendant plusieurs heures, des sons si gracieux et si forts, des agréments si multipliés et si piquants, en un mot, une musique si prodigieusement variée : et cependant on trouve que c'est le gosier d'un très-petit oiseau qui, sans maître, sans étude ni préparation, opère toutes ces merveilles.

Ce qu'est le rossignol pour l'oreille, le paon l'est pour les yeux. Il est vrai que le coq, le canard sauvage, le martin-pêcheur, le chardonneret, les grands perroquets, le faisan, et beaucoup d'autres sont très-proprement habillés, et qu'on se plaît à considérer les grâces et le goût de leurs différentes parures. Mais qu'on voie paraître le paon, tous les yeux se réunissent sur lui. Le port de sa tête, la légèreté de sa taille, les couleurs de son corps, les yeux et les nuances de sa queue, l'or et l'azur dont il brille de toute part, cette roue qu'il promène avec pompe, sa contenance pleine de dignité, l'attention même avec laquelle il étale ses avantages aux yeux d'une compagnie que la curiosité lui amène, tout en est singulier et ravissant. Cet oiseau est à lui seul un spectacle. Mais avec cette multitude d'agréments, croiriez-vous qu'on pût ennuyer et déplaire? C'est ce qui arrive au paon. Il entretient mal son monde ; il ne sait ni causer ni chanter. Son langage est affreux : c'est un cri à faire peur : tandis qu'avec des manières plus modestes et plus simples, le serin, la linotte, la fauvette et le perroquet vont vivre avec nous quinze et vingt années sans nous ennuyer un seul moment. Ils sont gens d'esprit et de bon entretien, c'est tout dire. Ce n'est rien moins qu'un brillant extérieur, qui rend la société douce et de longue durée.

Je me suis peut-être trop étendu sur les ajustements et sur la musique. Ces choses sont peu de mon état : Monsieur le Comte aura plus de grâce à nous entretenir de la chasse à l'oiseau : c'est le vrai lot d'un gentilhomme. Je le prie donc de nous parler de la chasse faite avec le faucon ; quoiqu'elle soit tombée en désuétude, elle n'en piquera pas moins vivement notre curiosité.

Le Comte. Cette chasse était autrefois l'un des exercices les plus nobles, et l'un des mieux faits pour montrer quel pouvoir l'homme peut acquérir sur les animaux. On a trouvé le secret de mettre à profit la voracité même des oiseaux, et de les employer à faire la guerre, soit aux espèces les plus timides, comme le pigeon et la poule ; soit aux oiseaux dont la chair est exquise, mais qui vivent loin de nous et nous évitent avec soin, comme la gélinotte et le faisan ; soit même aux quadrupèdes de petite et de moyenne taille, comme le lièvre et le chevreuil.

On fait cas pour ces différentes chasses du faucon, du gerfaut, du lanier, du sacre, de l'émerillon, de l'épervier, et de l'autour ; mais, en général, le faucon et l'autour sont d'un service plus sûr et plus ordinaire que les autres. Le faucon et tous les premiers, qui constituent la haute volerie, s'élèvent extrêmement haut, et on en fait différents vols suivant leur destination ; les uns pour prendre le héron, d'autres sont pour le milan, pour les courlis, pour les hiboux. Mais ces plaisirs sont d'une grande dépense, et ne conviennent guère qu'à des rois ou à des personnes puissamment riches. L'autour est bon pour la basse volerie : il est rusé ; il fait bien la guerre aux perdrix, et garnit le crochet d'excellent gibier. Un gentilhomme prudent laisse le faucon aux princes, et se contente de l'autour.

La manière dont on les dresse et dont on les met en œuvre est fort agréable. Ceux qu'on élève à cet exercice sont ou des oiseaux *niais*, ou des oiseaux *hagards*. On appelle oiseaux niais ceux qui ont été pris dans le nid, et qui ne sont pas encore sortis. On appelle oiseaux hagards ceux qui ont joui de la liberté avant que d'être pris. Ceux-ci sont plus difficiles à *affaiter*, c'est-à-dire, à apprivoiser. Mais avec un peu de patience et d'adresse on parvient, comme on dit en termes de fauconnerie, à les rendre *gracieux* et de bonne *affaire*. Quand ils sont trop farouches, on les affame : on les empêche de dormir pendant trois ou quatre jours et autant de nuits ; on est toujours avec eux : de cette sorte ils se familiarisent avec le fauconnier, et font enfin tout ce qu'il veut. Son principal soin est de les accoutumer à se tenir sur le poing, à partir quand il les jette, à connaître sa voix, son chant, ou tel autre signal qu'il leur donne et à revenir à son ordre sur le poing. On les attache d'abord avec une filière ou longue corde de quinze à vingt mètres, pour les empêcher de fuir lorsqu'on les *réclame*, jusqu'à ce qu'ils soient *assurés*, et ne manquent plus de revenir au rappel.

Pour amener l'oiseau à ce point, il le faut *leur-rer*, et voici en quoi consiste le leurre.

Le leurre est un morceau d'étoffe ou de bois rouge, garni de bec, d'ongles et d'ailes. On y attache la viande destinée au faucon ; on lui jette le leurre quand on veut le réclamer ou le rappeler ; et la vue d'un pât, c'est-à-dire la nourriture qu'il aime, jointe à un certain bruit, le ramène bien vite. Dans la suite la voix seule suffira. On donne le nom de *tiroir* aux diffé-rents plumages dont on équipe le leurre. Veut-on accoutumer le faucon à la chasse du milan, ou du héron, ou du perdreau ? On change de tiroir selon le but qu'on se propose. Pour la chasse du milan, on ne met sur le leurre que le bec et le plumage du milan ; ainsi des autres : et pour mieux attirer l'oiseau vers son objet, on attache sur le leurre de la chair de poulet ou autre, mais toujours cachée sous le tiroir ou sous les plumes du gibier qu'on a imité. On y ajoute du sucre, de la cannelle, et autres friandises propres à exciter le faucon à une chasse plutôt qu'à une autre : de sorte que

par la suite, quand il s'agit de chasser tout de
bon, il tombe sur sa proie avec une ardeur
merveilleuse. Après trois semaines ou un mois
d'exercice à la chambre ou au jardin, on commence à essayer l'oiseau en pleine campagne,
on lui attache des sonnettes ou des grelots aux
pieds pour être plutôt instruit de ses mouvements. On le tient toujours chaperonné, c'est-
à-dire, la tête couverte d'un cuir qui lui descend sur les yeux, afin qu'il ne voie que ce
qu'on lui veut montrer ; et sitôt que les chiens
arrêtent ou font lever le gibier que l'on cherche,
le fauconnier déchaperonne l'oiseau, et le jette
en l'air après sa proie. C'est alors une chose
divertissante que de le voir ramer, planer,
voler en pointe, monter et s'élever par degré,
jusqu'à se perdre dans la moyenne région de
l'air. Il domine ainsi la plaine : il étudie les
mouvements de sa proie que l'éloignement de
l'ennemi a rassurée : puis tout à coup il fond
dessus comme un trait et la rapporte à son
maître qui le réclame. On ne manque pas,
surtout dans les commencements, de lui don-

ner *gorge chaude* quand il est retourné sur le poing ; c'est-à-dire qu'on lui abandonne le gésier et les entrailles de la proie qu'il a rapportée. Ces récompenses et les autres caresses du fauconnier animent l'oiseau à bien faire, à n'être pas libertin ou *dépiteux ;* surtout à ne pas *emporter ses sonnettes,* c'est-à-dire à ne pas s'enfuir pour ne plus revenir , ce qui leur arrive quelquefois.

Mais j'ai grand tort d'entretenir Monsieur le Chevalier d'une chasse dont il a lu sans doute plusieurs fois les détails.

Le Chevalier. Je les ai lus en effet; mais je ne savais rien de l'éducation de l'oiseau, et vous m'avez vivement intéressé. Je voudrais bien savoir aussi comment on dresse les faucons à la chasse du lièvre et du lapin, aussi bien qu'à toute autre.

Le Comte. C'est ce qu'on appelle mettre l'oiseau à poil; et il y a même tel faucon qu'on met à la plume et au poil, c'est-à-dire, qu'on l'accoutume à la chasse du lièvre comme au vol du faisan, ou de tout autre oiseau. La difficulté n'en est pas grande. Quand le faucon est bien affaité, on prend un lièvre en vie et on lui casse une jambe, ou bien on prend une peau de lièvre qu'on bourre de paille; et après avoir attaché dessus un morceau de chair de poulet, ou de ce que le faucon aime le mieux, on attache cette peau à une petite corde fort longue qui tient à la sangle d'un cheval. Etant traînée par le cheval qu'on pousse, elle paraît à l'oiseau comme un lièvre qui fuit, ce qui invite le faucon à se jeter dessus. Il apprend de la sorte à connaître le lièvre.

On a fait encore mieux : on a dressé des oiseaux pour la chasse du chevreuil, pour celle du sanglier, et même pour celle du loup, ce qui est quelquefois d'un grand secours, quand les loups se multiplient. Voici comment l'on s'y prend.

On accoutume de bonne heure les jeunes faucons à manger ce qu'on leur a préparé dans le creux des yeux d'un loup, ou d'un sanglier, ou d'une bête fauve. On garde pour cela la tête et la peau du premier animal qu'on peut tuer : on fait bourrer cette peau, de manière que l'animal paraisse vivant : et ces faucons n'ont à manger que ce qu'ils vont prendre par l'ouverture des yeux dans la cavité de la tête. Ensuite on commence à faire mouvoir peu à peu cette figure, tandis que le faucon y mange. L'oiseau apprend à s'y affermir, quoiqu'on fasse avancer et reculer la bête à pas précipités. Il perdrait son repas, s'il lâchait prise : ce qui le rend industrieux et attentif à se bien cramponner sur le crâne pour fourrer son bec dans l'œil, malgré le mouvement. Après ces premiers exercices, on met la carcasse en question sur une charrette, qu'on fait tirer par un cheval lancé à toute bride. L'oiseau suit et mange toujours. Quand on le mène à la chasse il ne manque pas de fondre sur la première bête qu'il aperçoit, et de se planter d'abord sur la tête pour lui becqueter les yeux. Il la fatigue, il l'aveugle, il l'arrête, et donne ainsi au chasseur le temps de venir et de la tuer sans risque, lorsqu'elle est plus occupée de l'oiseau que du chasseur.

Le Chevalier. Il n'y a pas de chiens qui puissent rendre les services qu'on tire de ces oiseaux-là.

Le Prieur. On fait encore plus ; on se fait quelquefois servir par des aigles sans les avoir apprivoisés. J'ai connu un comte dont la table était exquise, et qui n'avait point d'autre maî- tre-d'hôtel qu'un aigle. C'était un aigle qui lui fournissait tous les mets friands qu'on lui ser- vait.

Le Chevalier. Ce maître-d'hôtel avait-il de bons appointements ?

Le Prieur. Vous allez voir quel était son ser- vice et quelle était sa récompense. Dans le voyage dont je vous ai parlé, j'étais dans la compagnie d'un savant, qui voulut voir les an- tiquités de Nîmes avant d'arriver à Marseille. Nous prîmes notre route par Saint-Flour, pour passer de là à Mende, dans le Gévaudan, et en- trer dans les Cévennes. Comme il était fort connu, on le recevait partout d'une manière distinguée. Un de ses amis l'invita à passer quelques jours chez lui, et le régala de son mieux. Dans le premier repas qu'il nous donna, nous remarquâmes avec quelque surprise, qu'on ne servait aucune pièce de volaille ni de gibier, qu'il n'y manquât ou la tête, ou l'aile, ou la cuisse, ou quelque autre partie : ce qui fit dire agréablement à notre hôte qu'il fallait le pardonner à la gourmandise de son pourvoyeur, qui goûtait toujours le premier à ce qu'il apportait. Comme nous lui demandâmes quel était ce pourvoyeur, et qu'il vit qu'on riait de cette nouvelle méthode de servir, il nous dit: Dans ce pays de montagnes, qui est un des plus riches du royaume par sa fertilité, les aigles ont coutume de faire leur nid dans le creux de quelque roche inaccessible, où l'on peut à peine atteindre à force d'échelles et de grappins. Sitôt que les bergers s'en sont aperçus, ils bâtissent au pied de la roche une petite loge où ils se mettent à couvert de la furie de ces dangereux oiseaux, lorsqu'ils apportent la proie à leurs petits. Le mâle les nourrit avec soin pendant trois mois, et la femelle est occupée du même travail tant que l'aiglon n'a pas la force de sor-

tir de son aire ; après quoi ils lui font prendre
l'essor, et le soutiennent de leurs ailes ou de
leurs serres lorsqu'il est prêt de tomber. Pendant tout le temps que l'aiglon demeure dans
l'aire, ils vont tous deux à la petite guerre dans
les pays d'alentour. Chapons, poules, canards,
agneaux, chevreaux, cochons de lait, tout les
accommode dans les basses-cours : ils enlèvent
tout ce qu'ils peuvent, et le portent à leurs petits : mais leur meilleure chasse se fait à la campagne, où ils prennent des faisans, des perdrix,
des gélinottes, des canards sauvages, des lièvres, et de petits chevreuils. Quand les bergers
voient que le père et la mère sont sortis, ils
plantent leurs échelles : ils grimpent comme ils
peuvent sur la roche, et en enlèvent ce que les
aigles ont apporté à leurs petits. Ils laissent à la
place les entrailles de quelques animaux. Mais
comme ils ne le peuvent faire si promptement,
que les aiglons n'en aient déjà mangé une partie, il en résulte que tout ce que les bergers
rapportent est mutilé. En récompense, ce gibier
est bien meilleur que celui qu'on vend au mar-

ché. Il ajouta que quand les aiglons sont assez forts pour s'envoler, ce qui n'arrive que tard, parce qu'on les a privés d'une nourriture excellente, pour leur en donner une fort mauvaise, les bergers enchaînent ces aiglons, afin que le père et la mère continuent à leur apporter de leur chasse, jusqu'à ce que dégoûtés de pareils enfants qui les accablent sans fin de travail et de soin, le père le premier et la mère ensuite les abandonnent. Le père va planter le piquet ailleurs. La mère va rechercher son fidèle ami, et l'amour de leurs nouveaux enfants leur fait oublier les premiers que les bergers laissent périr dans l'aire, à moins qu'ils ne les emportent chez eux par pitié.

Voilà ce que nous assura cet hôte privilégié, en nous disant qu'il ne fallait que trois ou quatre de ces aires pour entretenir splendidement sa table toute l'année. Bien loin de murmurer contre celui qui a créé les aigles et les vautours, il se félicitait beaucoup de leur voisinage, et il comptait autant de rentes annuelles qu'il y avait de nids de vautours ou d'aigles dans le voisinage.

Le Comte. Monsieur le Prieur, à propos d'aigles, savez-vous que nous avons ici un jeune aiglon qui commence à voler seul ? Je veux parler
du Chevalier qui est venu ce matin dans mon
cabinet feuilleter, faire des recherches, con-
fronter des auteurs, écrire et composer. Il ne
faut plus que le laisser faire.

Le Chevalier. Appelez-moi plutôt l'oiseau
niais, qui n'a jamais rien vu... J'étais en peine
de savoir ce que devenaient les hirondelles et
tant d'autres oiseaux qu'on voit pendant
un temps, et qui disparaissent tout d'un
coup. Voici le peu que j'ai pu recueillir là-
dessus.

Il y a des oiseaux de passage qui se plaisent
dans les pays froids ; d'autres se plaisent dans
les climats tempérés, ou même dans les plus
chauds. Quelques espèces se contentent de
passer d'un pays dans un autre, où l'air et la
nourriture les attirent en certains temps. D'autres traversent les mers et entreprennent des
voyages d'une longueur qui surprend. Les
oiseaux de passage les plus connus sont les

cailles, les hirondelles, les canards sauvages, les pluviers, les bécasses et les grues ; mais il y en a encore beaucoup d'autres.

Les cailles, au printemps, passent d'Afrique en Europe, pour y jouir d'un été modéré et plus supportable qu'en Afrique. Sur la fin de l'automne elles s'en retournent par-dessus la Méditerranée, pour jouir dans l'Egypte et dans l'Algérie d'une chaleur douce et semblable à celle des climats qu'elles abandonnent, lorsque le soleil est par-delà l'équateur. Les cailles s'en vont par troupes nombreuses, et volent toutes ensemble, le plus souvent au clair de la lune. Quand elles rencontrent sur leur chemin une île ou un rocher, elles s'y arrêtent ; souvent même elles s'abattent sur les vaisseaux, où on les prend sans aucune peine.

La méthode des hirondelles semble différente, et elle m'a paru tellement invraisemblable que je n'ose y croire. J'ai lu qu'elles se cachaient sous terre dans des trous, en s'accrochant les unes aux autres, pattes contre pattes, bec contre bec, et qu'elles dormaient ainsi tout l'hiver. Je.demanderai à Monsieur le Comte ce qu'il en pense.

Le Comte. Cette opinion a été admise autrefois par plusieurs naturalistes; mais depuis longtemps l'expérience en a fait justice. Les hirondelles se rassemblent vers la fin de septembre ou dans les premiers jours d'octobre, et elles choisissent un grand arbre ou le sommet d'un édifice pour y délibérer sur l'opportunité du départ. Elles sont en troupes de trois ou quatre cents, et leur babil est très-animé. On les voit ensuite prendre leur essor toutes ensemble, et se diriger vers le midi en colonnes serrées. Elles volent jour et nuit, et au bout de cinq ou six jours, elles arrivent sur les côtes du Sénégal, où elles trouvent des insectes en abondance. C'est là qu'elles passent l'hiver, sans faire de couvées, car elles ne ramènent pas de jeunes. Au printemps, quand les beaux jours reviennent et que l'air se peuple de moucherons, elles reviennent de l'exil, rentrent sans se tromper dans l'endroit qu'elles ont quitté, et pondent dans le même nid. On a pu bien des fois s'assurer du fait, en leur attachant à la patte un petit ruban avant leur départ. Maintenant, Chevalier, je vous rends la parole.

Le Chevalier. Quant aux canards sauvages et aux grues, les uns et les autres vont aussi, aux approches de l'hiver, chercher des climats plus doux. Tous s'assemblent à un certain jour comme les hirondelles et les cailles. On décampe de compagnie, et c'est une chose assez agréable de les voir voler. Ils s'arrangent ordinairement sur une longue colonne, comme un I, ou sur deux lignes réunies en un point, comme un A renversé. Le canard ou la grue qui fait la pointe, fend l'air, et facilite le passage à ceux qui suivent. Il n'est qu'un temps chargé de la commission : il passe de là à la queue et un autre lui succède. On leur prête encore bien d'autres adresses ; mais j'y ai ajouté peu de foi.

La Comtesse. J'ai souvent entendu parler de certains petits hommes, haut d'un pied et demi, qui font, dit-on, la guerre aux grues à leur arrivée le long des côtes de la mer Rouge. Il me semble qu'on les appelle des... des pygmées.

Le Prieur. Ces petits hommes sont probablement des singes qui se battent avec les grues pour conserver leurs petits, qu'elles veulent leur enlever.

La Comtesse. Quoique je sois accoutumée à remarquer, tous les ans en automne, un certain jour où toutes les hirondelles s'assemblent pour partir de compagnie ; quoique j'aie vu très-souvent des bandes d'oiseaux qui s'en vont en voyage, c'est toujours un prodige pour moi. Dans leur passage au-dessus des royaumes et des mers, je ne sais ce qu'il faut le plus admirer, ou de la force qui les soutient dans un si long trajet, ou de l'ordre avec lequel tout s'exécute. Qui est-ce qui a appris à leurs petits qu'il faudrait bientôt quitter leur pays natal, et voyager dans une terre étrangère ? Pourquoi ceux qui sont retenus dans une cage s'agitent-ils dans le temps du départ, et semblent-ils affligés de ne pas être de la partie ? Qui est-ce qui prend soin chez eux d'assembler le conseil pour fixer le jour du départ ? Qui est-ce qui sonne de la trompette pour annoncer au peuple la résolution prise, afin que chacun se tienne prêt ? Ont-ils un calendrier pour reconnaître la saison et le jour où il faut se mettre en route ? Ont-ils des magistrats pour maintenir la discipline, qui est si grande parmi eux ? Car avant la publication de l'ordonnance, personne ne déloge. Le lendemain du départ il ne paraît ni traîneurs ni déserteurs. Ont-ils des cartes pour régler la marche ? Connaissent-ils les îles où ils pourront se reposer, et trouver des rafraîchissements ? Ont-ils une boussole pour suivre invariablement le côté où ils se proposent d'arriver, sans être dérangés dans leur vol, ni par les pluies, ni par le vent, ni par l'obscurité affreuse de plusieurs nuits ? Ou bien enfin ont-ils une raison supérieure à celle de l'homme, qui n'ose tenter ce passage qu'avec tant de machines, de précautions et de provisions ?

Le Prieur. Madame, ils n'ont assurément ni cartes, ni boussole, ni raison ; mais Dieu leur tient lieu de tout : il leur imprime à tous une méthode particulière, et des sentiments qui suffisent pour leur état.

Le Comte. Si ces opérations étaient produites en eux par une raison qui leur fût propre et personnelle ; si Dieu les avait abandonnés à leur intelligence particulière, cette intelligence, qui paraît en eux si admirable et si étendue, ne s'assujétirait pas toujours à la même façon d'agir.

Le Prieur. Sans doute tous les individus d'une même espèce ayant en eux le principe et la règle de leur conduite, comme nous avons en nous le principe de la nôtre, et chacun d'eux, comme parmi nous, pensant à sa manière, ils varieraient comme nous. Les hirondelles chinoises ne bâtiraient point comme les hirondelles françaises. Il y aurait parmi elles le goût asiatique et le goût grec ou romain. Les hirondelles d'Italie et de France, seules en possession de ce bon goût, regarderaient en pitié l'architecture chinoise. En France même, les hirondelles de Paris n'auraient garde de se loger et de vivre à la manière des hirondelles provinciales. Elles feraient la mode en tout, et la communiqueraient à celles-ci, puis se moqueraient de cette mode comme d'une chose risible et gothique, dès qu'il leur serait venu en tête d'en établir une autre. S'il y avait de la raison chez les hirondelles, il y aurait de la subordination. Les plus intelligentes ou les plus entreprenantes acquerraient sans doute les premiers postes parmi elles. Par une suite nécessaire, les hirondelles de distinction ne voudraient point se déclasser, et laisseraient aux hirondelles du commun le soin de travailler. Elles se feraient une affaire fort sérieuse de savoir babiller plus délicatement que les autres. Elles raffineraient sur la manière de lustrer leurs plumes et de se bien mettre. Ce seraient elles qui donneraient le ton aux autres, et les dernières venues auraient toujours bien meilleure grâce que celles d'autrefois. En un mot, si les hirondelles raisonnaient, elles inventeraient, réformeraient, perfectionneraient tous les jours, et feraient comme nous cent choses importantes et raisonnables dont elles ne s'avisent point du tout.

La Comtesse. Vous avez grand sujet de vous moquer de nos bizarreries. Ce que font les bêtes est si simple et si bien entendu, qu'on croirait qu'elles raisonnent : et ce que nous faisons est souvent si capricieux et si peu sensé, qu'on croirait que nous ne raisonnons point.

Le Prieur. On voit bien cependant que les opérations des bêtes ne sont si sûres, que parce qu'une Providence toute-puissante en a réglé la forme : au lieu que l'inégalité de la conduite des hommes prouve en eux le don d'une intelligence qui varie dans ses bornes, et d'une liberté qui varie dans son choix. Mais nous nous écartons de notre sujet. Revenons aux habitants de l'air.

Le Chevalier. En est-il encore qui méritent une attention particulière ?

Le Prieur. Je ne vois plus que les différentes sortes d'oiseaux de nuit. Tous les autres préviennent le soleil par leur chant, et lui rendent le même devoir quand ce bel astre se couche.

Dans cet applaudissement général pour la lumière, les oiseaux de nuit seuls montrent une guerre déclarée pour elle. Ils l'évitent comme leur ennemie; ils ne veulent jamais l'avoir pour témoin de leurs actions, et ils se cachent dans les antres les plus obscurs pendant qu'elle éclaire l'univers. Ils attendent avec impatience le retour des ténèbres pour sortir des prisons où le jour les tenait enfermés, et ils témoignent alors leur joie par des cris qui ne sont capables que de porter la crainte, la consternation et l'effroi dans l'esprit de ceux qui les entendent. Car ces oiseaux ont chacun leur cri particulier, selon leur espèce ; mais il n'y en a aucun qui ne soit lugubre et alarmant. Leur figure a quelque chose de sauvage, de hideux, de taciturne, de sombre, et l'on croit voir dans leur physionomie la haine peinte et contre l'homme et contre tous les animaux. Ils ont presque tous un bec crochu et des serres tranchantes, dont la proie une fois saisie ne peut s'échapper, et ils se servent des ténèbres et du temps du sommeil pour surprendre les autres oiseaux endormis, dont les plus forts ont peine à leur échapper, et dont les plus faibles sont assurément leurs victimes. Ils joignent ainsi la surprise à la cruauté, et l'artifice à la fureur ; et après n'avoir veillé que pour le malheur public, ils se retirent avant le lever du soleil dans leurs cavernes sombres et inaccessibles à la lumière : ils préfèrent ordinairement les anciens châteaux et les vieilles masures à toutes les autres retraites, comme si la désolation et les ruines, qui marquent la négligence des maîtres ou la décadence des familles, étaient capables d'inspirer quelques sentiments de joie à ces funestes oiseaux.

Il n'est pas possible, en rassemblant tous ces traits, de ne pas voir dans cette image celle des esprits de malice et de ténèbres que la lumière de la vérité met en fuite, qui se plaisent dans tout ce qui l'obscurcit ; qui profitent du sommeil et de la négligence pour dévorer les âmes qu'ils retiennent avec des serres de fer quand ils les ont saisies ; qui se nourrissent de leurs malheurs et de leurs pertes, et qui n'habitent

nulle part avec plus de tranquillité et de satisfaction, que dans les cœurs pervertis, et, pour
ainsi dire, tombés en ruine. Le Saint-Esprit au-
torise ce parallèle des démons et des oiseaux
de nuit, et il nous confirme ainsi dans la pensée que Dieu, dont la sagesse et la science sont
infinies, a rempli de leçons utiles pour le salut, le spectacle et l'ordre de la nature. Baby-
lone, dit l'Ecriture, est devenue la demeure des
démons, la retraite de tout esprit immonde,
et le repaire de tout oiseau impur et haïssable.

Comme les oiseaux de nuit sont ennemis de
tous les autres, ils en sont aussi universel-
lement haïs; et dès que la chouette, le hibou,
le duc, l'orfraie, et leurs semblables sont dé-
couverts quelque part, ou parce qu'ils ne se
sont pas cachés avec assez de précaution, ou
parce que leur cri les a trahis, il se fait une
conjuration générale contre le triste oiseau.
Petits et grands, tous l'environnent avec grand
bruit. C'est de cette haine publique et déclarée
que se servent les oiseleurs pour tendre des
pièges à ceux qui accourent imprudemment au

cri, ou véritable ou imité de l'un de ces oiseaux ennemis de tous les autres. Car après
s'être fait une cabane auprès d'un bois, couverte de branches d'arbres, ils placent en divers
endroits de cette cabane des gluaux, sur lesquels les oiseaux de toute espèce viennent se
percher, pour être plus à portée d'insulter leur
ennemi, dont le cri a réveillé leur haine : et en
tombant avec les gluaux mal affermis, ils embarrassent leurs ailes dans la glu, perdent la
liberté et la vie entre les mains des oiseleurs,
attentifs à remarquer leur chute et à profiter de
leur témérité.

La Comtesse. Cette petite chasse est fort
amusante. Monsieur le Chevalier la connaît-il ?

Le Chevalier. Je sais bien qu'elle se nomme
la pipée : on m'en a souvent parlé ; mais c'est
un plaisir qu'on n'a fait que me promettre.

La Comtesse. Il faut vous le donner.

Le Comte. Pas plus tard que demain : mais
êtes-vous homme à devancer le lever du soleil ?

Le Chevalier. C'est moi qui éveillerai tout le
monde.

Le Comte. Allons-nous-en donc commander qu'on fasse les préparatifs.

Le Chevalier. Je me charge du soin d'amasser toutes les cages du logis, celles qui se trouveront chez Monsieur le Prieur, et tout ce qu'il y en a dans le village.

Le Comte. Nous vous fournirons tout sans sortir d'ici, et je vous réponds toujours de vous faire avoir plus de cages que d'oiseaux.

LES ANIMAUX TERRESTRES

———

Le Comte.
La Comtesse
Le Prieur.
Le Chevalier

Sommaire. — Comparaison des animaux sauvages avec les animaux domestiques : le cheval, le chien, la vache, la brebis et
l'âne. — La souris et le mulot, le hérisson et le porc-épic,
le castor et le rat musqué : leurs merveilleuses constructions.

La Comtesse. Dites-moi, Monsieur le Chevalier, en attendant que nos Messieurs arrivent,
lequel aimeriez-vous mieux ou de l'emploi
d'académicien, ou de celui d'oiseleur ?

Le Chevalier. Il y a plus à profiter pour moi
à celui d'académicien.

La Comtesse. Parlez-moi franchement. Si à

présent on **vous** proposait d'assister à un entretien de physique, ou à une seconde pipée, que feriez-vous ?

Le Chevalier. J'irais bien vite préparer des gluaux.

La Comtesse. Voilà qui est naturel. Eh bien ! au lieu de la pipée qu'on ne peut recommencer souvent, parce que les oiseaux se défient de l'endroit où on leur a tendu un piége, je vous promets pour aujourd'hui, et pour autant de fois qu'il vous plaira, le divertissement de la pêche, qui ne vous amusera pas moins. En attendant, allons à la chasse aux grandes bêtes : faisons rouler la conversation sur les animaux terrestres. Voici tout notre monde.

Messieurs, vous êtes-vous trouvés mécontents de m'avoir laissé régler les sujets de nos entretiens précédents ? Souffrez que je continue. Si je vous laissais choisir, vous me mèneriez peut-être dans des pays dont je ne sais point la carte. Après avoir parlé des insectes et des oiseaux, il ne sera pas mal de venir aux animaux terrestres, comme la brebis, le bœuf, le lion, l'éléphant même si **vous** voulez. Je vous laisse à vous autres pleine liberté de choisir les plus curieux et les plus rares. Pour moi, je m'en tiendrai à ce qui est le plus commun.

Le Comte. Madame, c'est le plus commun et le plus ordinaire qui mérite le plus d'être observé en eux. Il ne faut pas aller en Asie pour trouver des sujets d'admiration : nous en sommes environnés.

La Comtesse. Messieurs, je vous prie, prenez pour vous l'Asie et l'Afrique. Joignez-y l'Amérique, si vous voulez : c'est bien de quoi vous contenter. Si vous prenez les animaux ordinaires, vous m'ôtez tout : votre Présidente n'aura plus rien à dire.

Le Prieur. Le sujet est abondant : nous ne l'épuiserons pas, même en le partageant : les seuls animaux domestiques suffiraient pour vingt entretiens. Monsieur le Chevalier, ouvrez la thèse. Sans étude ni préparation, vous allez nous faire sentir un des plus beaux traits de la libéralité de Dieu envers l'homme, en répondant à une question. Si on allait dans les bois chercher quantité de petits louveteaux, une centaine de faons et autant de lionceaux, ne pourrait-on pas les élever, les apprivoiser, puis les partager en trois bandes, selon leur espèce, et les nourrir dans les campagnes, comme on nourrit les brebis et les vaches?

Le Chevalier. C'est une chose impossible. Je sais qu'on pourrait les élever et les apprivoiser quelque peu. Mais ces animaux sont toujours d'un naturel féroce, sauvage et traître. Jamais on ne pourrait les conserver longtemps; moins encore les mener par troupeaux. Nous avons eu chez nous deux louveteaux qui paraissaient d'assez bonne amitié; mais on y fut bien pris. Les drôles, un beau matin, prirent querelle avec un chien, le mirent en pièces, étranglèrent trois chevreaux, et gagnèrent les bois.

Le Prieur. Vous avez cru jusqu'à présent que cette réunion d'un grand troupeau de vaches, ou de chèvres, ou de brebis, sous la conduite d'un seul berger, et sous la verge d'un petit enfant, était le fruit de l'industrie des hommes. Qu'en pensez-vous à présent, que vous y faites attention ?

Le Chevalier. Je vois bien que cette réunion est l'ouvrage de Dieu seul, et un des plus beaux présents qu'il nous ait faits.

Le Prieur. Quand on pourrait apprivoiser les lions et les ours, jamais on ne parviendrait ni à les faire labourer, ni à porter des fardeaux. Je veux bien encore qu'on les y puisse amener : mais se réduiront-ils jamais à l'herbe des champs pour toute nourriture ? L'éducation ne change point la nature même ; et s'il fallait les nourrir selon leurs inclinations, cruels et carnassiers comme ils sont, ils ruineraient bientôt leur maître, au lieu de le soulager dans son travail. Tout au contraire, la plupart des animaux domestiques dépensent peu et travaillent beaucoup. Ils aiment mieux la maison de l'homme que leur propre liberté. Ils sont pleins de force, et ne s'en servent que pour lui. Ils lui obéissent comme à leur Seigneur. Le premier ordre qu'il leur donne est suivi de la plus prompte obéissance. Quelle récompense attendent-ils de leur service? Un peu d'herbe, même la plus sèche, ou le moindre de tous nos grains leur suffit. Les viandes les plus délicates n'ont pour eux aucun attrait : ils s'en détournent plutôt comme d'un poison. Des inclinations si sobres et si avantageuses pour nous sont-elles dues à nos soins? Est-ce notre industrie qui les fait naître? Non assurément, et Monsieur le Chevalier les a appelées, avec raison, un des plus beaux présents de Dieu.

La Comtesse. Il faut être ingrat ou aveugle pour en disconvenir. Car ces animaux ne sont pas seulement dociles ; mais ils nous aiment naturellement, et nous viennent présenter d'eux-mêmes leurs différents services, puisqu'ils ne s'éloignent jamais de nous. Les autres, qui ne sont pas destinés à partager nos peines, se contentent de ne nous pas faire de mal, à moins qu'ils n'y soient comme forcés, et se retirent dans le fond des déserts et des bois par considération pour l'homme, à qui ils laissent la place libre.

Le Chevalier. La Providence se fait sentir dans les inclinations bienfaisantes qu'elle inspire aux animaux domestiques. Mais je voudrais savoir comment on peut concilier avec la bonté de Dieu les inclinations carnassières des bêtes sauvages. Le loup qui fond sur un troupeau vous paraît-il propre à faire honneur à la Providence ?

Le Prieur. Il l'honore sans doute à sa manière, puisqu'il remplit les vues qu'elle s'est proposées sur lui. Elle a créé quelques animaux pour vivre auprès de l'homme, et pour le service de l'homme. Elle en a créé d'autres pour peupler les bois et les déserts, pour animer toute la nature, pour exercer et punir l'homme lorsqu'il serait pécheur et perverti. Elle se fait admirer dans la docilité qu'elle inspire aux animaux qui vivent pour le bien et par le secours de l'homme. Son attention se fait-elle moins connaître par la conservation de tous ces animaux sauvages qu'elle nourrit dans les rochers et dans les solitudes, sans cabanes, sans pasteurs, sans magasin, sans aucun secours de la part des hommes, ou plutôt malgré les efforts que font les hommes pour les détruire, et qui néanmoins sont mieux pourvus de tout, sont plus légers à la course, sont plus forts, mieux nourris, plus alertes, d'un poil plus poli, d'une taille mieux tournée que la plupart de ceux dont les hommes sont les pourvoyeurs.

La Comtesse. Monsieur le Chevalier, vous voyez que la Providence éclate et agit partout : elle mérite encore plus nos adorations que nos critiques dans les choses que nous ne comprenons pas. Mais revenons, je vous prie, à nos animaux domestiques, et continuons à prendre des sujets qui soient à ma portée. Que Monsieur le Comte, par exemple, nous donne l'éloge de son cheval. Monsieur le Chevalier peut nous donner celui de son chien, dont il nous a quelquefois vanté la figure et l'adresse. Pour moi, en bonne ménagère, je me déclare pour les troupeaux. Monsieur le Prieur, tout le reste est à vous.

Le Comte. Je suis très-content de mon lot.

Si la mode et l'usage n'avaient pas attribué au
lion le titre de roi des animaux, il me semble
que la raison le donnerait au cheval. Le lion
n'est rien moins que le roi des animaux : il en
est plutôt le tyran, puisqu'il ne fait que les
dévorer ou les effrayer. Le cheval, au contraire,
ne fait tort aux autres animaux, ni dans leurs
corps, ni dans leurs biens. Il n'a rien qui le
rende le moins du monde haïssable : on ne lui
connaît aucune mauvaise qualité, et il en a
toutes sortes de bonnes. Il est de tous les animaux le mieux pris dans sa taille, le plus
noble dans ses inclinations, le plus libéral
dans ses services, et le plus frugal dans sa
nourriture. Promenez vos yeux sur tous les
autres : en trouverez-vous un dont la tête ait
plus de finesse et de grâce ? Peut-on voir des
yeux plus pleins de feu ; une encolure plus
fière, un plus beau corps, une crinière qui
flotte au gré du vent avec plus de grâce, et des
jambes qui se plient avec plus de souplesse ?
Qu'il soit en exercice sous le cavalier, ou que
débarrassé de la bride et du mors, il se joue

en liberté dans la campagne, vous lui trouverez dans toutes ses attitudes un port noble et un air de distinction qui se fait sentir à ceux mêmes qui ont là-dessus le moins de connaissance.

Il est encore plus aimable par ses inclinations. Il n'en a pour ainsi dire qu'une : celle de servir son maître. Faut-il cultiver ses terres ou transporter ses bagages ? il est prêt à tout, et succombera sous le travail plutôt que de reculer. S'agit-il de porter son maître même ? il paraît sensible à cet honneur : il étudie la manière de le contenter ; et au moindre signe il modifie sa marche, toujours prêt à la retarder ou à la précipiter dès qu'il connaît la volonté du cavalier. Ni la longueur du voyage, ni les chemins raboteux, ni les fossés, ni les rivières même les plus rapides, rien ne le décourage : il franchit tout ; c'est un oiseau que rien n'arrête. Faut-il faire plus ? faut-il défendre son maître, ou aller avec lui à l'attaque de l'ennemi ? il va au-devant des hommes armés ; il se rit de la peur, et en est incapable. Le son

de la trompette et le signal du combat ré-
veillent son courage, et la vue de l'épée ne le
fait pas reculer.

La Comtesse. Mais, mon mari, ceci est un
panégyrique.

Le Comte. J'avais encore cent choses à
dire sur les courbettes, sur les caracoles, et
sur tous les mouvements du cheval ; mais
puisque vous vous êtes moquée de la première
partie d'un éloge sans façon, et des plus mili-
taires, vous n'aurez point la seconde. Allons,
Monsieur le Chevalier, faites venir votre chien :
voyons ce qu'il sait faire.

Le Chevalier. Je voudrais l'avoir ici. Il ferait
plus de plaisir que ce que j'en dirai. Mon chien
se nomme Muphti ; c'est le roi des barbets. Il
a dans la figure tout ce qu'il faut pour plaire.
Beau poil, grande coiffure, amples moustaches,
et palatines toutes blanches , rien ne lui
manque. Chien bien élevé avec cela, et qui
a fait ses exercices avec distinction. Il sait
chasser, danser, sauter, et faire cent tours
d'adresse. Entre autres il apporte à toute une

compagnie la carte que chacun a nommée.

La Comtesse. Comment peut-on amener à ce point des animaux qui n'ont point de raison?

Le Chevalier. Ils ont au moins une sorte de mémoire. On accoutume un chien à rapporter à coup sûr, puis à démêler un as d'avec un autre. On lui présente souvent à manger sur une nouvelle carte qu'il ne connaît point. Après quoi on la lui envoie chercher parmi les autres. Il ne s'y méprend plus. L'habitude d'y trouver son compte et d'être caressé fait qu'il les démêle peu à peu, et qu'il les apporte avec un air de gaieté et sans confusion ; et à la vérité il n'est pas plus surprenant de voir un chien distinguer une carte d'avec trente autres, que de le voir distinguer dans une rue la porte de son maître de celles de ses voisins. Mais ce qui me divertit le plus dans Muphti, ce sont ses manières et ses petites ruses naturelles. Que je prenne mes livres pour m'en aller au collége, mon pauvre chien qui va être trois heures sans me voir, prend un air sombre et rechigné, comme si on lui faisait grand tort. Il se plante vis-à-vis la porte, et attend là le moment où il me reverra. Qu'au lieu de mes livres je prenne ma canne, ou que je prononce seulement le mot de promenade, il va conter sa bonne fortune à toute la maison : il monte, il descend, il tourne, et se met quelquefois à japper d'une façon qui donne envie de rire à tout le monde. Si je tarde à sortir, il semble soupçonner que je délibère sur ce que je ferai de lui. Il décampe d'abord, et va m'attendre à trente pas du logis, au premier carrefour, plein d'espérance d'être de la partie. Lui dit-on qu'il n'en sera pas ? il fait d'abord ses remontrances, et essaie de faire révoquer l'ordre. Il a l'air digne de compassion, quand on lui apprend nettement qu'il faut rentrer ; mais il n'y a sorte de reconnaissance que je n'en reçoive, quand je lui dis : Partons. C'est tout autre chose encore après une absence de quelques jours. Il semble que je revienne exprès pour lui. Il extravague en ce moment, et souvent une et deux heures ne lui suffisent pas pour me dire tout ce qu'il a dans le cœur.

Son amitié ne se borne point là. Il semble veiller nuit et jour pour empêcher qu'on ne me fasse tort. Il entend tout. Il m'avertit de tout. Il a toujours la dent prête contre tous ceux qu'il ne connaît pas. Mais il n'en fait usage que selon mes ordres : il voit dans mes yeux ce qu'il faut faire ; et quand on m'attaque, une épée nue ne l'arrêterait pas. Il y a quelques mois que je commençai pour la première fois à faire des armes ; je vis l'heure qu'il arracherait la jambe au maître d'escrime. Depuis ce temps-là, ils sont brouillés à n'en plus revenir : il faut les séparer.

Le Comte. Assurément tous les tours les plus ingénieux qu'on puisse apprendre à un chien, ne sont pas à beaucoup près aussi estimables que cette amitié si vive et si courageuse qu'il montre pour son maître ; et l'on voit bien que Dieu a mis le chien auprès de l'homme pour lui servir de compagnie, d'aide et de défense. Les services que les chiens nous rendent sont aussi variés que leurs espèces.

Le mâtin et le dogue gardent nos maisons

durant la nuit, et ils réservent toute leur méchanceté pour le temps où l'on peut avoir de mauvais desseins contre nous. Les chiens de berger savent également faire la guerre aux loups, et discipliner le troupeau. Le chien de l'aveugle n'est-il pas admirable par le dévouement si touchant qui l'attache à son maître, par son intelligence à le conduire, et par son petit air suppliant ? Parmi les chiens de chasse, le basset a les jambes extrêmement courtes pour se glisser sous l'herbe, sous les broussailles, et dans les buissons. Le lévrier, pour percer l'air avec facilité, a reçu une tête aiguë et une taille fine ; les jambes, si hautes et si fines, embrassent beaucoup de terrain ; il surpasse en légèreté le lièvre même, qui n'a pour toute défense que la promptitude et les ruses de sa fuite. Le lévrier est le contre-pied du basset dans sa structure comme dans ses fonctions. Celui-ci a la vue faible et le nez fin, parce qu'il a plus besoin d'un odorat sûr, que d'une vue perçante lorsqu'il s'enfonce sous terre ou dans l'épaisseur d'un taillis. Le lévrier, tout au contraire.

qui n'est bon qu'en plaine, a peu de nez ; mais il voit de loin, et distingue sûrement sa proie, quelques détours qu'elle fasse. Le chien couchant arrête et se couche dès qu'il voit le gibier, pour avertir son maître. Les chiens couchants sont de bien des sortes : leurs noms varient comme leurs fonctions. Tous sont également ardents et fidèles à rendre le service qui leur est prescrit. Le maître, rarement content des amis qui l'accompagnent et qui chassent avec peu d'ordre, est charmé de la capacité et de l'intelligence de tous ses chiens. Après la chasse et la courte joie d'une curée qu'on ne leur accorde pas toujours, tous reviennent au chenil et à l'attache : ils oublient alors toute leur férocité, sacrifient gaiement leur liberté, et se contentent, sans regrets ni murmure, de la nourriture la plus grossière. C'est assez pour eux d'avoir procuré à leur maître une venaison excellente et un divertissement honnête.

Enfin, parmi ces différents domestiques qui nous sont si soumis et si attachés, il n'y a pas jusqu'aux épagneuls et aux danois qui ne se rendent aimables par leur enjouement, chers par leur assiduité, quelquefois utiles par un mot d'avis donné à propos à leur maître endormi. Je ne vois guère parmi les animaux que le cheval et le chien avec qui on puisse faire quelque engagement de cœur : aussi dit-on en proverbe, que l'homme, le cheval, et le chien, ne s'ennuyèrent jamais ensemble.

La Comtesse. L'homme trouve dans le cheval une voiture commode, dans le chien une garde fidèle, et dans l'un et l'autre un amusement toujours sûr. Mais il y a des choses qui lui sont plus nécessaires, la nourriture et l'habit. C'est dans les troupeaux qu'il les trouve. La chair de ces animaux est si succulente et si parfaite, qu'on quitte les viandes les plus exquises pour revenir à celles-là, et qu'on ne s'en lasse jamais. Tant que nous les laissons vivre, à quoi emploient-ils leurs jours ? Il est visible que la vache, la chèvre et la brebis n'ont été mises auprès de nous que pour nous enrichir. Nous leur donnons quelque peu d'herbes, ou la liberté d'aller amasser dans la

campagne ce qui nous est le plus inutile, et
elles reviennent tous les soirs payer ce service
par des ruisseaux de crème et de lait. La nuit
n'est point passée, qu'elles gagnent par un second paiement la nourriture du jour qui suit.
La vache seule fournit ce qui suffit au pauvre
après le pain : et elle met sur la table des riches
la diversité la plus délicieuse. La brebis contente d'être vêtue pendant l'hiver, nous abandonne l'usage de sa toison pendant l'été. Enfin
on tire de ces animaux, et de ceux qui sont
encore plus méprisables, cent autres commodités que nous ne pourrions tirer de ceux qui
évitent l'homme. Les animaux sauvages ne
viennent à nous que pour nous piller : les animaux domestiques ne s'arrêtent auprès de nous
que pour nous donner. Si quelque chose diminue l'estime des présents qu'ils nous font,
c'est qu'ils les réitèrent tous les jours. On n'y
pense plus ; la facilité de les avoir les avilit.
Mais c'est réellement ce qui en augmente le
mérite. Une libéralité qui n'est jamais inter-
rompue, et qui recommence tous les jours,

mérite une reconnaissance toujours nouvelle ; et le moins que nous puissions faire, quand nous recevons du bien, est de daigner nous en apercevoir.

Ces animaux sont toujours sous nos yeux, et chaque jour j'y aperçois quelque nouveau trait d'une direction sage, et d'une providence bienfaisante. Que je m'arrête à considérer une mère, je lui trouve une tendresse pour son petit qui va jusqu'à l'excès. Le petit ne connaît rien, ni ne peut rien ; mais la tendresse de la mère supplée à tout, et le petit se trouve pourvu de tout. Que j'arrête mes yeux sur le petit, il est un nouvel objet de surprise dans tous ses différents progrès. Lorsqu'il ne voit pas encore, il ne laisse pas de trouver la mamelle ; et quoiqu'il ignore la nécessité de la pression, il sait s'y prendre avec tant d'adresse, qu'il en exprime facilement sa nourriture. Sépare-t-on quelque temps le petit de la mère ? ils se cherchent l'un l'autre avec une ardeur égale : et lorsqu'ils sont à portée de s'entendre, ils s'entr'avertissent par des cris qu'ils savent reconnaître. La mère distingue entre mille agneaux le cri de son petit, et celui-ci distingue entre mille mères le cri de la sienne qui lui répond. Le berger s'y méprend ; mais la mère et le petit ne s'y méprennent pas, et les avis mutuels qu'ils se donnent de leur arrivée, sont suivis enfin d'une agréable réunion.

Le petit devenu fort et capable de se nourrir lui-même, il est juste que la mère en soit déchargée : aussi le chasse-t-elle alors, s'il s'obstine à la suivre ; et la tendresse de l'une ne dure qu'autant que le besoin de l'autre. Le petit privé du lait se familiarise par nécessité avec une nourriture plus grossière. Il apprend à brouter l'herbe et à ruminer pendant la nuit ce qu'il a coupé et mis en réserve pendant le jour. Peu à peu il distingue les saisons. Pendant les longs jours d'été il se repose, parce qu'il le peut faire sans risque. Mais en hiver, où les jours sont courts, il n'a pas de temps à perdre : il se hâte de manger pour avoir une provision suffisante, et achève sa digestion en ruminant à loisir pendant la nuit.

Il y aurait mille autres choses à dire sur les animaux domestiques ; mais je suis curieuse de savoir quel est celui que Monsieur le Prieur nous réserve.

Le Prieur. Celui dont je veux vous faire l'éloge, a des qualités tout à fait singulières. On ne le met pas en œuvre en tout lieu ; mais il rend à l'homme des services aussi nombreux que signalés. Il n'y a pas au monde un animal plus laborieux, plus constant, plus patient, et plus sobre à la fois. Vous croyez peut-être que je veux vous parler de l'éléphant, qu'on accoutume, si on veut, à obéir à un enfant, et qui porte des tours chargées de combattants, sans s'épouvanter du fracas ni des coups ; ou que je veux parler du chameau, qui est si utile pour les longs voyages, qui porte sur son dos jusqu'à un mille pesant, ce qui en Orient l'a fait nommer le navire du désert ; qui traverse sans boire les plaines de sable, et qui, arrivé à sa destination, s'abaisse jusqu'à terre pour faciliter la décharge de ses ballots. Ces animaux ont leur mérite ; mais celui dont je veux parler, est d'un usage bien plus universel.

Le Chevalier. Peut-on savoir comment il se nomme ?

Le Prieur. L'âne, puisqu'il faut le nommer.

Le Chevalier. Hé, Monsieur, quel choix faites-vous là ?

La Comtesse. Ne vous reste-t-il que celui-là à nous donner ? Que ne prenez-vous le chat ? il est de si bon service. Il est plaisant dans ses jeux. Vous auriez cent choses à en dire, bien des applications à faire sur son minois hypocrite, sur cette patte si douce, et pourtant armée de griffes ; sur ses ruses, ses détours, et son allure éternellement tortueuse : il y aurait bien là de quoi exercer votre style.

Le Prieur. Tout le monde abandonne l'âne : je le veux prendre sous ma protection. Vu d'une certaine façon, cet animal me plaît, et j'espère vous montrer que bien loin d'avoir besoin d'indulgence, il peut être l'objet d'un éloge raisonnable.

L'âne, je l'avoue, n'a pas les qualités brillantes ; mais il a les bonnes. Si l'on s'adresse à d'autres animaux pour les services distingués, celui-ci fournit au moins les plus nécessaires. Il n'a pas la voix tout à fait belle, ni l'air noble, ni les manières fort vives; mais une belle voix est un mérite bien mince pour des gens sérieux. L'air noble est remplacé chez lui par une douce et modeste contenance. Au lieu de ces manières si turbulentes et si irrégulières du cheval, qui incommodent souvent plus qu'elles ne plaisent, l'âne a une façon d'agir toute naïve et toute simple. Point d'air rengorgé; point de suffisance : il va uniment son chemin; il ne va pas bien vite, mais il va sans s'arrêter, et longtemps. Il achève sa besogne sans bruit. Il vous rend ses services avec persévérance; et ce qui est un grand point dans un domestique, il ne les fait point valoir. Nul apprêt pour son repas : le premier chardon en fait l'affaire. Il ne se croit rien dû : on ne le voit jamais ni dégoûté, ni mécontent : tout ce qu'on lui donne est bien reçu. Il goûte très-bien les meilleures choses, et se contente honnêtement des plus mauvaises. Si on l'ou-

blie, et qu'on l'attache un peu loin de l'herbe,
il prie son maître, le plus pathétiquement qu'il
lui est possible, de pourvoir à ses besoins. Bien
est-il juste qu'il vive. Il y emploie toute sa
rhétorique. Sa harangue faite, il attend patiemment l'arrivée d'un peu de son, ou de quelques
feuillages inutiles. A peine a-t-il achevé son
repas à la hâte, qu'il reprend sa charge, et se
remet en marche sans réplique ni murmure.
Voilà certainement des manières estimables.
Voyons à quoi il est employé.

Ses occupations se ressentent de la bassesse
des gens qui le mettent en œuvre ; mais les
jugements qu'on porte de l'âne et du maître
sont également injustes. Le travail du juge, de
l'homme d'affaires et du financier a un air plus
important ; leur habit en impose. Au contraire,
le travail du paysan a un air bas et méprisable
parce que son habit est pauvre, et son état méprisé ; mais réellement nous prenons le change.
C'est le travail du paysan qui est le plus estimable et le seul nécessaire. Que nous importe
que le financier soit doré depuis la tête jus-

qu'aux pieds? ce n'est pas pour notre avantage qu'il travaille. J'avoue qu'on ne se peut guère passer de juges ni d'avocats ; mais ce sont nos sottises qui les rendent nécessaires. Il n'en faudra plus quand nous serons raisonnables. Mais nous ne pouvons en aucune sorte, ni en aucun temps, ni dans aucune condition, nous passer du paysan et de l'artisan. Ces gens sont comme le nerf de la société et le soutien de notre vie. C'est d'eux que nous tirons de quoi satisfaire à chaque instant quelqu'un de nos besoins. Nos maisons, nos habits, nos meubles et notre nourriture, tout vient d'eux. Or, où en seraient réduits les vignerons, les jardiniers, les maçons et la plupart des gens de la campagne, c'est-à-dire les deux tiers des hommes, s'il leur fallait d'autres hommes ou des chevaux pour le transport de leurs marchandises et des matières qu'ils emploient ? L'âne est sans cesse à leur secours. Il porte le fruit, les herbages, les peaux de bêtes, le charbon, le bois, la tuile, la brique, le plâtre, la chaux, la paille et le fumier. Tout ce qu'il y a de plus abject est son lot ordinaire. C'est un grand avantage pour cette multitude d'ouvriers et pour nous de trouver un animal doux, vigoureux et infatigable, qui, sans frais et sans orgueil, remplisse nos villages et nos villes de toutes sortes de commodités. Une courte comparaison achèvera de vous faire mieux sentir l'utilité de ses services et de les tirer en quelque sorte de leur obscurité.

Le cheval ressemble assez à ces nations qui aiment le brillant et le fracas ; qui sautent et dansent toujours ; qui s'occupent beaucoup des dehors, et qui mettent de l'enjouement partout. Elles sont admirables dans les occasions distinguées et décisives ; mais souvent leur feu dégénère en fougue. Elles s'emportent, elles s'épuisent, et perdent leurs plus beaux avantages, faute de ménagement et de modération.

L'âne, au contraire, ressemble à ces peuples naturellement tranquilles et pacifiques, qui connaissent leur labourage ou leur commerce, et rien de plus ; vont leur train sans distraction, et achèvent d'un air sérieux et opiniâtre tout ce qu'ils ont une fois entrepris.

La Comtesse. Ne serait-on pas tenté de croire que Monsieur le Prieur dit vrai, et qu'il y va de bonne guerre ?

Le Comte. Il y a certainement plus que du badinage dans tout ce que nous venons d'entendre ; mais c'est une chose insoutenable et indécente de toute manière d'avoir fait d'un pareil animal l'objet d'un éloge académique. C'est nous avilir : si je suis secondé, Monsieur le Prieur, à la pluralité des voix, sera déclaré n'avoir pas fourni son contingent, et obligé en conséquence à un dédommagement convenable.

Le Chevalier. Allons, Monsieur le Prieur, vous êtes en train de bien dire : je ne vous condamne pas à recommencer, mais je vous en prie bien fort.

La Comtesse. Et moi, tant du consentement des autres que de mon autorité de Présidente, je déclare que le Sieur Prieur sera tenu de nous fournir un éloge qui soit de bon aloi; et

au cas où ledit Sieur ne jugerait pas à propos
de choisir son sujet parmi les animaux domestiques, permis à lui d'avoir son recours
sur et parmi les animaux sauvages.

Le Prieur. Voilà un arrêt en forme ; mais
comme ceux-là seuls qui font les lois ont le
droit de les interpréter, je demande à la cour
s'il me sera permis de prendre un animal
étranger.

La Comtesse. Vous avez à choisir dans les
cinq parties du monde. Mais attendez, je vous
prie ; pourriez-vous nous rappeler celui qui
est si habile architecte ? Oh ! aidez-moi, son
nom ne me revient plus.

Le Chevalier. Je n'en connais point qui sache
mieux se loger sous terre que la souris des
champs, ou le mulot, qui se pratique différents
souterrains avec des passages libres de l'un à
l'autre. De ces différentes chambres, les unes
servent à ranger ses provisions, des fruits selon
la saison, surtout des noix et des épis, qui sont
plus de garde, et qu'on range par tas ; d'autres
servent pour loger la famille sur différents

petits lits de laine ou de bourre. A l'extrémité du logis est une place aux dépens de laquelle toutes les autres sont entretenues dans la plus parfaite propreté.

La Comtesse. Cela est fort bon à savoir ; mais ce n'est pas cela que je demandais.

Le Prieur. Madame voulait peut-être parler du porc-épic ou du hérisson qui fait aussi son magasin. Ce sont deux espèces qui ont quelque ressemblance. Le hérisson est un petit animal tout couvert de piquants longs d'un pouce et demi, assez semblables à ceux des coques de châtaignes. Quand on l'attaque, il retire sous lui sa tête et ses pattes : il s'arrondit comme une boule, et dresse ses piquants de manière que les chiens, et les autres animaux, sont contraints de l'abandonner.

Le porc-épic est beaucoup plus gros, et long quelquefois de plus de deux pieds. Il est tout hérissé de poils durs et de piquants d'inégale longueur, depuis deux ou trois pouces jusqu'à douze et plus. Ce sont comme des chalumeaux de corne, mêlés de noir et de blanc, allant en grossissant vers le milieu, et terminés par une pointe aiguë avec deux côtés tranchants. Le porc-épic présente le côté à l'ennemi, dresse fièrement tous ses piquants, et les enfonce quelquefois si avant dans les chairs de l'animal qui l'attaque, que plusieurs y demeurent et se détachent du porc-épic lorsqu'il se retire. Ils sont remplacés par d'autres plus petits qui croissent avec le temps.

La Comtesse. Ces deux-là ont encore leur mérite ; mais j'en ai un autre en tête, dont mon marchand malouin nous entretint un jour si agréablement.

Le Prieur. Madame veut parler du castor.

La Comtesse. Le voilà.

Le Prieur. Mais, Madame, la description en sera mille fois mieux de votre façon que de la mienne.

La Comtesse. Hé ! quelle conscience est la vôtre ? vous contractez une dette, et vous voulez qu'un autre l'acquitte ?

Le Prieur. Il n'y a pas moyen de reculer. On peut considérer dans le castor, ou l'usage qu'on fait de sa dépouille, ou l'adresse avec laquelle il sait bâtir son logement.

Le castor paraît avoir un mètre de longueur, sur trente centimètres de hauteur. Il habite le nord de l'Amérique, où son poil est ordinairement d'un roux marron, et quelquefois d'un beau noir. Mais il tire sur le fauve et s'éclaircit à mesure qu'on avance dans les climats tempérés. Il a deux sortes de poils, le poil long, et le duvet. Le duvet est extrêmement fin et serré, long d'un pouce, et sert à conserver la chaleur de l'animal. Le long poil sert à préserver le duvet de la boue et de l'humidité.

Le castor, soit mâle, soit femelle, porte près de la queue deux glandes qui sécrètent une sorte de pommade d'une odeur très-forte, qui s'épaissit en se desséchant. Nous verrons bientôt l'usage que l'animal en fait. On l'appelle *castoreum*. Cette substance est employée en médecine contre les vapeurs et les affections nerveuses en général. Mais elle se gâte en vieillissant, et peut occasionner des accidents.

On arrache le gros poil de la peau du castor,

et on emploie le duvet à faire des chaussons, des bas, des bonnets, et même des étoffes ; mais on les a trouvées sujettes à se durcir comme le feutre : ce qui les a fait tomber en bien des endroits. L'usage du castor est presque réduit aux chapeaux et aux fourrures. Une chose que vous auriez peine à croire, mais qui est très-certaine, c'est qu'on fait cas surtout des peaux de castor dont les Sauvages se sont habillés, et qui ont été imbibées de sueur. Le long poil est tombé, et le duvet épaissi, et humecté par la transpiration, est plus propre à être foulé et mis en œuvre. Je vois bien que Monsieur le Chevalier perd patience si je ne lui montre le logement du castor : j'y viens.

Le Chevalier. Voudriez-vous, Monsieur, commencer comme vous avez fait pour les abeilles et me dire d'abord avec quels instruments il bâtit ?

Le Prieur. Il en a de deux espèces : ses dents et ses pattes. Ses dents sont fortes ; et à l'aide d'une racine longue et courbée elles sont profondément emboîtées dans la mâchoire. Il en

coupe le bois avec lequel il construit son bâtiment, et celui dont il fait sa nourriture. Il a les
pieds de devant comme ceux des animaux qui
aiment à ronger, et qui tiennent ce qu'ils mangent entre leurs pattes, comme les singes, les
rats, les écureuils. Il se sert aussi de ses pieds
de devant pour fouir, gratter, amollir, et gâ-
cher la terre glaise, dont il fait grand usage.
Ses pieds de derrière sont garnis de membranes ou de grandes peaux étendues entre les
doigts, comme ceux des canards et de tous les
oiseaux de rivière. On voit par là que l'auteur
de la nature l'a destiné à vivre dans l'eau et
sur la terre. Sa queue est longue, un peu plate,
de forme presque ovale et couverte d'écailles.
On a cru longtemps que cette queue lui servait
comme une truelle pour enduire sa cabane de
mortier; mais elle ne lui sert que pour nager;
et tous ses travaux s'exécutent avec les dents
et les pattes.

Pendant l'été, les castors vivent solitaires
dans des terriers sur le bord des lacs ou des
rivières; mais à l'approche du froid, ils quit-

tent leurs retraites, et se réunissent en troupes nombreuses pour construire en commun leur logement d'hiver, où ils demeurent à moins que les inondations, les poursuites des chasseurs ou la disette de vivres, les obligent à déménager.

Pour établir leur demeure, ils choisissent un endroit abondant en vivres, arrosé de quelque ruisseau, et propre pour y faire un lac ou un réservoir d'eau où ils puissent aller prendre leur bain. Ils commencent par y construire une chaussée ou une digue qui maintienne l'eau au niveau du premier étage de leur logement.

Le Chevalier. Du premier étage? **Y** a-t-il là, comme chez nous, le premier et le second?

Le Prieur. Exactement : mais examinons d'abord la chaussée qui forme leur réservoir, et **qui** sert à en tenir l'eau à une auteur suffisante. Cette chaussée peut avoir dix ou douze pieds d'épaisseur à sa base : elle est en talus ou en pente du côté de l'eau qui pèse contre elle de toute sa hauteur. Le côté opposé est vertical comme nos murailles, et ce talus qui a douze pieds de large en bas, diminue vers le haut, et n'en a plus que deux. La matière de cette chaussée n'est que du bois et de la glaise. Les castors tranchent avec une facilité merveilleuse des morceaux de bois, les uns gros comme le bras, les autres comme la cuisse, et longs depuis deux jusqu'à quatre, cinq et six pieds, ou même plus, selon que le talus monte. Ils les enfoncent par un bout dans la terre, fort proches les uns des autres, les entrelaçant avec d'autres morceaux plus petits et plus souples. Mais comme l'eau s'échapperait au travers, et mettrait l'abreuvoir à sec, ils ont recours à la terre glaise, qu'ils savent fort bien trouver, et avec laquelle ils remplissent tous les vides par dehors et par dedans : de façon que l'eau ne va pas plus loin. On continue à élever la digue à mesure que l'eau s'élève et devient abondante. Ils savent que le transport des matériaux est plus facile à faire par eau que par terre, et ils profitent de la crue des eaux pour diriger à la nage les morceaux de bois avec leurs dents, partout où ils en ont besoin. Si la force de l'eau ou les chasseurs qui courent sur leur ouvrage y font par hasard quelque crevasse, ils rebouchent bien vite le trou, visitent tout l'édifice, réparent et entretiennent tout avec une vigilance parfaite ; mais quand les chasseurs les viennent voir trop souvent, ils ne travaillent plus que de nuit, ou même ils abandonnent leur ouvrage.

La digue étant finie, ils travaillent à leurs cabanes qui sont des logements ronds ou ovales, de huit ou dix pieds de diamètre, partagés en deux pièces superposées, dont l'inférieure est remplie d'eau, et la supérieure toujours à sec, est l'habitation des castors. Celle-ci ne communique pas avec l'extérieur. Les habitants n'ont donc qu'une porte, qui s'ouvre dans l'eau ; et s'ils négligent de la tenir toujours libre au moment des glaces, ou si l'eau du réservoir vient à geler jusqu'au fond, ils sont emprisonnés dans leurs cabanes et condamnés à périr de faim.

S'ils trouvent une petite île voisine de l'abreuvoir, ils y construisent leur demeure, qui est alors plus stable, et où ils sont moins incommodés par l'eau, dans laquelle ils ne peuvent rester que peu de temps. S'ils ne trouvent pas cet avantage, avec le secours de leurs dents ils enfoncent en terre des pilotis pour maintenir l'édifice contre l'eau et contre les vents. Quelquefois aussi ils construisent leur maison entière à sec sur la terre ferme, et font des fossés de cinq à six pieds de profondeur pour descendre jusqu'à l'eau. Ils emploient les mêmes matériaux et la même industrie pour les bâtiments que pour la digue. Les murailles des bâtiments sont perpendiculaires, et ont deux pieds d'épaisseur. Comme leurs dents font très-bien l'office de scies, ils tranchent tous les bouts de bois qui excèdent la muraille de chaque côté : puis, mêlant de la terre glaise avec des herbes sèches, ils en font un mortier dont ils enduisent le dehors et le dedans de l'ouvrage.

Le dedans de la cabane est voûté en anse de panier, et pour l'ordinaire de figure ovale. La grandeur en est réglée sur le nombre de ceux qui y logeront. Dix pieds de long sur huit de large suffisent pour huit ou dix castors. On assure en avoir trouvé plus de quatre cents logés dans différentes cabanes qui constituaient une véritable cité. Mais ces grandes sociétés sont rares aujourd'hui, parce que les chasseurs américains en détruisent beaucoup. Ordinairement ils sont associés dans chaque hutte, au nombre de dix ou douze, ou quelque peu plus, tous bons amis, et gens de connaissance, sur qui on peut compter pour passer agréablement l'hiver ensemble. Ils ont proportionné la place et les provisions aux besoins de la compagnie : et comme c'est un usage parmi eux de demeurer chacun chez soi, sans jamais découcher, ils n'ont point de dépense inutile à faire pour des survenants.

Tous ces ouvrages, surtout dans les pays froids, sont achevés au mois d'août ou de septembre, après quoi les castors font leurs provisions. Durant l'été, ils vivent de tous les fruits et de toutes les plantes que la campagne leur

fournit. En hiver, ils vivent d'écorces de frêne,
de plane, et autres, qu'ils font tremper dans
l'eau, à mesure qu'ils en ont besoin. Ils coupent des brins qui ont depuis trois pieds de
longueur jusqu'à dix. Les gros morceaux sont
traînés au réservoir par plusieurs castors à la
fois; les petits par un seul, mais par des chemins différents. On assigne à chacun sa route,
de peur que les travailleurs ne s'embarrassent
mutuellement. Ces morceaux de bois ne sont
point entassés au hasard, mais croisés l'un sur
l'autre, et avec des interstices, afin qu'ils puissent tirer toujours celui d'en-bas qui trempe
dans l'eau. Ils le coupent et l'apportent dans leur
cabane, où toute la famille en vient gruger sa
part. Les chasseurs qui savent qu'ils aiment
mieux le bois frais que le bois flotté, en apportent auprès de leurs cabanes, quand le réservoir n'est pas gelé, et les prennent au piége,
ou les tuent à l'affût. Quand l'hiver est rigou-
reux, on fend la glace; et lorsque les castors
se présentent à l'ouverture pour respirer ou
pour sortir, on les tue avec des haches. Le

meilleur moyen est de faire glisser sans bruit un filet sous la hutte, en perçant la glace ; puis, quand il est bien assujéti, on renverse la cabane. Les castors, qui croient à leur ordinaire se sauver en gagnant l'eau, et s'échapper par l'ouverture, donnent dans le panneau, et demeurent pris.

Le Chevalier. C'est bien dommage de renverser le bâtiment de ces pauvres bêtes. On ne voit nulle part une si grande industrie.

Le Comte. On raconte à peu près les mêmes inclinations et le même travail du rat musqué, qui est un animal d'Amérique, plus gros que notre rat domestique, et dont la fourrure est aussi très-estimée. Il bâtit sur les lacs de petits monticules en forme de dômes, composés de boue et d'herbes sèches consolidées par la gelée. Sous chacune de ces voûtes, une douzaine de rats dorment côte à côte sur un tapis de mousse. S'ils oublient de tenir leur passage libre, ils sont prisonniers chez eux, et se mangent jusqu'au dernier.

La Comtesse. Monsieur le Chevalier, voyez-

vous ce qui se passe là-bas le long du fossé ?
C'est une affaire qui vous regarde.

Le Chevalier. Où vont ces gens avec leurs
perches et leurs filets ? C'est vraiment une partie de pêche que Madame veut bien m'accorder. Ces Messieurs en sont-ils ?

Le Comte. Nous n'abandonnons pas Monsieur le Chevalier. Ses plaisirs sont les nôtres.

Le Prieur. Je suis obligé de vous quitter, et
je souhaite que votre pêche soit bonne.

TREIZIÈME ENTRETIEN

LES POISSONS

Le Comte.
La Comtesse.
Le Prieur.
Le Chevalier

Sommaire. — Leur prodigieuse quantité, leur conformation générale ; usage des nageoires, de la queue, de la vessie natatoire : expériences sur cette dernière. — Aliments variés qu'ils nous procurent : éperlan, saumon, sole ; pêche de la morue, du hareng, de la baleine. — Tortues : tortue franche, caret et écaille. — Crocodile, ichneumon, statue du Nil.

La Comtesse. Monsieur le Chevalier, ce n'est pas un compliment que je vous fais ; mais votre départ précipité me cause un véritable chagrin. La nouvelle alliance qui se fait dans votre famille est des plus brillantes, et je sens bien que c'est pour vous un devoir indispensable d'assister à la cérémonie ; mais je me faisais une fête de vous posséder le reste du mois de septembre, et voilà tous nos projets dérangés. Adieu la pêche, adieu la chasse, adieu la nouvelle académie !

Le Chevalier. Ce dernier point est celui qui me tient le plus au cœur. On trouve aisément à chasser et à pêcher partout ; mais je ne trouve nulle part une conversation aussi...

Le Comte. Ah ! Monsieur, nous donnons dans le ton *louangeur* : bannissons-le avant tout de notre académie.

La Comtesse. Fort bien. Vous faites des règlements justement lorsqu'elle finit.

Le Comte. Lorsqu'elle finit ? je compte bien, au contraire, qu'elle ne fait que commencer, et que tous les ans elle reprendra ses séances. Monsieur le Chevalier, n'est-ce pas ainsi que vous l'entendez ?

Le Chevalier. Je n'y vois qu'un inconvénient. C'est que pendant onze mois je soupirerai après le mois de septembre.

Le Comte. Du caractère dont je vous connais,

vous ferez bien, et avec goût, tout ce que vous ferez. Les belles-lettres, qui vont faire votre occupation, n'ont ni moins d'agrément, ni moins d'utilité que l'histoire naturelle. Celle-ci même à présent vous est moins nécessaire, et je ne vous la propose pour vos vacances que comme un amusement. En attendant votre retour, nous ébaucherons, Monsieur le Prieur et moi, la matière de nos entretiens futurs. Je lui laisse le soin du choix, et l'on peut bien s'en reposer sur lui.

Le Chevalier. On est heureux à la campagne, et on le serait à la ville de trouver ce que je possède ici.

Le Prieur. Soyons, je vous prie, plus fidèles aux règlements de notre compagnie. Point de louanges ni de compliments. Des académiciens comme nous ne s'assemblent pas pour s'admirer. Nous sommes ici pour parler de la pêche que Madame a bien voulu organiser hier en notre faveur.

La Comtesse. Il faut bien permettre au Chevalier de nous donner, avant son départ, une preuve de son bon cœur. Maintenant, nous pouvons parler sérieusement.

Le Comte. Monsieur le Chevalier, nous avons troublé, en venant ici ce matin, vos agréables rêveries. Il y avait une heure et plus que je vous voyais couché sur le gazon qui borde ce bassin. Peut-on savoir ce qui vous occupait si fort?

Le Chevalier. Je suis venu rendre visite aux perches et aux carpes que je conservai hier de notre pêche, et que j'ai mises ici dans l'eau. Je leur ai jeté du pain qu'elles viennent manger avec avidité. J'ai suivi tous leurs mouvements, et il m'est venu bien des pensées sur la nature des poissons, et bien des questions à proposer à ces Messieurs. D'abord je ne comprends pas comment l'eau qui suffoque tous les autres animaux, ne nuit pas à ceux-ci. Ensuite je voudrais savoir de quoi les poissons vivent ; et enfin comment, sans pieds, sans bras, sans griffes, sans trompe, sans aiguillon, ils peuvent avancer et attraper leur proie.

La Comtesse. Si vos rêveries produisent toujours des questions aussi sensées, rêvez souvent, Monsieur; vous parviendrez à faire des découvertes. Rien de tout ce que vous demandez ne m'était encore venu à l'esprit, et je serai fort aise d'entendre les réponses qu'on nous prépare.

Le Prieur. Je pourrai vous donner quelques éclaircissements sur la nourriture des poissons, et sur l'élément dans lequel ils vivent. Mais ce qui regarde leur mouvement progressif et leur manière de nager, revient de droit à un physicien plus habile que moi ; ce sera l'affaire de Monsieur le Comte.

Je m'en vais reprendre de suite les rêveries de notre aimable philosophe. Je me remets sur le bord du grand bassin ; c'est moi qui suis le Chevalier, et voici les pensées qui me viennent. Jusqu'ici on m'a fait voir des créatures vivantes dans toute la nature. L'air est habité par cent sortes d'animaux ; d'autres traversent les campagnes et rampent sur la terre. Il y a des familles dans le fond des bois ; il s'en trouve dans le cœur des feuilles et sous l'écorce des arbres. D'autres se logent dans les crevasses des murailles, au fond des antres et des rochers. Les entrailles mêmes de la terre sont creuses et peuplées ; mais tous ces animaux, si différents entre eux par leur naturel et par leur manière de vivre, ont cela de commun qu'ils respirent l'air : et voici un autre élément où ils périssent tous, quand on les y plonge. Est-il donc impossible de vivre dans l'eau ? et l'eau qui couvre plus de la moitié de notre globe, sera-t-elle sans habitants ? Tout au contraire, j'y en découvre de plusieurs sortes; et comme les animaux qui couvrent la terre meurent sous l'eau, je vois de même les habitants des eaux périr à l'air, et ne pouvoir se passer de l'élément qui leur a été assigné. J'ai cependant bien de la peine à comprendre comment leur sang, car ils en ont aussi, peut circuler, et comment il n'est pas coagulé ou épaissi par le grand froid des eaux. Les animaux qui vivent sur la terre ont ou des plumes ou du duvet délicat, ou de bonnes fourrures de peau garnies de poil pour se défendre de l'action de l'air, qui se refroidit

quelquefois excessivement. Je ne trouve rien
de semblable chez les poissons. Qu'ont-ils donc
pour résister à un élément encore plus froid
que l'air? Rappelons ce que nous avons quelquefois vu en maniant ou en regardant ouvrir
un poisson. La première chose qui se présente
en le touchant, est une certaine viscosité dont
tout son corps est enduit par dehors. Je trouve
ensuite une couverture composée de fortes
écailles; et avant que de parvenir à la chair du
poisson, je trouve encore une espèce de chair
huileuse qui s'étend d'un bout à l'autre, et qui
enveloppe le tout. Je ne comprends ni comment
cette écaille peut se former, croître et s'entretenir; ni quelle est l'origine et le réservoir de
cette huile : mais cette écaille par sa dureté, et
cette huile par son antipathie avec l'eau, conservent au poisson sa chaleur et sa vie. On ne
pouvait lui donner une robe qui fût à la fois
plus légère et plus impénétrable. Ainsi partout
où je porte mes yeux, j'aperçois une sagesse
toujours féconde en nouveaux procédés, qui
connaît parfaitement tout ce qui entre dans son

ouvrage, et qui n'est jamais contredite ou gê-
née par la désobéissance des matériaux qu'elle
emploie.

Le Chevalier. Je m'aperçois que je rêve assez
bien : j'ai du plaisir à m'entendre, et je suis
d'avis de continuer.

Le Prieur. Continuons : je le veux bien. Mais
au lieu de ce bassin, imaginons-nous voir le
bord de la mer. Plaçons-nous sur le haut d'une
falaise, d'où notre vue s'étende en liberté sur
ce bassin immense que la main de Dieu a
creusé. Les eaux salées qu'il contient sont apparemment inhabitées : ou si elles donnent la
vie à quelques animaux, la chair n'en sera pas
propre à nous nourrir. Mais je me trompe : ce
n'est pas en vain que la parole de Dieu a cons-
titué l'homme maître des poissons de la mer
comme des autres animaux, et je vois même
sortir de toutes les côtes voisines des barques
de pêcheurs qui vont recueillir les présents de
la mer, et qui nous rapportent une nourriture
également variée et délicieuse. Ici mon étonnement redouble. Les hommes ont fait bien des

efforts pour pouvoir mettre en usage l'eau de la mer dans les voyages de long cours, et ils sont parvenus à la dessaler jusqu'à un certain point ; mais elle n'en est guère meilleure à boire. Ni les filtrations, ni les distillations ne peuvent la débarrasser de son amertume spéciale, de son goût totalement nauséabond, dû principalement aux sels de magnésie qu'elle renferme, et probablement aussi aux décompositions animales et végétales qui s'opèrent continuellement dans le sein des mers. C'est néanmoins dans cette eau, dont le goût est si triste et si insupportable, que Dieu engraisse et perfectionne la chair de ces poissons, que bien des personnes préfèrent aux oiseaux les plus exquis. Voilà des choses qui paraissent impossibles, et que je ne puis cependant désavouer. A chaque pas que je fais, je m'aperçois que dans la nature, comme dans la religion, Dieu m'oblige à croire comme certain, ce qu'il ne juge pas à propos de me faire comprendre ; et que content de me montrer l'existence et la réalité des merveilles qu'il opère, il exige de

moi le sacrifice de ma raison sur la nature de
ce qu'il a fait, et sur la manière dont il le produit.

Continuons à parcourir la côte : approchons-
nous de quelques-uns des pêcheurs, et voyons
ce qu'ils ont pris. Dans un élément qui ne produit rien, la fécondité et la multitude des habitants ne peut pas être grande. Tout ce que je
vois me confond, et mon raisonnement se
trouve encore ici en contradiction avec la réalité. Contre mon attente, voilà des pêcheurs
qui rapportent une fourmilière de moules et de
crevettes, des crabes et des homards d'une
taille monstrueuse, des monceaux d'huîtres
d'une blancheur et d'une graisse qui excitent
l'appétit. J'en vois d'autres qui nous tirent de
leurs filets, et qui étalent avec complaisance
des turbots, des barbues, des limandes, des
plies, et de toutes ces espèces de poissons plats
taillés en losange, dont la chair est si estimée.
D'un autre côté, j'aperçois une flotte entière de
barques qui reviennent chargées de harengs.
La pêche en commence ici en cette saison. En

d'autres temps, au lieu de harengs, ce sont des nuées de maquereaux ou de merlans , qui viendront d'eux-mêmes se présenter à nous sur les côtes, et la capture d'un jour fournira des provisions à des provinces entières. Il semble que la mer ne puisse contenir les trésors qu'elle enfante. Des légions d'éperlans commencent, au printemps, à remonter par l'embouchure des rivières. Les aloses ne tardent pas à suivre la même route et à perfectionner leur chair dans l'eau douce. Les saumons continuent de même jusqu'en juillet, et plus tard, à faire la joie des pêcheurs à soixante et quatre-vingts lieues de la mer. Chaque saison nous apporte de nouveaux plaisirs sans interrompre les présents ordinaires qu'elles nous font toutes, en nous offrant toujours les lamproies, les éperlans, les bars, les thons, les dorades, les rougets, les soles, les raies, et tant d'autres qui garnissent toutes les tables et contentent tous les goûts. Quelle délicatesse et quelle profusion tout à la fois dans les libéralités de cet élément ! Mais cette délicatesse même sera peut-être

cause que les riches seuls pourront y prétendre ; ou l'abondance en sera telle, que la
corruption du tout ou de la majeure partie en
préviendra la consommation. Un peu de sel va
remédier à ce double inconvénient. Je vois tous
nos pêcheurs occupés à mettre en barils leurs
harengs, après les avoir salés. Vers la haute
mer paraissent déjà les vaisseaux qui nous apportent de Terre-Neuve, c'est-à-dire de plus de
mille lieues d'ici, un nombre incroyable de
grandes morues conservées avec la même précaution. C'est ainsi que la mer nous comble de
biens, et nous donne encore le sel qui en facilite la communication et en assure le transport.
Par là les pauvres les plus éloignés de la mer
se ressentent aussi de ses faveurs et s'en ressentent à peu de frais. Je n'ai point d'expressions
qui répondent à ma surprise et à ma reconnaissance. Dans cette prodigalité de la mer, je remarque encore une précaution qui en relève le
prix, et qui est pour nous un nouveau bienfait.
Les poissons dont la chair est saine et bienfaisante sont d'une fécondité extrême : ceux dont

la chair est peu agréable ou malfaisante, et que leur taille monstrueuse rend redoutables aux autres, sont communément vivipares, c'est-à-dire qu'ils mettent au monde des petits tout formés, et n'en ont qu'un ou deux tout au plus. Tels sont la baleine, le dauphin, le marsouin, le veau marin. La même sagesse qui a si utilement réglé les bornes de leur fécondité, écarte de nos bords ceux dont nous pouvons le plus aisément nous passer, au lieu qu'elle amène dans nos filets, et sous notre main, ceux qui nous sont les plus utiles.

Les baleines, les marsouins, et tous les grands poissons dont la vue alarmerait et ferait fuir les petits poissons qui nous nourrissent, cherchent la haute mer, de crainte d'échouer sur les côtes, où ils pourraient manquer d'un volume d'eau suffisant pour les soutenir. Une main invisible les pousse vers les parties que les autres abandonnent : elle les nourrit sous les glaces du Nord, et le long des mers qui bordent le Groënland, où elle les envoie pour être la ressource de ces tristes habitants, qu'elle ne veut pas totalement abandonner. Ils en mangent la chair, ils en boivent l'huile, et en emploient les os et la peau pour construire et revêtir les grandes barques sur lesquelles ils font leur pêche.

Toutes les autres espèces, au contraire, viennent se ranger sur nos côtes. Les unes sont toujours avec nous ; d'autres viennent tous les ans par caravanes. On connaît l'époque de leur passage, et même la route qu'ils suivent ordinairement ; et l'on met à profit cette double découverte. Partis des mers polaires, en troupes innombrables, ils se rapprochent de nos régions tempérées, pour y chercher une nourriture nouvelle et un lieu propice pour y déposer leurs œufs. Les pêcheurs vont les attendre au passage sur les côtes de l'Ecosse, de la Hollande, du Danemark et de la Norwége. Mais ces migrations n'ont pas la régularité qu'on leur a longtemps attribuée ; il est hors de doute qu'il s'écoule souvent plusieurs années, sans qu'on voie des harengs, sur des plages renommées pour l'abondance de la pêche ; tandis que sur d'autres points jusque-là ignorés, on en prend même toute l'année une grande quantité.

Ils continuent à descendre vers le Midi, passent la Manche, et apparaissent, en bancs immenses, le long des rivages de la France et à l'embouchure des fleuves, depuis le Pas-de-Calais jusqu'à la Loire. Nos pêcheurs et ceux de Hollande ont remarqué qu'il naissait en été, le long de la Manche, une multitude innombrable de vers et de petits poissons dont les harengs se nourrissent. C'est une manne qu'ils viennent recueillir fidèlement. On les pêche sur les côtes pendant l'été et une partie de l'automne ; puis ils disparaissent dans les profondeurs de la mer, où les filets ne peuvent les atteindre, à l'exception d'un certain nombre qui ne quittent pas le rivage. En tout cas, aucun signe ne fait supposer, comme on l'a prétendu, qu'ils regagnent les voûtes glacées des mers polaires.

Les morues sont peu fréquentes dans nos mers. Leur rendez-vous général est au grand banc de Terre-Neuve : c'est là qu'elles tiennent leurs grandes assises, et la quantité en est telle, que les pêcheurs venus de toutes les nations ne sont occupés, du matin au soir, qu'à jeter la ligne, à retirer, à vider la morue prise, et à en mettre les entrailles à leur hameçon, pour en attraper une autre. Un seul homme en prend parfois jusqu'à trois et quatre cents en un jour. Outre les ressources précieuses que la morue procure pour l'alimentation, elle fournit aussi une huile employée avec succès dans le traitement des maladies de poitrine, et de certains vices du sang. Aussi n'est-il pas étonnant qu'on lui fasse une chasse si acharnée, tant qu'elle se tient sur les côtes. Quand la nourriture qui attire les morues en cet endroit est épuisée, elles se dispersent et vont faire la guerre aux merlans, dont elles sont fort friandes. Ceux-ci fuient devant elles, et c'est à la chasse qu'elles leur donnent que nous sommes redevables des fréquents retours des merlans sur nos plages.

A l'occasion de leur guerre, je me rappelle ce

que j'ai entendu dire de celle qui règne entre toutes les autres espèces. La sole et la plupart des poissons plats se cachent dans la vase, dont leur dos imite la couleur, et observent attentivement l'endroit où les femelles des gros poissons déposent leurs œufs, que les mâles viennent arroser avec leurs laites pour les féconder. La sole sort bientôt après de son embuscade, et se jette sur cette nourriture exquise, qui lui donne à elle-même une graisse et une saveur parfaite. Les petites soles à leur tour servent de nourriture aux gros crabes : et comme elles ne quittent guère le gravier où elles cherchent des œufs de poisson, il n'y a pas jusqu'aux crevettes à qui elles ne servent de pâture, et l'on n'ouvre presque aucune de celles-ci sans y trouver une ou deux petites soles.

Au reste, depuis les plus gros animaux que les eaux produisent, jusqu'aux plus petits, tout est en action et en guerre : ce ne sont que ruses, que fuites, que détours et que violences. On s'y pille, on s'y entre-dévore sans pudeur ni mesure. En un mot, les poissons font comme les hommes, et je ne sais pourquoi on n'a pas encore été tenté de leur prêter de la raison. Mais il me vient une pensée plus sérieuse. Si les habitants des eaux sont toujours à l'affût pour dévorer les œufs et les laites les uns des autres, et pour s'entre-dévorer eux-mêmes, cet élément cessera enfin d'être peuplé, et il y a même longtemps qu'il ne le devrait plus être. Les moindres poissons servant de nourriture aux plus forts, auraient dû disparaître, et les plus forts auraient dû périr à leur tour faute de nourriture. Mais rien n'est si frivole que les critiques des hommes sur les ouvrages de Dieu. Il a pourvu à la conservation des poissons en donnant aux uns la force, aux autres la légèreté et la prévoyance, et en les multipliant tous d'une manière si prodigieuse, que leur fécondité surpasse leur ardeur naturelle à se dévorer, et que ce qui s'en détruit est toujours fort au-dessous de ce qu'il en reste, pour perpétuer les espèces. Quelque grand que soit le nombre des morues qui ont été consom-

mées par les hommes cette année, ou dévorées
en mer par d'autres poissons, ce qui en reste
est toujours plus que suffisant pour nous en
redonner un pareil nombre un an ou deux
après. En voici la preuve. Lorsque j'allai voir
le port de Dieppe, on nous apprêta une très-
belle morue fraîche, mais fort inférieure à
celles qui nous viennent du banc de Terre-
Neuve. Je fus curieux de compter les œufs
qu'elle portait. J'en pris la pesanteur d'un
gramme, et nous nous mîmes trois à compter
les œufs qu'il renfermait. Nos trois sommes
rapprochées, et le total du gramme une fois
arrêté, nous pesâmes toute la masse des
œufs, et l'addition de toutes ces sommes
réunies donna un chiffre de huit millions trois
cent quarante mille œufs.

La Comtesse. Monsieur le Prieur, je ne
compte point après vous : je n'ai aucune peine
à croire ce que vous me dites, quelque incroyable que paraisse ce nombre tout d'abord.
Une carpe commune n'a pas, à beaucoup près,
autant d'œufs qu'une grande morue ; mais la

quantité en est cependant si énorme, même au premier coup d'œil, qu'elle aide beaucoup à rendre votre calcul admissible. Tout ce que vous venez de dire me frappe beaucoup, et me met aussi en humeur de rêver, c'est-à-dire, de raisonner. Quand on cherche quelle peut être la fin et la destination de cette prodigieuse fécondité, on voit bien que ce n'est pas de donner aux rivières et à la mer autant de poissons qu'il s'y trouve d'œufs : autrement je pense que le bassin de la mer ne serait pas suffisant pour les contenir. Mais on voit que cette fécondité tend à un double bien : premièrement, de conserver l'espèce, quelque accident qu'il arrive ; ensuite, de donner aux poissons vivants une nourriture copieuse et succulente.

Le Chevalier. Je vois à présent une partie des moyens que les poissons ont reçus pour vivre dans l'eau et s'y conserver. J'y vois les vers, les coquillages, les œufs, les laites et les petits poissons en si grande abondance, que je ne suis plus en peine de leur nourriture. Les habitants des eaux ont du pain assuré ; mais leur proie se cache et fuit devant eux ; et je ne vois aux poissons qu'une tête, un gros corps immobile, et une queue. Comment avec si peu d'organes pourront-ils avancer, nager, attraper ? Il y a encore une chose où je me perds. Avant que de jeter ma dernière carpe à l'eau, je m'avisai de prendre des ciseaux, et de lui couper les nageoires. Je crus qu'elle ne nagerait plus, et cependant cette carpe s'avance, monte et descend ; mais elle est toujours couchée sur un côté, ou le dos en bas, tandis que toutes les autres nagent sur le ventre.

La Comtesse. Le pauvre Chevalier ne dormira point qu'on ne lui ait expliqué toutes ces énigmes.

Le Comte. Voici, mon cher Chevalier, comme je conçois que toutes ces choses se peuvent faire. La figure de tous les poissons étant toujours un peu aiguisée par la tête, les rend propres à fendre le liquide. La queue, à l'aide de ses muscles, se peut courber en tout sens : elle est forte et agile, elle se plie de gauche à droite, et en se redressant elle pousse l'eau qui est derrière elle : elle se replie aussitôt de droite à gauche, et par cette impulsion alternative, elle fait avancer la tête et tout le corps infiniment mieux que ne peut faire une rame attachée à la queue d'une barque, et qui jouant tour à tour à droite et à gauche, fait avancer cette barque. Les nageoires placées sous le ventre du poisson servent aussi quelque peu à repousser l'eau pour faire aller le corps et pour l'arrêter ensuite, quand le poisson les étend sans les remuer. Mais leur principale fonction est de diriger les mouvements du corps en le tenant en équilibre, en sorte que si le poisson joue des nageoires qui sont à droite, et qu'il couche sur son corps celles qui sont à gauche, tout le mouvement est aussitôt déterminé vers la gauche : comme un bateau à deux rames, si l'on cesse de faire jouer l'une d'elles, tournera toujours du côté où la rame n'est plus appuyée contre l'eau. Otez les nageoires aux poissons, le dos qui est plus pesant que le ventre, n'étant plus maintenu en équilibre, tombe de côté, ou descend même dessous, comme il arrive aux poissons morts qui viennent sur l'eau les nageoires en haut.

Le Chevalier. Monsieur, je comprends, ce me semble, quelque peu, comment la queue du poisson, en se courbant et en se redressant, frappe l'eau de côté et d'autre : voilà de quoi faire aller le corps en avant. Mais cette queue qui n'a point d'épaisseur, ne peut pousser l'eau, ni vers le haut, ni vers le bas. Je ne vois pas comment le poisson peut monter et descendre.

Le Comte. J'avais prévu la question, et voici la réponse que j'ai apportée dans ce papier. Monsieur le Chevalier connaît-il ce que je lui montre ?

Le Chevalier. C'est une vessie de carpe : qui est-ce qui n'a pas sauté là-dessus une fois en sa vie ?

Le Comte. La plupart des poissons en ont une semblable. C'est une chose qu'on voit tous les jours, je l'avoue; mais on se trompe et sur son nom, et sur son usage. Cette prétendue vessie est un sac rempli d'air, qui se dilatant ou se contractant au gré du poisson, règle sa nage de haut en bas, ou si vous voulez, lui permet de monter ou de descendre. On l'appelle la vessie natatoire.

Rien de plus facile à comprendre : une légère attention vous mettra au fait. D'abord, prenez pour un principe certain, et également conforme à l'expérience et au bon sens, qu'un corps surnage quand il n'est pas plus pesant que le volume d'eau dont il occupe la place. Si une planche qui a un pied de large sur deux pouces d'épaisseur, se trouve égale au poids que représente un pied d'eau en longueur, sur deux pouces de profondeur, elle nage à fleur d'eau. Est-elle une fois moins pesante ? elle n'entrera dans l'eau que de la moitié. Est-elle plus pesante qu'un pareil volume d'eau ? elle enfoncera.

En second lieu, un corps est plus pesant à proportion qu'il est plus compacte, ou qu'il contient moins d'air; et il est plus léger à proportion qu'il est plus poreux, et qu'il admet plus d'air. Une bouteille pleine s'enfonce dans l'eau, parce que le liquide et la bouteille ensemble pèsent plus que le volume d'eau qu'ils déplacent. La même bouteille vide surnage, parce que la bouteille et l'air ensemble ne pèsent pas tant que la masse d'eau dont elle occupe la place. En un mot, un corps enfonce, toutes les fois que son poids est supérieur à celui du volume d'eau qu'il déplace.

Cela supposé, le corps du poisson qui est plus pesant que la quantité d'eau dont il remplit la place, devrait toujours tomber au fond, et il ne pourrait en effet que s'y traîner, s'il n'avait dans ses entrailles un vase plein d'air qui lui sert à se soutenir à tel endroit de l'eau qu'il lui plaît. Cette vessie gonfle un peu le poisson, et le rend plus large qu'il n'est naturellement, sans rien ajouter à son poids, ce qu'il faut bien remarquer. Il occupe par ce moyen plus de place qu'il n'en occuperait sans cela. Je suppose donc que le poisson sans vessie natatoire pèse un kilogramme et que l'eau dont il tient la place ne pèse que neuf cent cinquante grammes : le poisson devra enfoncer. Si vous introduisez alors dans le corps de ce poisson une petite ampoule pleine d'air, qui n'ajoute rien à son poids, mais qui rende le poisson plus gros, il occupe plus de place. Si donc le volume d'eau qu'il déplace pèse un kilogramme, le voilà en équilibre, et il se soutient à quelque profondeur qu'il se trouve.

Le Chevalier. Tout va bien jusque-là. Le poisson peut nager ; il peut avancer sur une même ligne. Mais vous ne montrez pas comment il peut monter et descendre.

Le Comte. S'il était maître de dilater son réservoir à son gré, qu'en arriverait-il? Prenez un moment pour y penser.

Le Chevalier. S'il pouvait le faire, il deviendrait plus gros sans peser davantage. J'y suis, Monsieur. Occupant la place d'un plus grand volume d'eau qu'auparavant, il serait plus léger que cette eau, ainsi il...

Le Comte. Vous n'achevez pas? S'il est plus léger, il montera. Et au contraire, si le poisson comprime son réservoir, qu'arrive-t-il en ce cas?

Le Chevalier. Il devient plus petit : il occupe

moins de place sans rien perdre de son poids. Par ce moyen il doit peser davantage que l'eau dont il tient la place. Ainsi il doit descendre. Mais, Monsieur, il n'y a pas d'apparence qu'un poisson puisse à tout moment resserrer ou élargir cette vessie selon le besoin qu'il a de monter ou de descendre.

Le Comte. C'est pourtant ce qu'il fait. C'est une chose prouvée par des observations indubitables.

Le Chevalier. Hé ! comment le poisson peut-il, dans l'eau, avoir de l'air à son commandement ?

Le Comte. Il y a dans l'eau une certaine quantité d'air qui s'y trouve dissoute, et qui sert à la respiration du poisson. Cette fonction s'exécute par les branchies, qu'on appelle ordinairement les ouïes, comme elle s'opère par les poumons dans les animaux qui en sont pourvus. Elles ont la forme d'un peigne dont chaque dent reçoit des vaisseaux sanguins très-déliés. Lorsque le poisson respire, il attire l'eau dans sa bouche, et la repousse vers les ouïes pour qu'elle humecte les dents du peigne ; l'air dissous dans cette eau passe à travers les parois des vaisseaux, et rend au sang ses propriétés vivifiantes.

Mais est-ce de l'air qui remplit la vessie, et qui arriverait par le canal digestif? Ou est-ce un autre gaz, qui serait produit par les parois même de la vessie ? C'est ce que je ne puis vous expliquer. Ce qu'il y a de sûr, c'est que le jeu des muscles est le moyen dont se sert le poisson pour resserrer ou élargir son réservoir aérien : s'il les relâche, le gaz se dilate par sa force d'expansion naturelle ; s'il les contracte, le gaz se comprime, et la vésicule devient plus petite.

Le Chevalier. Ce que Monsieur nous dit me paraît bien curieux, et je ne doute pas que cela ne se justifie par l'expérience. J'ai dessein de m'en assurer par moi-même, en faisant piquer par le cuisinier la vessie d'une de mes carpes pour en faire sortir l'air. La carpe ne mourra pas aussitôt, et l'on verra si elle va au fond.

Le Comte. Vous ferez bien. J'aime les jeunes gens qui font de bonne heure des expériences et des réflexions : c'est par là qu'ils forment leur jugement, et rien n'est plus sûr en matière de philosophie, que de voir par ses propres yeux. L'expérience que vous ferez, je l'ai faite autrefois moi-même. Vous avez vu dans mon cabinet une machine que l'on appelle pneumatique, et qui sert à enlever l'air sous une cloche de cristal qui y est adaptée. Je mis sous le récipient un carpillon, qui nageait dans un vase d'eau, et je fis le vide ; aussitôt le poisson monta à la surface de l'eau et flotta le ventre en haut, sans pouvoir ni se retourner ni descendre. C'était l'effet de la dilatation du gaz contenu dans la vessie natatoire, sur laquelle ne pesait plus l'air extérieur. Je fis une autre expérience ; je mis sous le récipient une carpe vivante, mais à sec, dans l'espérance que la dilatation serait plus grande encore, puisque l'eau ne pressait plus contre les flancs du poisson. La chose arriva comme je l'avais prévu : le gaz contenu dans la vessie ne rencontrant plus d'obstacle, se dilata tellement que celle-ci se rompit. La carpe n'en mourut pas ; je la rejetai bien vite à l'eau, où elle vécut encore un mois.

Le Chevalier. Celle-là ne devait plus monter.

Le Comte. Aussi demeura-t-elle rampante sur le fond, où elle se traînait comme un serpent.

La Comtesse. Voilà un réservoir d'air qui produit assurément des effets surprenants. Mais il faut que vos poissons soient bien philosophes pour savoir au juste de combien ils doivent s'enfler ou se désenfler, selon qu'ils veulent monter ou descendre, et pour pouvoir lâcher ou fermer à propos le robinet de gaz, tendre ou débander à propos leurs muscles, pour obtenir tel ou tel degré d'élévation dans l'eau.

Le Comte. Il faut que nos raisonnements le cèdent à l'expérience. Mais ce qui résout suffisamment cette difficulté, c'est que les poissons font toutes ces opérations sans savoir qu'ils les font, et la justesse de l'exécution montre, non pas quelque connaissance ou attention de la part de l'animal en qui la chose se passe, mais uniquement la sagesse impénétrable de l'ouvrier tout-puissant qui a fait toutes choses.

Le Prieur. Chez nous-mêmes, à qui Dieu a donné la raison pour régler nos actions, combien se fait-il de choses où nous n'avons aucune part? Nous respirons sans savoir la structure ni l'usage du poumon. Combien de gens ne savent pas qu'il y a chez eux un poumon!

Le Comte. Nous sautons, nous courons, nous dansons, sans savoir ni les tendons qu'il faut tirer, ni les muscles qu'il faut gonfler ou relâcher pour faire tel ou tel mouvement.

La Comtesse. Je n'aime pas à disputer : c'est un mauvais caractère. Mais, Messieurs, expliquez-moi une chose qui ne semble pas s'accorder avec ce que vous venez de dire : je puis parler de ce que je vois tous les jours. Avons-nous jamais trouvé une semblable vessie dans les écrevisses, qui vivent dans l'eau? Trouve-t-on rien de semblable dans les crabes et dans les tortues, qui vont et viennent dans l'eau en liberté? Je ne crois pas non plus qu'il soit possible d'apercevoir rien de semblable ni dans les soles, ni dans les plies, ni dans les autres poissons plats.

Le Comte. Il ne leur faut pas chercher cette vessie. Ces animaux n'en ont point, et n'en ont pas besoin. Les écrevisses de rivière, les huîtres, les homards, et les crabes ne quittent guère le fond de l'eau, non plus que les soles et les poissons plats. Cependant, comme le poids de leur corps est presque en équilibre avec celui d'une pareille masse d'eau, ils nagent quelque peu, mais sans le secours d'une vessie natatoire. Il en est de même de la tortue : ayant des poumons, elle se peut gonfler d'air, et se mettre en équilibre avec l'eau, comme fait la grenouille. Elle peut, comme tous les animaux amphibies, mettre en œuvre, pour nager, la rétraction et l'impulsion de ses pattes. Mais, pour l'ordinaire, elle se contente de ramper.

Le Chevalier. J'ai remarqué effectivement que celles que vous aviez ici dans le bassin où j'ai mis mes poissons, ne nagent point; mais qu'elles marchent sur terre, dans l'eau, et hors de l'eau. On les voit monter à l'aide d'une planche du fond de l'eau, et se venir promener sur le gazon vert qui environne le bassin, puis s'en retourner à l'eau fort lentement. Voilà un animal amphibie d'une structure toute différente des autres. Monsieur le Comte voudrait-il parcourir les espèces dont nous tirons quelque utilité singulière ? Par exemple, sont-ce là les tortues dont on emploie l'écaille pour faire des tabatières et des étuis ?

Le Comte. On pourrait s'en servir ; mais les tortues que vous voyez ici, sont petites, et d'une espèce très-commune. Il y en a de quatre ou cinq sortes, dont les deux plus estimées sont la tortue franche et le caret. La tortue franche n'a pas l'écaille bien belle ; mais la chair et les œufs en sont excellents et très-recherchés par les gens de mer, qui n'ont rien de meilleur pour se rafraîchir et se guérir de leurs maladies quand la navigation est longue. Une seule tortue peut donner jusqu'à deux cents livres de chair, qu'on sale, et près de trois cents œufs fort gros, et qui sont de garde.

Le caret est une autre tortue moins grosse que la tortue franche, dont la chair est désagréable et malsaine, mais dont les œufs sont très-délicats. Elle est très-recherchée pour son écaille, qu'on façonne, comme on veut, en l'amollissant dans l'eau chaude, puis en la mettant dans un moule, dont on lui fait prendre exactement et sur-le-champ la figure à l'aide d'une bonne presse de fer : on la polit ensuite, on y ajoute des ciselures d'or et d'argent, ou d'autres ornements.

Le Chevalier. Avant de quitter les tortues et les écrevisses, je suis en peine de savoir comment elles font pour vivre. Si elles nagent peu, leur proie leur doit échapper bien aisément.

Le Comte. L'écrevisse de rivière et celle de mer ont deux fortes tenailles pour arrêter le gros gibier qui se trouve étourdiment sur leur passage. Elles vont chercher dans la vase et sur le gravier les vermisseaux qui y ont leurs retraites. Elles les tirent de leurs logettes avec les petites pinces qui terminent leurs pattes, et trouvent leur repas tout apprêté. Quant à la tortue, elle paît l'herbe sous l'eau et hors de l'eau. Elle fait sa demeure ordinaire et trouve sa nourriture dans des prairies qui sont au fond de la mer, le long de plusieurs îles de l'Amérique. Il y a peu de brasses d'eau sur quelques-uns de ces fonds, et les voyageurs rapportent que quand la mer est calme, et le temps serein, on voit ce beau tapis vert au fond de l'eau, et les tortues qui s'y promènent. Après qu'elles ont mangé, elles vont à l'embouchure des rivières chercher l'eau douce. Elles viennent respirer, puis s'en retournent au fond. Quand elles ne mangent point, elles ont ordinairement la tête hors de l'eau, à moins qu'elles ne voient remuer quelque chasseur ou quelque oiseau de proie; en ce cas elles s'enfoncent bien vite. Elles vont tous les ans à terre pondre leurs œufs dans des trous qu'elles creusent dans le sable, un peu au-dessus de l'endroit où les vagues viennent se briser. Elles les couvrent très-légèrement, afin que le soleil les échauffe, et fasse éclore les petits ; et en travaillant pour leur famille, elles préparent une provision abondante aux hommes et aux oiseaux; car elles vont pondre de quinze jours en quinze jours jusqu'à trois fois, et mettent bas chaque fois quatre-vingts ou quatre-vingt-dix œufs et plus. Au bout de vingt-quatre ou de vingt-cinq jours, on voit sortir du sable de petites tortues, qui, sans leçons et sans guide, s'en vont tout doucement gagner l'eau. Mais malheureusement pour elles la lame les rejette les premiers jours. Les oiseaux accourent et les enlèvent pour la plupart avant qu'elles soient assez vigoureuses pour tenir contre les flots, et pour se glisser au fond. Aussi de trois cents œufs il n'en échappe quelquefois pas dix, quelquefois point du tout.

La Comtesse. Il semble d'abord qu'en cela la nature fasse une dépense inutile, ou même qu'elle ait manqué son ouvrage. Mais on sent aussitôt la fausseté et l'injustice d'une pareille pensée. Nous ne nous avisons pas de nous plaindre de la fécondité d'une poule qui nous donne souvent plus de deux cent cinquante œufs par an, sans qu'on laisse éclore un seul poulet. On voit bien sensiblement que l'intention de l'auteur de la nature dans cette admirable fécondité, est d'assurer la conservation de l'espèce, et de donner en même temps une nourriture excellente à l'homme et à d'autres animaux. Ainsi, dans l'ouvrage de la nature, rien n'est ni manqué, ni perdu. Il n'y a pas jusqu'à la lenteur même de cette tortue qui n'ait son utilité. Si elle était plus alerte, combien d'animaux manqueraient leur repas !

Le Prieur. Continuons à passer en revue les bienfaits qui nous reviennent des différentes espèces. Nous apercevrons partout de nouveaux sujets de bénir Celui qui a rempli l'eau, comme la terre et l'air, de toutes sortes de biens.

Le Comte. Les poissons mêmes, dont la chair ne nous fait pas plaisir, ne sont pas pour cela inutiles à l'homme. Nous avons déjà vu que les poissons du Nord, dont nous n'aimons pas le goût huileux, servent de nourriture à d'autres peuples, aux besoins desquels ils sont plus proportionnés. Il n'y a pas jusqu'à leurs arrêtes, leurs barbes et leurs écailles , dont plusieurs nations ne sachent tirer profit. Il y a un poisson dont les arrêtes sont si fortes, que les habitants du Groënland s'en servent au lieu d'aiguille pour coudre les peaux d'ours dont ils font leurs coiffures et leurs habits, qu'ils assemblent avec des boyaux desséchés, en guise de fil.

Les mêmes peuples construisent la carcasse ou le corps de leurs grandes barques avec des os de baleines qu'ils revêtent ensuite de peaux de veaux marins ou de baleines. Ils en ont de plus petites, qu'ils construisent en bois. Un homme enfonce la moitié de son corps dans le creux de cette barque, où il est assis les pieds étendus sur le fond, et les extrémités de sa casaque de peau couvrant parfaitement le trou rond de la couverture plate par où son corps est engagé. Le Groënlandais, armé à gauche d'un petit aviron à double palette, et à droite d'un harpon, court légèrement sur la mer. Dans cet équipage il brave les tempêtes, et attaque les baleines et les marsouins, dont il tire sa subsistance. Ces barques sont d'un service plus prompt et plus sûr que les nôtres, quand on les sait gouverner.

Le Chevalier. D'où vient donc que nous ne les adoptons pas pour notre usage ?

La Comtesse. Voulez-vous qu'il soit dit que les Européens aient appris quelque chose des Groënlandais ? Vous savez bien que tout l'esprit est chez nous.

Le Comte. Les Russes savent préparer avec la vessie natatoire d'un poisson qui habite les mers du Nord, l'esturgeon, une colle fort estimée. Elle clarifie nos vins sans leur ôter la moindre qualité ; elle sert pour donner du lustre et de la consistance aux étoffes de soie, aux rubans et aux gazes ; pour préparer les fleurs artificielles, pour imiter les perles fines, pour recoller le verre et la porcelaine, et même pour confectionner des gelées alimentaires.

Les Danois et les autres peuples du Nord vont à la pêche d'un très-gros poisson nommé le narval, dont les dents sont plus estimées que celles de l'éléphant, parce qu'elles sont d'un ivoire de la dernière blancheur, et qui n'est pas sujet à jaunir. Le même poisson a le côté gauche de la mâchoire armé d'une très-longue corne toute d'ivoire, qui peut avoir jusqu'à quatorze, quinze et seize pieds. Ce sont ces cornes qu'on trouve dans les cabinets des curieux, et qu'on a fait passer si longtemps pour des cornes de licorne, animal chimérique, ou du moins qu'on n'a pas encore pu retrouver, s'il a été connu autrefois.

Mais de tous les poissons dont on ne mange point la chair, le plus utile, sans contredit, est la baleine, poisson énorme, qui n'a pas moins de vingt-cinq à trente mètres de long, sur dix à douze mètres de circonférence, et qui est d'un grand rapport à ceux qui en font la pêche.

Le Chevalier. Comment, je vous prie, se peut-on rendre maître d'un animal si monstrueux? Il doit tout rompre et tout renverser.

Le Prieur. La pêche en est très-curieuse; voici en peu de mots comme elle se pratique.

C'est dans les parties septentrionales de l'Europe, au Groënland et au Spitzberg que se réunissent chaque année les vaisseaux baleiniers. Quand un navire aperçoit un de ces monstrueux animaux, il met en mer une chaloupe montée par quelques pêcheurs qui s'approchent de lui en silence. L'un d'eux, le plus hardi et le plus vigoureux, tient à la main un harpon, espèce de javelot fort acéré de cinq ou six pieds de long, attaché à une longue corde qui est enroulée sur un dévidoir ou cabestan. Arrivé près de la baleine, et profitant de son sommeil, il lui lance son harpon qui s'enfonce profondément dans les chairs. Celle-ci, se sentant blessée, s'enfonce rapidement, et entraîne le harpon et la corde qu'elle dévide derrière elle. Quand, pressée par le besoin de respirer, elle reparaît à la surface, on lui lance de nouveaux harpons, jusqu'à ce que épuisée par la fatigue et la perte de son sang, elle soit hors d'état de fuir ; alors on l'achève, on la tire à bord, et on la met en pièces. On la frappe aussi de loin, et avec succès, au moyen de fusées, de

boulets de canon, et d'autres projectiles fulmi-
nants, qui éclatent dans son corps, et triom-
phent plus vite, que le harpon, de sa résistance.

Le Chevalier. Si l'on n'en mange point la
chair, ce travail est inutile.

Le Prieur. Du lard d'une seule baleine, on
peut tirer jusqu'à cent vingt tonneaux d'huile ;
la langue, qui est très-épaisse, peut en fournir
six ou huit.

Le Chevalier. A quoi cette huile peut-elle être
bonne ?

Le Prieur. On en fait un commerce très-consi-
dérable. On s'en sert pour préparer certains
cuirs ; pour épaissir le goudron dont on enduit
les vaisseaux ; pour préparer les laines de certaines draperies ; pour façonner le savon, pour
détremper les couleurs. Elle est surtout d'un
secours infini dans tout le Nord pour éclairer
sans frais les nuits qui y sont fort longues.

La Comtesse. Est-ce de ces gros poissons
que nous vient la baleine que nous achetons
chez les marchands ?

Le Comte. D'eux-mêmes. La baleine n'a pas de dents, comme le cachalot dont la tête nous fournit ce blanc de baleine, si recherché par les dames pour leur toilette. Elle a de grandes barbes, appelées fanons, d'environ trois mètres de long, qui s'étendent d'une mâchoire à l'autre. Quand la baleine a englouti une énorme masse d'eau, celle-ci s'échappe entre les fanons comme à travers un crible, et laisse emprisonnés les vers et les petits poissons dont elle fait sa nourriture. Ce sont ces fanons que l'on débite en baguettes, et qui sont employés à beaucoup d'usages à cause de leur résistance et de leur souplesse. On en fait des corsets, des montures de parapluie, des cannes et une foule de petits objets.

La Comtesse. L'énormité de la baleine me fait souvenir d'un animal amphibie qui a, dit-on, plus de cent pieds de long, et dont vous nous avez parlé il y a quelques jours.

Le Comte. C'est le crocodile; seulement, vous exagérez singulièrement ses dimensions. Sa taille ne dépasse jamais huit ou dix mètres; ce qui est bien suffisant pour en faire un animal monstrueux et redoutable.

Le Chevalier. N'est-ce pas cet animal qui a la forme d'un gros lézard, une gueule armée de dents emboîtées les unes dans les autres ; le corps et la queue couverts de grosses écailles impénétrables ; et qu'on dit si rusé pour prendre les animaux et même les enfants qui s'approchent de l'eau où il se tient caché ? J'en ai vu un petit suspendu au plafond de votre cabinet.

Le Comte. C'est cela même.

Le Prieur. Cet animal, s'il se multipliait trop, serait la désolation du genre humain. Mais Dieu lui a opposé deux ennemis, toujours attentifs à le détruire, le cheval marin et l'ichneumon.

Le cheval marin est un très-gros animal amphibie, qui vit au fond du Nil, et du Niger, d'où il sort, non en nageant, mais en marchant avec ses quatre pieds, pour aller à sa pâture dans les prairies, et même sur les montagnes. Il en mange l'herbe, puis regagne le séjour des eaux,

où il est, dit-on, toujours en guerre avec le crocodile.

L'ichneumon ou mangouste est un petit carnassier qui fréquente les bords de l'eau. On a
exagéré jusqu'à la fable les services de ce petit
animal, et l'on a prétendu qu'il s'introduisait
dans la gueule du crocodile, et lui dévorait les
entrailles. La vérité est qu'il mange les œufs
déposés dans le sable par les crocodiles.

Le Comte. Monsieur le Chevalier est-il curieux
de voir les figures du crocodile, du cheval marin, et de l'ichneumon réunies dans une même
sculpture ? il faut aller aux Tuileries.

Le Chevalier. En quel endroit, je vous
prie ?

Le Comte. N'avez-vous pas remarqué la statue qui représente le Nil avec ses quatorze petits enfants ?

Le Chevalier. Je l'ai vue fort souvent sans y
rien comprendre. Que veulent dire, je vous prie,
tous ces enfants, et les figures qui sont sur le
bord du piédestal ?

Le Comte. Ces quatorze enfants du Nil, pla--

cés les uns plus bas, les autres plus haut, sont les symboles des différentes crues du Nil, qui sont tout à fait avantageuses à l'Egypte, quand elles montent à la hauteur de quatorze coudées. L'Egypte est menacée de famine quand les eaux s'élèvent moins. L'abondance est certaine quand l'eau monte à quinze coudées, et plus sûre encore, quand elle s'élève jusqu'à seize ; mais quatorze coudées sont la mesure nécessaire. Sous la figure du Dieu du Nil penché sur son urne, est un grand lit de marbre blanc, autour duquel vous verrez en bas-relief les objets qui sont particuliers à l'Egypte, comme le lotus, plante dont les Egyptiens font une sorte de pain ou de galette ; l'ibis, espèce de cigogne qui purge le pays de serpents ; l'ichneumon et l'hippopotame aux prises avec le crocodile.

Le Chevalier. Je vais joindre tous ces détails au précis que j'ai fait de nos autres entretiens. Je prierai Monsieur le Prieur de revoir le tout aujourd'hui, ou demain avant mon départ, car je veux faire part à mes amis de ce que j'ai appris dans mon voyage.

La Comtesse. Monsieur le Chevalier, si vous venez nous revoir, comme je l'espère, aux vacances prochaines, je vous promets un second volume. Bien entendu que Monsieur le Prieur et Monsieur le Comte seront mes cautions.

LETTRE

DE MONSIEUR LE CHEVALIER

DU BREUIL,

A MONSIEUR LE PRIÉUR

DE JONVAL

Monsieur,

Je viens d'écrire à Monsieur le Comte et à Madame la Comtesse de Jonval, pour leur faire mille nouveaux remerciements de leur gracieuse réception, et surtout de leurs charmantes conversations. Vous voulez bien, mon cher Prieur, que je vous marque aussi ma parfaite reconnaissance. Les plus beaux jours de ma vie sont ceux que je viens de passer avec vous. Vous m'avez conduit dans un autre monde, dans un monde enchanté. Jusque-là j'avais tout vu sans voir. Vous m'avez appris à me servir de mes yeux, à connaître ce qui est fait pour moi, et à jouir de mes droits. J'ai fait part des plaisirs de mes vacances à mon frère, et à sa jeune épouse. Tout le monde devient philosophe chez nous. Tout nous arrête : tout nous occupe. Nous avons cent choses à nous dire sur tout ce qui se présente à la promenade, sur tout ce qu'on sert sur la table. L'écaille d'une huître ou la coque d'une noix nous exerce des heures entières. Il n'est rien dont nous ne cherchions l'origine, la structure, et l'usage. Mais nous eûmes hier une querelle à ce sujet avec Monsieur le Baron, notre voisin : il faut que je vous en fasse part. Il prétendait que nous perdions notre temps à nous appliquer à l'histoire naturelle ; qu'il n'y avait que méprise et qu'incertitude dans nos connaissances ; que nous pouvions bien connaître, par exemple, quelques-uns des vaisseaux les plus grossiers qui servent à nourrir le corps d'un animal ; mais que nous ne pouvions distinguer les autres vaisseaux qui servaient à l'entretien de ces premiers, moins encore pénétrer dans le tissu des plus petits, et que cependant une connaissance n'était rien sans l'autre ; qu'ainsi il était inutile de commencer un ouvrage et des recherches qu'il était bien sûr que nous n'achèverions pas. Quoique les discours de Monsieur le Baron n'aient pas grande autorité chez nous, j'aurais cependant voulu que mon frère entreprît de combattre un pareil raisonnement. Je lui demandai si cela faisait impression sur lui, et s'il croyait perdre ce qu'un petit brouillard obscurcit pour un instant. J'ajoutai en riant, que la première année que j'étais à Paris, j'avais un appartement qui avait vue sur le Dôme des Invalides, et que quand il survenait un brouillard, j'étais en peine de ce qu'était devenu le Dôme : je croyais qu'il n'existait plus, parce que je ne le voyais plus. Mon frère, piqué par ma comparaison, releva la dispute, et soutint au Baron que ses difficultés ne nous ôtaient ni la certitude de ce que nous savions déjà, ni la facilité d'acquérir de nouvelles connaissances ; qu'il y avait à la vérité des choses qui nous étaient cachées, mais qu'elles n'empêchaient pas qu'il n'y en eût d'autres qui fussent claires, ou du moins certaines; qu'il ne fallait point s'exercer sur ce qui dépassait notre intelligence, mais sur ce qui était à notre portée. Cette réponse, qui fut trouvée très-sage, est justement ce que je me souviens, mon cher Prieur, de vous avoir entendu dire dans une conversation où vous montriez quels sont les droits et les bornes de la raison. Je fus très-frappé de tout ce que vous voulûtes bien nous dire alors, et je vous aurais une extrême obligation si vous preniez la peine de mettre les mêmes choses par écrit, et de me les envoyer à votre loisir. Vous m'avez déjà appris à penser; vous m'apprendrez encore à penser juste. Mon frère, qui a vu ma lettre, et qui y a mis la main, surtout dans l'endroit qui le regarde, vous fait mille compliments, et joint ses prières aux miennes pour obtenir de vous un éclaircissement sur l'importante matière que je viens de vous proposer.

Notre dessein n'est pas de convertir le Baron : nous y perdrions nos peines; mais c'est de ne nous pas égarer comme lui. Je suis, etc.

LETTRE

DE MONSIEUR LE PRIEUR

DE JONVAL,

A MONSIEUR LE CHEVALIER

DU BREUIL,

TOUCHANT L'ÉTENDUE ET LES BORNES DE LA RAISON.

Monsieur,

Il n'est plus nécessaire de relever à vos yeux
les avantages des sciences et des arts, ni de travailler à vous rendre curieux. C'est une affaire
faite, et je vois bien que le désir de savoir est devenu votre passion dominante. Mais cette passion
si honnête et si féconde en bons effets, quand elle
est réglée, peut comme les autres avoir aussi ses

excès. On voit des personnes que la science enfle et bouffit, au lieu de les rendre solides. Il est des savants dont on a dit avec justice, qu'il eût mieux valu pour eux et pour les autres qu'ils fussent demeurés dans l'ignorance, que d'abuser comme ils le font de leur savoir, et de pervertir l'usage de la raison.

Il est bon d'être curieux : personne n'en disconvient ; mais il faut être curieux avec sobriété ; et pour renfermer la curiosité dans ses justes bornes, il faut les connaître. C'est, selon vos désirs, ce que je me propose d'examiner. Cette matière, mon cher Chevalier, pourra vous paraître un peu abstraite, ou moins sensible que celle de nos entretiens. Mais ne lisez d'abord ce que j'ai à vous dire, que comme une histoire, sans gêne ni contention d'esprit. La seconde lecture vous rendra tout beaucoup plus intelligible. A la rigueur, vous pourriez placer cette lettre à la fin du journal de nos entretiens, après que vous l'aurez communiquée à Monsieur votre frère, et en différer la lecture au temps où vous vous mêlerez un peu plus de philosophie.

Les bornes de la curiosité sont sans doute les mêmes que celles qui ont été prescrites à la raison de l'homme en général, et à l'état de chaque particulier. Mais faute de bien connaître la mesure et la destination de notre raison, nous nous trompons souvent dans le choix des choses que nous voulons savoir, et dans le degré de clarté où nous en prétendons porter la connaissance.

Nous avons cependant un intérêt infini à ne tomber dans aucune méprise à cet égard, et à faire une juste estimation de ce que la raison peut, et de ce qu'elle ne peut pas. La connaissance de ce qu'elle peut anime nos efforts, et la connaissance de ce qu'elle ne peut pas nous en épargne d'inutiles. Mais c'est un malheur fort commun, surtout parmi les jeunes gens, de ne pas assez connaître le prix et les droits de la raison, ou d'avoir une idée trop avantageuse de ses forces : d'où il arrive qu'ils la négligent totalement, ou qu'ils la veulent mener plus loin qu'elle ne peut aller.

Nous sommes à cet âge tout environnés de dangers. La légèreté du tempérament, la contrainte de l'attention, l'enchantement des plaisirs, la séduction de l'exemple, mille causes peuvent avilir à nos yeux la raison, et rendre inutile en nous le privilége qui fait la gloire et le bonheur de l'homme. D'un autre côté, le désir de nous instruire, les succès brillants de quelques savants, les honneurs et les avantages qu'on a attachés aux sciences, le plaisir qui accompagne l'étude, nos propres talents, et notre facilité quand nous n'en connaissons pas la mesure, peuvent nous jeter dans des recherches présomptueuses, qui nous égarent, ou qui aboutissent enfin par leur inutilité à des murmures criminels sur la faiblesse de notre nature.

Les savants mêmes auxquels nous nous adressons avec confiance pour avoir des guides dans une carrière qu'ils doivent connaître mieux que nous, peuvent être les premiers à nous faire illusion. Les uns, plus féconds en difficultés qu'en principes lumineux, flottent dans un doute perpétuel, ou même universel. Ils nous découragent dans la recherche du vrai. On est frappé de trouver tant d'incertitude avec tant d'application, de pénétration, et de profondeur d'esprit. Leur exemple en pervertit d'autres, qui désespérant de parvenir à aucune connaissance satisfaisante, se livrent en conséquence aux plaisirs, à l'inutilité, au libertinage d'esprit, qui est encore plus souvent sans retour que celui des mœurs. D'autres, au contraire, nous flattent par des promesses trop magnifiques. Ils nous font trop valoir la portée de notre raison. Ils soumettent tout à leur examen. Rien ne les arrête. A les entendre, ils connaissent le fond de la nature spirituelle et de la nature corporelle. D'un tour de main ils rompent la matière et l'arrangent à leur gré. Créateurs ou partisans d'un système d'imagination qui embrasse tout l'univers, ils n'ignorent ni le jeu des grands ressorts qui font mouvoir le monde, ni le mécanisme des plus petites parties qui le composent. Ils parlent de tout, et décident hardiment de tout.

Mais qu'on est souvent obligé de rabattre de ces prétentions orgueilleuses! Quand on veut être simple et naturel, on est contraint d'avouer que si la nature nous est assez dévoilée pour nous pré-

senter un grand spectacle, le dessous et l'intérieur du spectacle nous demeurent cachés : le
jeu des machines nous est inconnu ; la structure
particulière de chaque pièce et la composition du
tout sont des choses qui nous passent. Nous
voyons les dehors et nous nous en servons. Mais
l'intelligence ou la vue claire du fond et du mécanisme de la nature ne paraît pas une grâce ac-
cordée à notre état présent.

Nous ressemblons à des voyageurs qui marchent
aux approches d'un beau jour. Une lueur réjouissante, quoique faible, commence à colorer les
objets. Nous les distinguons surtout autour de
nous. Nous ne confondons point la rivière avec le
chemin qui la borde. Et c'en est assez pour nous :
nous pouvons nous conduire. Mais le jour n'est
pas encore venu.

Si nous voulons rechercher modestement les
raisons pour lesquelles il nous a été départi une
si petite portion de lumière, nous trouverons que
la mesure en a été prudemment réglée sur nos
besoins ; que nos lumières sont relatives à notre
état ; et que nous serions moins propres à la fin

pour laquelle nous sommes sur la terre, si nos lumières étaient plus étendues. Nous ne sommes ici que pour être vertueux. Notre raison tient aux sens par le ministère desquels elle est informée de tout ce qui a rapport à la vie, à laquelle elle préside. Cette raison est assujétie à un corps. Elle est accompagnée de pieds et de bras. Tous ces organes ne lui ont pas été donnés pour contempler, mais pour travailler, pour agir, pour s'exercer à tout bien. Voilà sa fin. Une plus grande abondance de lumière l'en aurait détournée.

Le voyageur doit, pour se conduire, distinguer les objets qu'il rencontre ; autrement il ne pourrait ni se servir des uns, ni éviter les autres. Mais il n'a pas besoin de connaître à fond la nature de la terre sur laquelle il marche, ni celle de la rivière qu'il voit le long de son chemin. Il n'est question pour lui que de suivre le chemin, et d'éviter la rivière. S'il était plus clairvoyant et plus curieux, il s'arrêterait trop pour considérer les particularités de cette rivière. Il en voudrait connaître la source, l'origine, la première cause.

Il rechercherait les ruisseaux qui la grossissent, les espèces de poissons qu'elle nourrit, la nature des plantes qui la bordent. Il irait sans fin d'objet en objet, et son voyage ne se ferait point. C'est l'image de notre vie.

Il est vrai que l'étude et la contemplation de la vérité y sont nécessaires. Il faut qu'il y ait des voyageurs qui aillent reconnaître les routes, qui mettent des bornes et des signes dans les endroits difficiles, et que leurs découvertes servent à guider ceux qui les suivent. Tels sont les services de ces grands esprits qui sont appelés à la conduite ou à l'instruction des autres. Mais les études qui n'opèrent rien, les spéculations qui sont stériles, et qui ne servent ni à perfectionner notre cœur, ni à régler nos mœurs, ni à enrichir la société, sont des écarts ou des amusements qui ne méritent aucune louange, et qui tiennent la place d'un travail nécessaire. Dieu nous a sagement épargné ces distractions, en resserrant nos lumières. Si nous avions plus de pénétration, nous serions plus empressés de voir que d'agir. Assurément nous dédaignerions de ramper sur la terre, s'il nous était possible de voir ou de savoir ce qui se passe dans les astres.

Cette vérité se justifiera sensiblement, si nous entrons dans quelque détail. Jetons les yeux sur l'homme de la campagne. Considéré d'une certaine façon et par comparaison avec les autres, celui-ci nous paraît à plaindre ; il est grossier, il mène une vie dure : les doux plaisirs ne sont point faits pour lui ; il ne connaît ni la belle gloire, ni l'or, ni les pierreries. La Providence l'a-t-elle donc oublié pour prodiguer à d'autres ses faveurs ? Rien de plus faux que ce point de vue. Quelle place tient cet homme dans l'ordre de la Providence ? Il est destiné au plus nécessaire de tous les travaux, à la culture de la terre. Il a donc tout ce qu'il lui faut de lumière, puisqu'il en a assez pour son état. S'il en avait plus, il ne remplirait point sa destination. Si les plaisirs et les honneurs avaient pour lui des attraits, il se croirait malheureux dans l'obscurité et dans les fatigues de sa condition ; et ce n'est pas uniquement pour son bien particulier que son esprit est borné et ses connaissances peu étendues, c'est encore

plus pour le bien commun de la société. Si le
paysan avait de la pénétration, de la délicatesse
et du goût, voudrait-il s'assujétir nuit et jour à la
garde d'un troupeau ? Ne se trouverait-il pas dé-
gradé par les soins gênants et honteux qu'il faut
donner à ces animaux ? Cependant, si le bétail et
la terre sont négligés, voilà toute la société dans
le désordre et réduite à n'avoir ni nourriture ni
habits. Ainsi, l'ignorance du paysan est un bienfait pour nous, et c'est de notre part montrer de
l'injustice et de l'ingratitude que de lui reprocher
d'être inculte. Mais l'image de cet homme se peut
appliquer à bien d'autres. Cet homme de la campagne, c'est tout homme, c'est chacun de nous.
Nous avons tous été mis sur la terre pour la cultiver, pour l'embellir, et pour y être utiles par
notre travail. La diversité des travaux exige, il
est vrai, quelque diversité dans les talents et dans
les lumières ; mais ces talents et ces lumières ont
des bornes qu'il ne nous est pas permis de fran-
chir ; et vouloir aller plus loin, c'est vouloir sortir de notre état. Que sert-il de se tourmenter à
sonder le fond des êtres ; à démêler le tissu le

plus intime des organes d'un corps ; à rechercher comment les vaisseaux qui y portent la vie, et sur lesquels nos yeux n'ont plus de prise, peuvent subsister eux-mêmes ; à deviner quels sont les éléments de ces vaisseaux, et les éléments de ces éléments, enfin à creuser dans l'infini ? Nous sommes faits pour autre chose. Quitter les vérités qui s'offrent à nous pour courir après des connaissances qui nous fuient ; prétendre connaître au lieu d'agir, c'est laisser la carrière de la vertu qui nous est ouverte, pour nous faire à nous-mêmes des routes où nous sommes arrêtés à chaque pas par des difficultés insurmontables. C'est résister à l'ordre établi par la Sagesse même. Elle éclaire suffisamment nos pas pour nous conduire au bien ; mais elle n'a pas encore banni les ombres. Et lors même qu'elle a ajouté la révélation à la raison, ç'a été pour fixer nos doutes sur la voie qu'il fallait suivre, et non pour lever le voile qui nous dérobe la pleine connaissance des choses. Le temps n'en est pas venu.

Mais, s'il est juste et nécessaire de bien sentir l'impuissance de la raison à certains égards, et

d'acquiescer sans murmure à la loi de celui qui
a tout réglé selon son bon plaisir, il n'est pas
moins juste de connaître le prix de cette raison,
et de l'exercer selon son étendue et sa portée.
Après la foi, qui nous apprend sans raisonnement
ce que nous avons à croire, à faire et à espérer,
nous n'avons point de trésor plus précieux que
la raison. Si elle ne pénètre pas le fond et la nature même des objets, au moins elle en connaît
l'excellence : elle apprend à ne les pas confondre ;
elle en voit les dehors ; elle en ressent l'action et
les effets ; elle en discerne les rapports, le nombre, les convenances, les propriétés, l'utilité.
Enfin, si elle n'a pas des idées bien claires, elle a
du moins des connaissances distinctes, dont elle
sait faire un profit merveilleux. Elle jouit des
droits et use de la précaution du voyageur, qui
observe en passant ce que chaque pays a de singulier ; qui en connaît les routes, les incommodi-
tés, les avantages ; qui, sans s'arrêter trop nulle
part, remarque tout et fait usage de tout.

Pour être mieux convaincu de l'excellence de
notre raison, et de l'étroite obligation où nous

sommes tous de la perfectionner, il faut la comparer avec ce que nous avons de plus actif et de plus adroit sur la terre, et considérer le rang qu'elle y tient et les fonctions qu'elle y exerce.

Quand on examine les différents animaux dont toute la nature est peuplée, on leur voit à tous une certaine industrie et de justes précautions dans le choix des moyens qu'ils prennent pour subsister et pour élever leurs petits. Ils ont une imitation de la raison, puisque ce qu'ils font tend à une fin. On ne peut méconnaître en eux l'action d'une sagesse et d'une puissance infinie qui a varié leur façon de vivre, et qui a imprimé à chaque espèce une méthode qui ne se dérange point. Mais on ne doit pas leur prêter l'intelligence. Ils n'ont point la raison. La sagesse qui les fait agir et qui dirige leurs mouvements, réside ailleurs. S'ils l'avaient en eux-mêmes, s'ils pensaient, s'ils raisonnaient, on ne les verrait pas déroutés, stupides et intraitables, lorsqu'on les tire de la façon de vivre qui est particulière à leur espèce. Si l'araignée avait le fond d'esprit du tisserand, elle pourrait faire autre chose que sa toile.

Si l'hirondelle avait la science du maçon, elle pourrait bâtir avec autre chose que le mortier. Une fois capables de penser, les animaux ne seraient pas bornés à une routine invariable : on parviendrait à jeter de nouvelles idées dans leur entendement. Le principe de la raison ne serait point stérile en eux : il se déclarerait par un air de curiosité, par de nouveaux efforts, par de nouveaux ouvrages : et la diversité de leurs pensées ne manquerait pas de diversifier leur industrie. Il en est tout autrement de l'industrie de l'homme ; elle n'est pas en lui, comme dans les animaux, une impression d'adresse et de force pour produire une certaine opération uniforme par des organes proportionnés. La raison de l'homme est un principe actif et fécond, qui connaît, et qui voudrait sans fin augmenter ses connaissances ; qui délibère, qui veut, qui choisit avec liberté, qui opère, qui crée, pour ainsi dire, tous les jours de nouveaux ouvrages. Cette raison a conduit l'homme jusqu'à imiter la fabrique du monde dans une sphère qui en exprime régulièrement le jeu et les révolutions. Elle procure encore à l'homme quelque chose de plus avantageux et de plus grand : elle lui fait connaître la beauté de l'ordre ; en sorte que l'homme peut aimer cet ordre, le goûter, et le mettre dans tout ce qu'il fait : il peut imiter Dieu même ; et sa raison fait de lui l'image de Dieu sur la terre.

Non-seulement elle lui fait connaître les dehors, la beauté et le prix de chaque chose ; mais elle lui en donne la jouissance réelle. C'est la raison qui le constitue maître et roi de tout ce qui est sur la terre ; c'est elle qui le met de fait en possession et dans l'exercice de son empire.

Il est bien vrai que l'homme n'est pas agile comme les oiseaux, qui d'un moment à l'autre sont portés sur leurs ailes à de grandes distances. Il n'est point fort comme les animaux qui sont armés de cornes, de griffes aiguës et de dents meurtrières. Bien plus, il n'a pas été, comme les autres, habillé par les mains de la nature. Il n'apporte, en naissant, ni plumes, ni fourrures, ni écailles pour le garantir des injures de l'air. Une telle nudité convient-elle au roi de la terre ? Il a reçu la raison : il est donc riche, fort et suffisamment pourvu de tout. Elle lui apprend que tout ce qu'ont les animaux est pour lui ; qu'ils lui sont inférieurs et subordonnés en tout ; qu'ils sont ses véritables esclaves, et qu'il peut disposer de leur vie ou de leur service. A-t-il besoin d'un gibier pour son repas ? Il envoie son chien ou un faucon dressé à cet usage ; et sans qu'il se fatigue lui-même, on lui apporte ce qu'il souhaite. Veut-il changer dans une saison l'habit qu'il a porté dans une autre ? La brebis lui abandonne sa toison, et les vers à soie filent pour lui la robe la plus légère et la plus brillante. Les animaux le nourrissent, font sentinelle à sa porte, combattent pour lui, cultivent ses terres, transportent ses fardeaux.

Ce ne sont pas les animaux seuls qui lui prêtent leur agilité et leur force. La raison met encore à son service les créatures les plus insensibles. Elle fait descendre les chênes du haut des montagnes, et sortir les pierres, le fer et les ardoises du sein de la terre pour le venir loger. Veut-il changer de climat, passer au-delà des mers, et y trans-porter ce qu'il a de trop, ou en tirer ce qui lui manque ? Il met en œuvre la mobilité des eaux et le souffle des vents. La raison soumet les métaux et tous les éléments à ses besoins. Il n'est rien autour de lui qui n'obéisse à ses lois.

Tout petit qu'il est, sa raison lui donne un pouvoir qui n'a point d'autres bornes que celles de la terre qu'il habite. Ses désirs s'accomplissent dans les deux bouts du monde. Il en rapproche, pour ainsi dire, les extrémités quand il lui plaît, et les met en correspondance sans sortir de chez lui. Il peint sa pensée. Cette écriture part, et sans qu'il s'en mette en peine, elle traverse l'espace et va annoncer sa volonté à des gens qui sont à deux ou trois mille lieues de lui. Il en informe toute la terre : il en entretient encore après sa mort la postérité la plus reculée. Il est impossible de suivre la raison dans toutes les merveilles qu'elle opère ; elle enrichit et embellit tous les états, et je ne l'admire pas moins au bout des doigts des artisans, où elle devient une source de beautés et de commodités, que dans les discours et dans les écrits des savants, où elle est une source inépuisable d'instructions et de secours, de consolations et de plaisirs.

A des productions si estimables, et à des avantages si précieux, la raison joint des droits qui l'ennoblissent encore plus. Elle est le centre des ouvrages de Dieu sur la terre ; elle en est la fin ; elle en fait l'harmonie. Otons un moment la raison de dessus la terre, et supposons que l'homme n'est point. Dès lors, il n'y a plus d'union dans les ouvrages de Dieu ; tout y est en désordre. Le soleil éclaire la terre ; mais cette terre est aveugle et n'a pas besoin de lumière. Avec la chaleur de ce bel astre, les pluies et la rosée feront germer les semences et couvriront, si l'on veut, les campagnes de moissons et de fruits ; mais ce sont des richesses perdues ; il n'y a personne pour les recueillir, ni pour les consommer. La terre nourrira les animaux, je le veux ; mais ces animaux ne tendent à rien, faute d'un maître qui mette en œuvre leurs bonnes qualités, et qui concentre, pour ainsi dire, leurs services. Le cheval et le bœuf ont reçu des forces qui les mettent en état de traîner ou de porter les plus lourds fardeaux, ils ont le pied armé d'une corne capable de résister aux chemins les plus rudes. Il ne leur fallait

ni tant de force, ni un ongle si dur pour fouler
l'herbe des prairies où ils cherchent leur pâture.
La brebis est accablée du poids de sa toison. La
vache et la chèvre sont incommodées de l'abondance de leur lait. L'inutilité ou la contradiction
se trouvent répandues partout. La terre renferme
dans son sein des pierres propres à bâtir, et des
métaux pour fabriquer toute sorte de vaisseaux ;
mais elle n'a point d'hôte à loger, ni d'ouvriers
qui puissent mettre ces matériaux en œuvre. Sa
surface est un grand jardin, mais qui n'est point
vu. Toute la nature est un beau spectacle, mais
qui n'est donné à personne. Rendons l'homme à
la nature : remettons la raison sur la terre. Aussitôt l'intelligence, les rapports, l'unité règnent
partout : et les choses mêmes qui ne paraissent
point faites pour l'homme, mais plus immédiatement pour les animaux ou pour les plantes, ne
laissent pas de se rapporter à lui par les services
que ces plantes et ces animaux rendent à l'homme.
Le moucheron dépose ses œufs dans l'eau. Il en
sort des vermisseaux qui y vivent longtemps avant
que d'habiter l'air. Ils sont la nourriture ordi-

naire des poissons, des écrevisses et des oiseaux aquatiques. Tous ceux-ci sont faits pour l'homme. C'est donc aussi pour le bien de l'homme qu'il y a des moucherons. Il rapproche ainsi tous les êtres : ils tendent tous à lui. Sa présence est un lien qui forme un tout de tant de parties différentes. Il en est l'âme.

Enfin, par sa raison, l'homme non-seulement est le centre des créatures qui l'environnent, mais il en est encore le prêtre. Il est le ministre et l'interprète de leur reconnaissance. C'est par sa bouche qu'elles acquittent le tribut de louanges qu'elles doivent à celui qui les a faites pour sa gloire. Le diamant ne sait ni quel est son propre prix, ni de qui il a reçu son éclat. Les animaux ne connaissent pas celui qui les habille et qui les nourrit. Le soleil même ignore son auteur. La raison seule le connaît. Placée entre Dieu et les créatures insensibles, elle sait qu'en faisant usage de celles-ci, elle est chargée envers Dieu de l'action de grâces, de la louange et de l'amour. Sans elle, toute la nature est muette. Par elle, toutes les créatures publient la gloire de celui de qui elles ont reçu leur être et leur bonté. La raison seule sent qu'elle est en sa présence ; elle connaît seule ce qu'elle reçoit de lui, et elle a le bonheur inestimable de pouvoir l'adorer et le glorifier de tout ce qui est en elle et autour d'elle. Ainsi, c'est parce qu'il y a de la raison sur la terre, qu'il doit y avoir de la religion. L'homme doit donc être religieux à proportion qu'il est raisonnable ; et il est visible que sa religion ne s'affaiblit qu'autant que sa raison baisse et se pervertit. Ce qui arrive toujours, ou lorsqu'il s'obstine à l'occuper de ce qui la dépasse, ou qu'il néglige de l'enrichir de ce qui a été fait pour l'instruire ou pour l'exercer.

Voilà, mon cher Chevalier, une faible esquisse des avantages et des prérogatives de la raison. Ils sont tels sans doute, que l'homme bien loin de pouvoir se plaindre de sa condition, doit être surpris de la prodigieuse variété des connaissances et des productions qui sont à son pouvoir. Et plus il sent la dignité et l'excellence de la raison, plus il aperçoit la nécessité de la cultiver et de la faire valoir. Le point capital dans cette culture, c'est d'exercer toujours notre esprit sur des choses qui soient à sa portée, et qui puissent nous rendre plus heureux, en nous rendant meilleurs.

Jugeons du parti qu'il y a à prendre sur mille choses, par celui que nous allons prendre sur une seule. Rien n'est plus beau que la lumière. Rien n'est plus digne d'exercer notre esprit que ce qui donne la beauté à toute la nature. Sachons donc une partie au moins de ce qu'on en peut savoir, et surtout de ce qu'on en peut savoir avec profit. Mais pour rendre la chose plus sensible, nous emploierons une image familière.

Je me trouve dans une voiture publique avec deux philosophes, dont les sentiments sont presque toujours diamétralement opposés. On est parti de grand matin, et longtemps avant le jour. On a eu tout le temps de sommeiller ou de s'ennuyer. Enfin l'aurore paraît. On s'éveille. Quelques réflexions faites sur l'avantage inestimable de la lumière et des couleurs, mettent mes philosophes aux prises, et leur donnent lieu de raisonner sur la nature de la lumière. L'un prétend expliquer non-seulement ce qu'elle est en elle-

même, mais encore ce que c'est que le sentiment
que nous en avons. L'autre trouve l'un et l'autre
point inintelligible, et finit par remarquer que
l'homme, dans tout son être, n'a pas six pieds de
haut sur deux de large, et que l'homme croit cependant avoir le sentiment réel de neuf pieds, de
cent pieds, de l'étendue d'une plaine, de la distance qui va jusqu'aux étoiles. D'où il conclut que
s'il y a une absurdité manifeste à dire qu'un être
puisse avoir en lui le sentiment réel et la mesure
de ce qui est plus grand que lui, il s'ensuit qu'il
est impossible de voir, et qu'il ne voit point en
effet ; que tout est absurde et incertain, et qu'il ne
sait pas même s'il est avec nous dans une voiture
publique. Je les écoute l'un et l'autre. Après qu'ils
ont jeté leur feu, ils me prennent pour juge de
leur différend. Messieurs, leur dis-je, permettez-
moi de vous avouer naturellement ma pensée. Il
était question des avantages ou de la destination
de la lumière et des couleurs. D'une question fort
simple et dont la clarté saute aux yeux, vous vous
détournez tous les deux pour vous jeter dans deux
labyrinthes de difficultés dont il ne s'agit point.

L'un, accoutumé à ne douter de rien, prétend expliquer ce que c'est que la lumière et le sentiment que nous en éprouvons. L'autre, accoutumé à douter de tout, n'est pas même certain s'il voit le jour. L'un veut savoir ce qui probablement nous est interdit ; l'autre veut ignorer même ce que nous sentons. Prenons plutôt le parti de connaître et de mettre à profit ce que nous avons, que de courir après ce qui nous est refusé, ou de laisser inutile ce que nous possédons. Vous autres philosophes, vous ressemblez assez aux ouvriers d'un maître horloger, qui ayant reçu du cuivre et des outils pour faire chacun une roue, passeraient leur journée à disputer avec chaleur sur la nature du cuivre et de l'acier. La lumière et les couleurs, qui sont le sujet de votre querelle, nous ont été données pour nous conduire, et non pour être la matière de notre examen et de nos disputes. Nous voulons en pénétrer le fond, parce que nous sommes curieux ; ou en nier l'existence, parce que nous n'en comprenons pas la nature. Ce sont deux extrémités également vicieuses. Jouissons de la lumière et des couleurs sans trop approfondir ce qu'elles sont en elles-mêmes ; ou, si nous en voulons raisonner, que ce soit selon notre capacité, et toujours afin qu'il nous en revienne quelque nouvel avantage. Ainsi, sans savoir ce que c'est que la lumière, ni le verre au travers duquel nous la voyons passer, nous pouvons façonner ce verre, et modifier le passage de la lumière, de sorte que nous soulagions les vues les plus faibles, que nous rapprochions les objets les plus éloignés, et que nous grossissions ceux que leur petitesse nous dérobe. Voilà une façon louable d'exercer notre esprit et nos mains sur la lumière. Ou, si nous voulons nous borner à des spéculations et à des raisonnements, faisons-en qui enrichissent notre esprit de quelques vérités certaines, et qui nous rendent meilleurs, en nous rendant plus instruits et plus touchés de ce que nous avons reçu.

Par exemple, pour ne considérer que l'usage de cette lumière, et c'est de quoi il s'agissait d'abord entre vous, n'est-il pas visible qu'il y paraît un dessein, une grandeur, et une utilité ravissante ? Il n'y a qu'un moment que toute la nature était plongée dans les ténèbres, afin que l'homme pût prendre son repos lorsque rien ne le frappait et que tout lui devenait inutile. Tout était mort pour lui, puisque les ténèbres lui en ôtaient l'usage. La lumière, en reparaissant, tire en quelque sorte la nature du néant et en rend l'usage à l'homme. Mais ce n'était pas assez que les objets fussent éclairés. S'ils étaient tous de même couleur, l'œil pourrait les confondre. Ils ont tous une livrée ou plutôt une étiquette qui les distingue. Par là leurs dehors, faciles à démêler et à saisir, épargnent à l'homme la longueur des recherches et l'incertitude des raisonnements qu'il ferait sur leur nature pour ne les pas confondre. Mais, parmi ces couleurs, les unes sont douces et amies de l'œil, comme le vert; d'autres sont tristes et languissantes, comme le brun ou le noir; d'autres sont vives et éblouissantes, comme le blanc et le rouge. S'il y avait beaucoup de rouge ou de blanc répandu sur les dehors de la terre, notre vue en aurait été fatiguée. Si le noir était fréquent dans la nature, il l'aurait tapissée de deuil. Que le vert y soit généralement répandu, la vue en sera aidée et réjouie, même sans savoir pourquoi. Aussi voit-on que le même ouvrier qui a fait l'œil, a répandu sur les collines, sur les plaines, et partout, cette verdure douce et riante qui a tant d'attrait et de convenance pour l'œil. Et cependant, pour ne point contredire par un vert trop uniforme le dessein général de distinguer les objets, je vois que le vert d'une prairie n'est point celui d'une terre ensemencée ; que chaque arbre, chaque plante a le sien, et que les nuances d'une même couleur varient tellement la parure qui a été donnée à chaque corps, qu'ils sont tous reconnaissables et faciles à distinguer.

Telles sont les premières pensées qui me viennent sur la lumière, par lesquelles je tâche de ramener mes voyageurs, de la présomption et de l'incertitude, à des vérités simples et palpables. Telles sont aussi celles qui se présentent à nous dans tout ce que nous voyons : pourvu que nous nous attachions toujours au simple, à l'utile, au nécessaire, évitant également de ramper toujours, tandis que nous avons des ailes pour nous élever ; et de nous perdre, en voulant nous élever trop.

Tout ce que nous avons dit se peut réduire à

une maxime facile à retenir et à pratiquer. Sur toutes les choses créées qui sont sous nos yeux, il ne peut y avoir pour nous que l'un de ces trois partis à prendre. L'un serait de n'en vouloir rien connaître ; l'autre serait d'en vouloir tout comprendre ; le dernier serait d'en rechercher, et d'en mettre à profit ce qu'on en peut savoir. Le premier parti est d'une indolence qui va jusqu'à la stupidité. Le second est d'une témérité qui est toujours punie. Le troisième est celui de la prudence, qui sans ambitionner ce qui est au-dessus de l'homme, s'occupe avec modestie, et se sert avec reconnaissance de ce qui a été fait pour l'homme.

Je suis, etc.

FIN.

TABLE DES MATIÈRES

FIN DE LA TABLE DES MATIÈRES.

Bar-le-Duc. — Typographie des CÉLESTINS. — BERTRAND.

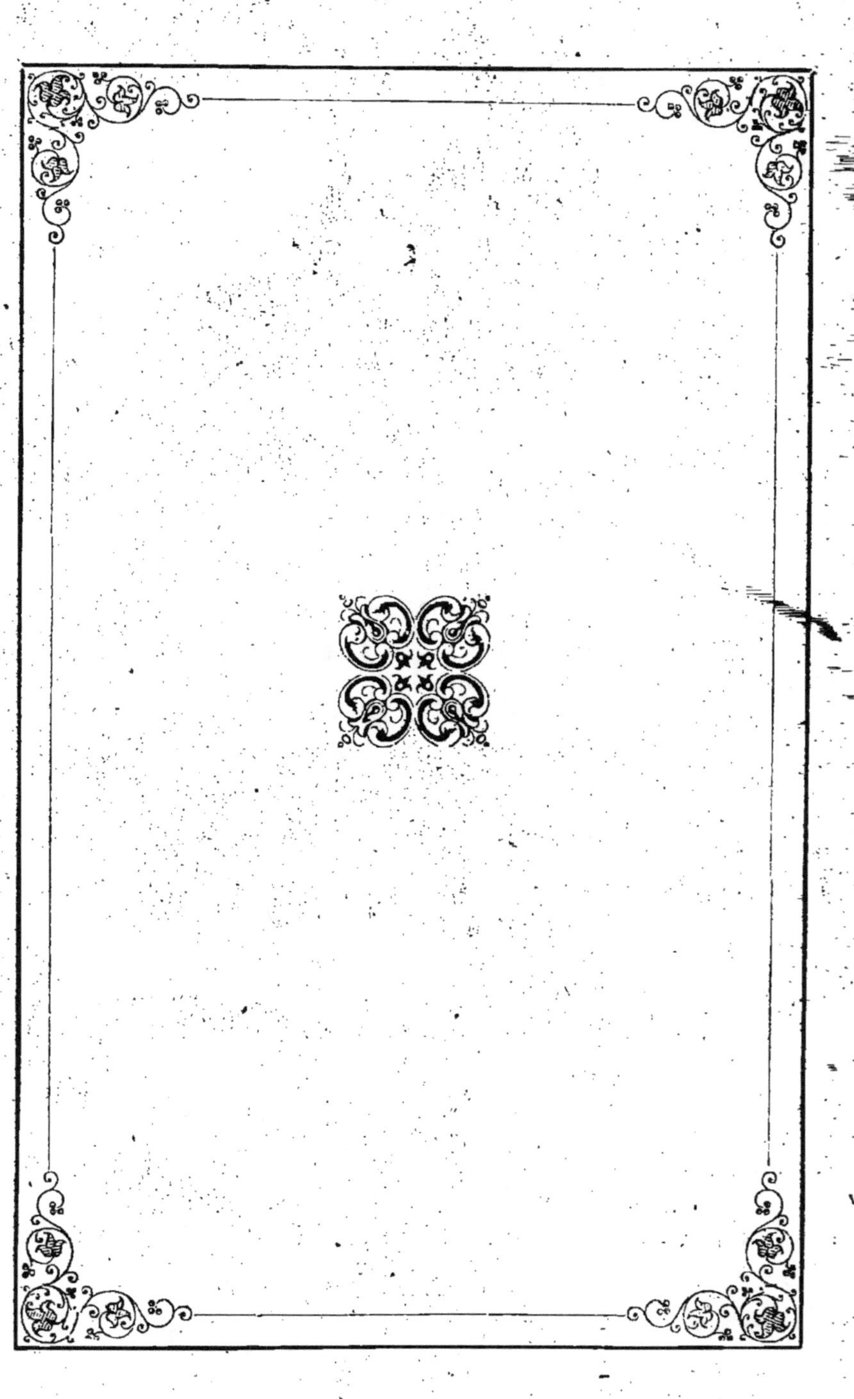

LE
SPECTACLE DE LA NATURE

OU

ENTRETIENS SUR LES PARTICULARITÉS

DE L'HISTOIRE NATURELLE

PAR PLUCHE

—

NOUVELLE ÉDITION MISE AU COURANT DE LA SCIENCE

PAR M. L'ABBÉ PICAUDÉ

PROFESSEUR D'HISTOIRE NATURELLE

—

LES ANIMAUX

BAR-LE-DUC

TYPOGRAPHIE DES CÉLESTINS

ANCIENNE MAISON L. GUÉRIN, ÉDITEUR

—

1875